Le Champ du modèle cosmologique universel

Flavien Phanzu Mwaka

Le Champ du modèle cosmologique universel

ISBN numérique : 979-10-262-5922-0

EAN papier : 9791026259237

Librinova

Courriel : contact@librinova.com
Internet : www.librinova.com

Épigraphe

Les huit milliards d'êtres humains constituent en fait les huit milliards de solutions aux problèmes qu'on se pose. Voilà pourquoi on doit promouvoir à chaque coin de la planète le développement des êtres humains qui y résident.

Flavien PHANZU MWAKA

N° DÉPÔT LÉGAL : FT 3.02006-57158

Du même auteur dans la collection « Les Versets des savants » :

– Tome I : LA COSMOLOGIE SELON LES MODÈLES BIBLIQUE ET ANTIQUE,
éd. EXIBOOk

– Tome II : LE CHAMP DU MODELE COSMOLOGIQUE UNIVERSEL (éd. Librinova)

– Tome III : AVANT BIG BANG – BIG BANG – APRES BIG BANG
SELON LE MODELE COSMOLOGIQUE UNIVERSEL (éd. Librinova)

– Tome IV : LES ENIGMES RESOLUS DANS LE MODELE COSMOLOGIQUE UNIVERSELLE (éd. Librinova)

– Tome V : DE NOE À BARACK OBAMA (éd. Librinova)

Version anglaise : « "The Verses of the Scholars".

Volume I : Cosmology according to biblical and ancient models.
First part : Introduction to Pre-Big-bang (éd. Librinova)
Second part : from the big- bang to mankind (ed. Librinova)
Volume II : The field of the Universal Cosmological Model (ed.Librinova)
Volume III : Pre-Big bang – Big bang - after Big bang (ed. Librinova)
Volume IV : The enigmas solved in the Universal Cosmological Model (ed.
Librinova)
Volume V : From Noah to Barack Obama (ed. Librinova)

En couverture : l'ombre de Vrai parent sillonnant le cosmos.

Blog : **https ://payhip.com/LESVERSETSDESSAVANTS**
Correspondance privée :
lesversetsdessavants@gmail.com

Préface

Ce tome constitue la continuité du Tome I. Nous l'avons scindé en collection pour des motifs suivants :

– Le Tome I constitue la restitution scientifique de l'histoire de la création biblique et antique. C'est la base du Modèle Cosmologique Universel. Le mot « Bible » étant sacré, je n'ai pas voulu que les critiques portant sur mon œuvre ou mes idées la ternissent. C'est ainsi que j'ai détaché tout ce qui peut faire l'objet de discussions, c'est-à-dire tout ce qui peut faire l'objet de jugements ou de critiques, je l'ai mis au Tome II dans « Le champ du Modèle Cosmologique Universel ».

– Ainsi, un jugement tel que « je ne suis pas d'accord avec le Modèle Cosmologique Universel » est mieux que d'entendre quelqu'un dire « je ne suis pas d'accord avec la cosmologie selon le " Modèle Biblique ». C'est pour épargner au mot « Bible » de telles phrases que nous avons détaché les idées qui font partie de notre contribution à la science et nous l'avons mis dans le Tome II.

– En plus, le Tome II fait partie de mon enrichissement personnel sur l'étude de l'univers en tant que créateur d'un modèle. Il prouve ainsi la place du Modèle Cosmologique Universel face aux autres modèles. Après avoir achevé le Tome II, nous avons constaté qu'il serait difficile aux lecteurs de découvrir notre apport scientifique sur base de leurs titres. C'est pour cela que nous avons fait retranché ce qui est essentiel pour les scientifiques et avons constitué le Tome III. D'où le titre « Avant Big Bang – Big Bang – Après Big-Bang ».

– Après, dans nos recherches nous avons découvert qu'il y a beaucoup d'énigmes non résolues dans l'univers. Nous avons émis nos hypothèses sur certaines de ces énigmes dans le Tome IV, d'où son titre « Les énigmes résolus dans le Modèle Cosmologique Universel ».

– En fin, le Tome V, qui n'a rien à voir avec la cosmologie, interprète certains phénomènes bibliques dont la science et la théologie ne s'étaient jamais posé des questions. Il éclaircit aussi les versets bibliques en rapport avec notre temps afin que nous puissions nous situer et nous dévoile le temps providentiel actuel. Ce dans le Tome V qu'on découvrira que certaines mesures barrières étaient déjà dictées dans le temps par Moïse pour prévenir en général l'humanité contre les pandémies, et en particulier, les enfants d'Israël contre les endémies.

– Il y aura d'autres tomes et d'autres livres qui suivront tant que l'Éternel nous accordera encore les souffles de vie.

Par rapport au Tome I que nous avons voulu très simple, dans ce Tome, le langage est beaucoup plus évolué parce que les sujets traités font partie des débats entre scientifiques auquel nous avons apporté notre contribution. Toutefois, je me forcerai pour que le commun des mortels en comprenne aussi et prenne part au débat car nous sommes tous appelés à connaître notre Univers selon la troisième bénédiction divine tel qu'assortit dans les Principes de la création du Rév. Dr. Sun Myung Moon à savoir « Dominez l'Univers et soumettez-le » (Ge 1 :28).

Le champ du Modèle cosmologique Universel traite de la cosmologie et non de la religion. La cosmologie est la science qui étudie l'origine et l'évolution de l'univers. Nous nous concentrons pour le moment à restituer le premier texte cosmologique découvert sur des papyrus écrit par un savant Juif au nom de Moïse. Pour y arriver, il faut avoir les notions de la cosmologie et du Principe de la création du Dr. Sun Myung Moon. Ces deux disciplines forment l'astrothéologie.

Dans la collection des livres « Les Versets des savants », j'analyse les versets bibliques de la même façon que je le fais pour les livres et les paroles des scientifiques. Comme un archéologue des versets bibliques, je prends ce qui était considéré comme spirituel, je le ramène à la terre pour une analyse scientifique.

Nous devrons savoir que nous ne sommes pas les dernières générations de l'Univers et nos jugements actuels ne peuvent être pris pour absolue. Il y a trente-cinq siècles de cela, personne ne savait que le schéma de la création biblique transiterait de la religion et de la cosmogonie pour rejoindre la science. Aujourd'hui, il est analysé dans la cosmologie à travers sa restitution scientifique dans le Modèle Cosmologique Universel.

Malgré mes recherches et connaissances, je n'ai pas accédé à une compréhension totale de cette restitution scientifique et je ne suis pas encore en mesure de l'exprimer parfaitement. Cette considération concerne surtout l'avant Big-bang, car l'après Big-bang est largement analysé par la science quoiqu'elle ait pris un mauvais départ en faisant du Big-bang le point d'origine de l'Univers tout en excluant le schéma biblique de la création.

Ce que je présente dans les livres de la collection « Les Versets des savants », ne sont que des introductions pour ouvrir la porte aux maîtres de cette discipline qui sont les astrophysiciens, les cosmologues, les astronomes, les planétologues, les physiciens, les astro-chimistes, les théologiens et tous ceux qui s'adonnent à l'étude de l'origine de la création, afin de leur permettre d'y entrer et d'en faire le développement d'une manière scientifique pour les uns et théologique pour les autres. Toutefois, personne ne pourra réellement sonder les clefs de l'Univers d'une manière parfaite. Parce que même si nous avons en nous l'esprit de celui qui était témoin de ces choses à savoir le Christ (Jn 1 : 2), mais, nous-mêmes, nous ne sommes que le résultat. En plus, en science on-dit qu'une réponse fait surgir d'autres questions. Tant qu'on n'est pas encore arrivé à l'origine, qui est Dieu, on aura toujours des questions.

Quand Dieu m'a dit que tout le monde doit s'inspirer sur le schéma biblique de la création, même si personne ne peut me croire car la relation avec Dieu est personnelle d'un individu à l'autre, j'ai frémi dans l'idée de l'écrire dans mon livre, car à ce moment-là je ne savais comment la défendre. Mais, la vraie défense ne viendra qu'auprès d'eux-mêmes les savants, qui n'attendaient que l'éclaircissement du schéma de la création biblique, quoique les termes soient parfois impropres pour la science. Les vrais termes pour la science, ce sont les résultats des recherches. Donc, scientifiquement le Modèle Cosmologique Universel est le résultat des recherches que je fais, étant donné que j'en porte l'entière responsabilité. Mais, nous ne pouvons écarter Dieu comme étant le héros dans l'ombre.

Donc, si dans le Tome I qui traite de la cosmologie selon les Modèles biblique et antique nous nous sommes limités jusqu'à la création de l'homme selon le schéma biblique de la création, la continuité de l'histoire de la création de cet homme déchu pour sa restauration jusqu'au XXe siècle, est détaillée dans l'enseignement du Principe Divin du Couple Moon. C'est un domaine auquel je n'y entre pas, mais certains points incompris par les savants qui font qu'ils ne peuvent croire à la religion, comme la résurrection et les versets liés au retour du Christ seront abordés dans les Tomes suivants.

La connaissance des enseignements du Principe de la création du couple Moon et les notions préliminaires en cosmologies m'ont permis non seulement d'éclaircir les versets bibliques mais, aussi les Modèles Antiques tirés et exploités par les différentes sectes, y compris les sectes ésotériques. Ça m'a aussi permis d'offrir une explication claire de la formation de l'homme selon le Coran et d'émettre certaines hypothèses en cosmologie dont la science tranchera plus tard.

Donc, Il y a des savants en astrophysique et des exégètes de la parole de Dieu, mais, avant l'apparition des livres de la collection des savants, avec ce que Saint Paul appelle avoir facultativement les dons (Rm 12 : 6), j'étais le seul dans l'humanité à faire une jonction entre la science et la religion et à découvrir que l'histoire de la création selon la Bible est scientifiquement logique, plus riche et plus cohérente que tous les modèles que les astrophysiciens nous ont proposés.

Au passage ce Modèle à savoir « le Modèle Cosmologique Universel » englouti et balaye les autres modèles cosmologiques, tout en les intégrant, en les corrigeant et en replaçant chacun dans son contexte et cela fait l'objet du présent Tome.

Introduction

Ce Tome comme l'avons dit dans la préface, fait partie de la continuité du Tome I et un rappel des idées essentielles s'avère nécessaire pour sa compréhension. Certains lecteurs liront ce Tome sans avoir eu l'opportunité de parcourir le Tome I. C'est ainsi que nous allons faire un malaxage des deux premiers chapitres du Tome précédent pour la bonne compréhension de ce Tome.

Moïse à travers la Bible fut le premier à parler de l'avant Big-bang jusqu'à l'homme selon ce que ce livre vient de révéler à l'humanité. Personne auparavant ne savait le premier jour de la Genèse concernaient l'avant Big-bang. Cela aussi parce que personne ne savait que le Big-bang était biblique et que le schéma biblique de la création était une histoire vraie.

L'après Big-bang étant largement exploité par la science, il appartient maintenant de jeter un regard sur l'avant Big-bang en essayant de revoir les modèles de tous ceux qui par le passé ont dû raisonner dessus. Ces modèles viennent en appui du Modèle Biblique, éclaircis dans le Modèle Cosmologique Universel. Par conséquent, toute les recherches sur cette période de l'avant Big-bang nous la qualifions du Champ de Moïse.

Astrophysiciens croyants ou athées, personne n'a le choix car Moïse est le premier à avoir offert un Modèle et c'est lui, le premier savant dans le domaine de la cosmologie. Du fait qu'il divisa le schéma de la création selon les jours, prouve l'introduction d'un raisonnement scientifique.

En effet, tous les Modèles se présentent à ce jour comme cinq aveugles à qui on a dit de toucher un éléphant et chacun garde en lui l'image vraie de la partie qu'il a palpée comme étant un éléphant. Celui qui a touché la queue dira que l'éléphant ressemble à une corde, il n'a pas tort, sauf que sa description n'est pas complète. Tels sont les Modèles cosmologiques qu'on retrouve jusque-là dans la science.

Le Modèle Cosmologique Universel présente l'éléphant dans son entièreté. Et, Dieu avait raison de me blâmer pour avoir voulu aligner au même titre les Modèles des hommes (savants) et le schéma biblique de la création. Il a ensuite insisté pour que tout le monde s'inspire du schéma biblique de la création telle que je viens de le faire dans le Modèle Cosmologique Universel et il appartient aux savants de l'enrichir.

Dans les livres de la collection « Les versets de savants », nous sommes en train de développer un ancien modèle pour la religion, mais un nouveau modèle pour la science : le Modèle Cosmologique Universel, qui vient d'engloutir les autres modèles cosmologiques qui ont retenu l'attention des savants pendant plus d'un siècle.

Les savants qu'on appelait dans le temps des « prophètes » étaient des personnes très sages et très intelligentes qui raisonnaient au-delà de ce que les autres pensaient comme étant des limitations. Actuellement, ce sont des personnes qui font avancer la science soit par leurs pensées, théories ou découvertes, basées sur des recherches.

Certains astrophysiciens vont considérer le Modèle Cosmologique Universel comme étant un modèle non scientifique car il déborde du cadre des travaux de ce dernier. Qui a donné des limites aux travaux scientifiques ? N'est-ce pas que c'est en étudiant le vide que les scientifiques ont découvert qu'il y a de l'énergie ? Une limitation des connaissances en physique soit elle ne signifie pas qu'on a abouti à la fin. Ce que moi j'analyse fait aussi partie des travaux scientifiques. Il s'inscrit dans le cadre de l'astrothéologie ou la combinaison de la théologie et de la science.

Jusque-là, la physique contemporaine n'a pas donné la réponse à toutes les observations et questions qu'elle se pose. En effet, certaines lois qu'elle a mises en évidence ne se rejoignent pas dans les domaines où elles sont censées agir conjointement ou concurremment. Parmi ceux qui sont recensés, nous avons :

- Pourquoi La physique quantique ne rejoint pas la physique relativiste ?
- D'où viennent les masses ?
- Pourquoi y a-t-il de la matière et pas autant d'antimatière ?
- Pourquoi l'expansion des galaxies s'accélère ?
- Qu'est-ce que l'espace, le temps par rapport aux masses ?
- Comment la discontinuité peut-elle se marier avec la hiérarchie des Univers et les sauts ?

Ces questions n'ont pas reçu une résolution complète dans aucun des modèles proposés. La physique rajoute à ses modèles des rajouts ad hoc comme la théorie d'inflation, la brisure de symétrie, le boson de Higgs, et autres. Malgré ses rajouts, et même si certains d'entre eux se révélaient vérifiés par l'observation, il faudrait encore une théorie qui permette de calculer les masses, de confirmer les dates et les modes de formation de la matière, de la lumière, des étoiles, des galaxies et l'accélération de l'expansion de l'Univers, etc. Ce n'est nullement le cas dans les modèles mathématiques actuels.

Selon Faber Sperber, ils ont tous l'inconvénient d'utiliser une mathématique des nombres et une géométrie continue, ainsi qu'une logique non dialectique. (Cf : matierevolution.fr/spip.php ?auteurs2 **Matière noire, énergie noire : le chaînon manquant?** Le13/11/2007, par Faber Sperber, Robert Paris).

Tout d'abord, le cosmos est une projection divine. Même si la mathématique peut expliquer certaines choses, mais, il n'agit qu'au niveau des effets. Une théorie dont tout le monde s'attend à ce qu'elle vienne éclaircir certains mystères doit être en mesure de faire remonter à la surface la cause qui est contenue dans le spirituel. Donc, c'est inutile d'attendre que cela provienne d'un astrophysicien, qui au demeurant, est déjà limité par des théories classiques. Par contre, il n'y a que des astrophysiciens qui peuvent aussi l'enrichir, car ce sont eux qui détiennent la clé des observations. Et là, je répète seulement ce que Dieu m'a dit, à savoir : « Tout le monde doit s'inspirer du schéma de la création biblique ». C'est le seul modèle original auquel tout le monde devra suivra et enrichir. Ce qui est développé depuis le Tome I de ce livre pour ouvrir la voie aux astronomes a pour nom « le Modèle Cosmologique Universel ».

Enfin, comme pour le Tome précédent, je m'en passe du système classique de la « Méthode des notes en bas de page » pour ne retenir que celle de la « Méthode auteur-date dans le texte », cela parce que la majorité des citations et arguments sont tirées des articles issus des sites web et de la Bible.

Séance de formation en Astronomy Master à l'OBP/France (septembre 2019)

Derrière moi; M. Marc Breton – le directeur de l'observatoire - et, devant moi, le formateur.

Chapitre I
Le champ du Modèle Cosmologique Universel

Nous entendons par le champ dans le Modèle Cosmologique Universel, la sphère d'étude auquel ce modèle couvre.

Section 1
Le Modèle Biblique et le Modèle Cosmologique Universel

1.1 Le modèle biblique

Le Modèle Biblique, c'est l'histoire de la création telle que racontée dans la Bible dans les deux premiers chapitres de la Genèse. Les restitutions qui sont faites dans les livres de la collection « Les versets des savants » d'une manière scientifique a pour nom le Modèle Cosmologique Universel.

Le schéma de la création dans la Bible n'avait jamais attiré l'attention des scientifiques et faisait rarement l'objet des sermons. Dans les librairies jusqu'à l'apparition des livres de la collection « Les versets des savants », on n'en trouvait nullement qui en développer le thème. La raison est très simple ; cette histoire fait partie du domaine scientifico-religieuse et pour la sonder, en plus de la connaissance biblique, il faut la connaissance des notions préliminaires de la cosmologie et du Principe de la création contenue dans le livre du Principe Divin du Rév. Dr. Sun Myung Moon.

Étant la première personne dans l'humanité à s'être forcée pour apprendre ces trois connaissances à la fois jusqu'à l'apparition de mes livres, on comprend pourquoi je suis le premier à faire la symbiose. C'est pour dire que la compréhension de l'histoire de la Genèse sur la création de l'Univers d'une manière scientifique n'était pas aussi facile qu'on le croit, sauf après avoir eu connaissance de mes recherches.

Ainsi, les branches telles que, les notions préliminaires de la cosmologie, de l'astronomie, de l'anatomie des êtres vivants, le Principe Divin du couple Moon, et le schéma biblique sur la création restituée scientifiquement dans le Modèle Cosmologique Universel doivent être incluses dans tous les enseignements théologiques, philosophiques et de la science exacte. Sans cela, les raisonnements philosophiques émis par ces derniers resteront toujours partiels.

1.2. Le Modèle Cosmologique Universel

Le Modèle Cosmologique Universel avons-nous dit, est la restitution analytique du schéma biblique de la création. Analytique est définie en philosophie comme étant une déduction à partir de principes fondés sur l'expérience et l'observation (Dicos encarta).

Il constitue le point de départ auquel chacun peut faire ses recherches et tirer des commentaires et conclusions. C'est pour dire que personne ni même moi, n'a le monopole d'analyser le Modèle biblique.

Ce dernier est l'ensemble de tous les Modèles qui appuient le schéma biblique sur la création de l'Univers. J'ai dit que ce qui est contenu dans la collection « Les Versets des savants » a pour nom « le Modèle Cosmologique Universel » auquel tout le monde peut s'en inspirer et l'enrichir, avons-nous dit.

Ma seule avance par rapport aux analyses qui viendront après pour appuyer le schéma biblique de la création, est celui d'avoir ouvert la porte et de le faire agréer scientifiquement, même si les arguments sont consignés dans un simple livre de lecture. C'est ma seule façon d'entrer partout et d'enseigner l'humanité.

Ma grande contribution est celui aussi d'avoir expliqué clairement les mots, les noms et les phrases qui faisaient passer le schéma de la création biblique pour un jeu de magicien avec des phrases comme « Dieu dit, Dieu fit, Dieu créa ».

1.2.1. L'énoncé du Modèle Cosmologique Universel

Le Modèle Cosmologique Universel sur lequel seront basés tous les analyses qui suivront auprès des différents savants et philosophes, s'énonce ainsi :

« L'Univers était informe et vide. Étant donné d'une part une énergie qualifiée de ténèbres par la Bible dans l'abîme, et de l'autre part l'esprit de Dieu ou un vent de Dieu sur la matière originale appelée « eaux », il y eut production d'un rayonnement qualifié de lumière. Du début de l'Univers dans le néant, jusqu'à la production de la première lumière ou rayonnement, c'est la période que la Bible appelle « jour » (premier jour); une période qui a duré un temps non quantifiable jusque-là .

*La Bible précisa en outre que cette nouvelle énergie ou ce rayonnement avait un effet sur les ténèbres. Elle est venue la contrecarrer, ainsi que la matière invisible qui était déjà en action sur l'Univers primitif. C'est ce qui est exprimé à travers la phrase « **Dieu sépara la lumière d'avec les ténèbres** ». Et pour montrer que ces deux énergies vont accompagner désormais le destin physique de l'Univers, Dieu appela les ténèbres « nuit » et la lumière ou nouveau rayonnement « jour », cela par manque des mots scientifiques appropriés à cette époque-là.*

*La matière originelle ou « eaux » selon le terme biblique, continuant son cycle de réchauffement après la production de la lumière (**que la lumière soit et la lumière fut**), il eut un éclatement, une expansion ou une expulsion dans l'abîme de ce que la science qualifie de « Big-bang » et la Bible de « **séparation des eaux d'avec les eaux** ». Cette période évolutive de réchauffement des matières (eaux) qui va de la* *production de la lumière ou premier rayonnement, jusqu'au Big-bang, fut qualifiée par la Bible* ***de deuxième jour****. Et puis vinrent le* ***troisième jour et le quatrième jour qui marqua le début de l'après Big-bang*** *et qui furent des périodes des formations des astres à partir de la même matière ou eaux selon la Bible.*

Après vint le ***cinquième jour biblique****, c'est l'ère qui vit l'apparition des êtres vivants à commencer par les êtres microscopiques sous-marins jusqu'aux oiseaux.*

Et, à la fin où au ***sixième jour biblique****, il y eut l'apparition des mammifères jusqu'à la formation de l'homme.* (Ge 1 :1-30 ; Ge 2 :1-7).

Étant donné que Moïse, le rédacteur de la Genèse, a parlé plus tard du jour qui a suivi les six jours comme d'un sabbat hebdomadaire, beaucoup des croyants et non croyants pensent que chaque jour de la création a forcément été de 24 heures.

Nous avons largement expliqué les concepts « jours, nuits, matin et soir » au Tome I. Malgré le verset biblique : *« Mais il est une chose, bien-aimée, que vous ne devez pas* ***ignorer****, c'est que, devant le Seigneur, un jour est* ***comme*** *mille ans, et mille ans sont comme un jour »* (2 P. 3 :8), aucun théologien chrétien n'a pu faire un rapprochement entre ce verset et les journées dans le schéma de la création biblique, croyant que cette dernière était l'œuvre d'une parole. Il a fallu une nouvelle révélation de Dieu au couple Moon pour que l'éclaircissement apparaisse en se basant sur ce verset.

Le Rév. Dr. Sun Myung Moon est le premier religieux à les avoir associés au schéma biblique de la création dans le Principe de la création ; branche du livre du Principe divin. Relisons les versets :

Ps 90 : 4 *«* ***Car*** *mille ans sont à tes yeux comme le jour d'hier, quand il n'est plus, Et* comme *une veille de la nuit. »*

2 P 3 : 8*« Mais il est une chose, bien-aimée, que vous ne devez pas* ***ignorer*** *, c'est que, devant le Seigneur, un jour est* ***comme*** *mille ans, et mille ans sont comme un jour. »*

Il y a dans ces versets deux termes très importants à savoir « ignorer » et « comme ». Tout d'abord, nous ne devrons pas ignorer la notion de temps. En second lieu, il y a le terme comparatif « comme » : « *un jour pour Dieu est comme mille ans* ». Ici, on n'a pas utilisé le mot « égale », mais plutôt « comme ». Cela veut dire tout simplement qu'un jour biblique peut représenter soit un millième de seconde, soit autant des jours, soit autant d'années que peut prendre un cycle ou une ère.

Ainsi, dire que la création a été faite en six jours bibliques n'a rien à voir avec nos journées de vingt-quatre heures. Cela représente plutôt six grandes étapes qui, comme la science l'ont découvert, ont pris des millièmes des secondes, des millions, voir des milliards d'années.

En plus le récit biblique n'exclut pas la possibilité que durant chaque « jour », ou période de création, certains des actes créateurs majeurs se soient produits de façon graduelle plutôt qu'instantanée. D'où les termes « soir et matin » utilisaient pour passer d'une période à l'autre. Pour plus de détails, je vous renvoie au Tome I qui a pour titre « la cosmologie selon les modèles bibliques et antiques ».

Enfin, on notera que dans la Genèse, Moïse a écrit que l'Univers a eu un commencement et les choses et la vie ont apparu par étapes, graduellement sur plusieurs périodes. Comment Moïse a-t-il eu accès à des informations scientifiques aussi précises ? Ce n'est que selon la Bible, le Créateur de tous ces œuvres, Dieu qui le lui a révélé selon qu'il est écrit :

Ge 33 : 11 « *L'Éternel parlait avec Moïse face à face, comme un homme parle à son ami* ».

Section 2
Le champ du Modèle Cosmologique Universel et le champ de Moïse

2.1. Le champ du Modèle Cosmologique Universel

Le champ du Modèle Cosmologique Universel constitue l'étendue du domaine de l'étude qu'elle couvre. Nous avons dit que le Modèle standard étudie le domaine de la physique macroscopique tandis que la mécanique quantique étudie le domaine de la physique microscopique dont le résultat ne permet à ce qu'il soit intégré dans le Modèle standard. Chaque Modèle proposé par les astrophysiciens à son champ d'étude.

Le Modèle Cosmologique Universel constitue la restitution scientifique du schéma de la création biblique. Son champ couvre et étudie les événements à partir du moment où le mot Univers fut prononcé pour la première fois dans la Bible à travers sa définition d'une « terre informe et vide » (Ge 1 : 2), c'est-à-dire quelque chose qui n'avait encore aucune existence matérielle, sinon elle ne sera jamais informe et vide. Cette étude commence au niveau des origines jusqu'à la création de l'homme et tente aussi de percer le mystère du « pourquoi ».

Le Modèle Cosmologique Universel balaye les zones d'avant Big-bang, d'une terre informe et vide, appelé vide quantique en passant par le Big-bang jusqu'à l'homme. Quel autre Modèle pouvait lui imposer ?

Il ne reste plus qu'aux astrophysiciens, eux qui sont les spécialistes de cette science, pour offrir un plan à partir des pièces détachées, de revoir tous les Modèles et de recoller chaque morceau à sa place. Et, à la fin, ça sera l'aboutissement au Modèle Cosmologique Universel.

2.2. Le champ de Moïse

2.2.1. Rayon d'action

Ge 1 :1-2 « Au commencement, Dieu créa les cieux et la terre. La terre était informe et vide. »

Gn 1 : 2 *La terre était informe et vide : il y avait des ténèbres à la surface de l'abîme, et l'esprit de Dieu se mouvait au-dessus des eaux.*

3 Dieu dit : Que la lumière soit ! Et la lumière fut.

4 Dieu vit que la lumière était bonne; et Dieu sépara la lumière d'avec les ténèbres.

5 Dieu appela la lumière jour, et il appela les ténèbres nuit. Ainsi, il y eut un soir, et il y eut un matin : ce fut le premier jour.

Nous avons développé en détail tous ces structures d'avant Big-bang dans le Tome I qui s'intitule « La cosmologie selon les modèles bibliques et antiques ».

Le champ de Moïse avons-nous dit, couvre, toutes les recherches sur la période de l'avant Big-bang. C'est le premier savant qui en parla effectivement et dont les écrits sont contenus dans la Bible. C'est ce qui a fait de ce schéma un schéma spirituel et dont la science n'a pas voulu prendre en considération. Mais, à travers sa restitution dans le Modèle Cosmologique Universel, le voile vient d'être levé et on se retrouve en présence d'un schéma scientifique.

Chapitre II
L'avant Big-bang :

Nous offrons un petit résumé pour ceux qui n'ont pas encore lu le Tome I. L'Univers connaît trois grandes périodes selon le Modèle Cosmologique Universel : l'avant Big-bang, le Big-bang et l'après Big-bang.

Section 1
La signification du mot Big-bang

1.1 Généralités

Le Big-bang représente l'instant zéro où l'Univers actuel a commencé à exister. C'était l'éclosion de l'Univers condensé qualifié par la Bible de « la séparation des eaux d'avec les eaux » (Gn 1 :6). L'avant Big-bang est une période qui n'est pas encore reconnue scientifiquement par la science. C'est dans le schéma de la création biblique écrite il y a de cela 1 500 ans av. J.-C. par Moïse et les écrits du philosophe Empédocle qui vécut au Ve siècle av. J.-C. que nous l'avons découvert. Alors que pour la science le temps et l'espace n'existaient pas pendant cette période, mais à travers la Bible nous découvrons que ce fut une période très mouvementée, qualifiée de premier jour, comme nous pouvons les lire :

Ge 1 :2-5 « *La terre était informe et vide; il y avait des ténèbres à la surface de l'abîme, et l'Esprit de Dieu se mouvait au-dessus des eaux. 3 Dieu dit : Que la lumière soit! Et la lumière fut. 4 Dieu vit que la lumière était bonne; et Dieu sépara la lumière d'avec les ténèbres. 5 Dieu appela la lumière jour, et il appela les ténèbres nuit. Ainsi, il y eut un soir, et il y eut un matin : ce fut le premier jour* ».

Quant à Empédocle, il a décrit les événements qui se sont déroulés à l'avant Big-bang comme-ci : « *À l'origine, tous les éléments, unis par l'Amour, formaient une masse homogène appelée le « spherus ». (Cf : Empédocle, Wikipédia).*

Ici, on parle des éléments qui s'unissaient, avant qu'on arrive à une masse homogène appelée le « spherus » démontrant effectivement qu'il y avait une force qu'il qualifia de « l'amour » et que ce fut aussi une période mouvementée. Nous avons développé largement la période de l'avant Big-bang dans la première partie du Tome I. Ici, nous venons de faire seulement un petit rappel.

Le champ de MOISE couvre la période de l'avant Big-bang jusqu'à l'apparition du rayonnement émis par la première lumière biblique et ces grandes implications dans l'Univers à travers la phrase biblique : « *...Dieu sépara la lumière d'avec les ténèbres...* ». Ce n'est pas dans un raisonnement philosophique ou théologique qu'on peut interpréter cette phrase, mais ce fut des phénomènes physiques se déroulant dans l'Univers avant le Big-bang ou « la séparation des eaux d'avec les eaux ». C'est pour cela que le développement ou les recherches sur le fondement du schéma biblique de la création relève de la cosmologie.

C'est cette lumière qui révélera beaucoup plus sur les ténèbres ou ce que nous avons qualifié d'une énergie noire et de la matière noire. Peut-être que la science a déjà détecté cette lumière, car pour moi, avais-je dit, il s'agit du rayonnement fossile. Pourquoi soupçonnons-nous d'abord le rayonnement fossile comme étant la lumière biblique d'avant Big-bang ? Nous en avons largement parlé au Tome I, même si une autre dimension d'explication s'avère nécessaire.

1.2 Origine du mot Big-bang

Ce nom qui auparavant n'était connue que des scientifiques commencent à devenir de plus en plus célèbre dans la littérature générale. Ce nom est même venu créé une séparation totale entre ceux qui pensait que c'est Dieu qui a créé l'univers et la science où la majorité des scientifiques le brandissent comme étant la création physique de l'univers sans l'aide d'un Créateur.

D'abord que signifient le Big-bang? le Big-bang représente l'instant zéro de notre univers. En effet, selon les théories admises, notre univers a commencé comme un atome, disons comme un grain de sable pour ceux n'ont pas des notions en chimie, et a connu une expansion fulgurante, qualifié de Big-bang.

Ce mot a été prononcé pour la première fois par le Savant britannique Fred Hoyle en 1950 qui disait que l'univers n'a pas de commencement et n'aura pas de fin. Alors pour se moquer des astrophysiciens qui disaient que l'univers a commencé comme un grain de sable et a connu une expansion, il leur posa la question : « Vous voulez dire que l'univers a connu un Big-bang? » Depuis lors ce mot est resté célèbre jusqu'à être coulé comme théorie valable concernant le début de l'univers.

Les observations et les preuves scientifiques ne font que confirmés cela, c'est-à-dire notre univers a bel est bien commencé comme un grain de sable et a connu une expansion fulgurante, qualifié à ce jour de Big-bang.

Si cela fait partie du début de l'univers, alors pourquoi le schéma de la création biblique, qui est le premier schéma cosmologique à décrire le début et l'évolution de l'univers n'en parle pas? Je suis le premier chercheur à pouvoir se penché sur cette question et ce que j'ai découvert m'a surpris et va tout le monde.

Le schéma de la création biblique contient beaucoup des mystères. Si je suis arrivé à percer quelques-uns, cela est due suite à ma connaissance élémentaire de la cosmologie et du Principe de la création du Dr. Sun Myung Moon.

Nier à ce jour qu'il n'y a pas eu Big-bang, c'est comme nié que l'air n'existe pas. Le Big-bang a bel et bien eu lieu et fait effectivement partie de l'évolution de l'univers. Le cycle de l'univers connaît trois grand phases et c'est moi qui l'affirme. Il s'agit de :

– L'avant Big-bang; caractérisé par une contraction des énergies jusqu'à atteindre un point de concentration minimal;

– Ce point de concentration minimal constitue la deuxième phase appelé l'univers condensé ressemblant à un atome primitif ou à un grain de sable. Personne ne peut en dure la dimension avec exactitude. Le Big-bang est associé à cette deuxième phase car ce fut une phase de transit entre l'avant Big-bang et l'après Big-bang.

– Cet atome a connu une expansion jusqu'à ce jour dont le début fut qualifié de Big-bang. Et, cette expansion constitue la troisième phase appelé l'après Big-bang.

Dans mes recherches, j'ai découvert que ce schéma qui est reconnu à ces jours par tous les savants confirment plutôt la Bible, dont l'histoire de la création a été écrit il y a de cela 1500 ans avant Jésus-Christ. Lisons comment le savant des savants Moïse l'a présenté dans la Bible :

Gn 1 :2 « *La terre était invisible et vide (Univers) : il y avait des* ***ténèbres*** *à la surface de* ***l'abîme*** et *L'esprit (un vent) de Dieu se mouvant au-dessus des eaux.* (Version Septante)

Ge 1 : 6-8 « *Dieu dit : Qu'il y ait une étendue entre les eaux, et qu'elle sépare les eaux d'avec les eaux. 7 Et Dieu fit l'étendue, et il sépara les eaux qui sont au-dessous de l'étendue d'avec les eaux qui sont au-dessus de l'étendue. Et cela fut ainsi.8 Dieu appela l'étendue ciel. Ainsi, il y eut un soir, et il y eut un matin : ce fut le second jour* ».

Section 2
L'origine de l'univers selon la Bible

La plupart des modèles scientifiques ont offert une réponse quant à la façon dont l'univers a commencé. Ces réponses sont divergentes les unes des autres. Or l'Univers n'est apparu qu'une seule fois; cela veut dire qu'il ne doit aussi y avoir qu'une seule réponse. Toutes ces réponses divergentes sont les fruits des modèles classiques. Personne pourtant n'a fait attention à la réponse du premier livre qui a offert un schéma cosmologique, à savoir, le schéma de la création biblique. On l'attribue seulement du créationnisme, dont tous, religieux ou scientifique ont confondu cette doctrine avec l'apparitisme. Créer une chose ou un être ne veut pas dire le faire apparaitre. Toutes créations nécessitent un travail et même l'évolution est incluse à l'intérieur avant que l'être créé atteigne la maturité ou la forme finale. Alors que dit la Bible en ce qui concerne la création de l'Univers. La réponse de tout le monde sera « Au commencement, Dieu créa les cieux et la terre » (Gn 1 :1). La seconde question est comment Dieu a-t-il créé l'Univers ? Pour le Vatican ou le Saint-Siège, c'est la science d'offrir la réponse. Mais pour le Modèle Cosmologique Universel, la Bible s'interprète d'elle-même et c'est à elle d'offrir la réponse.

2.1. Le commencement de l'Univers selon la Bible

Gn 1 : 1 Au commencement Dieu créa le ciel et la terre.
2 **Or la terre était invisible et vide**; les ténèbres étaient au-dessus de l'abîme, et **l'Esprit de Dieu était porté sur les eaux**. (Septante)

Gn 1 : 1 Au commencement, Dieu créa les cieux et la terre. 2 **La terre était informe et vide** : il y avait des ténèbres à la surface de l'abîme, **et l'esprit de Dieu se mouvait au-dessus des eaux**. (Louis Segond)

Gn 1 : 1 Au commencement Dieu créa le ciel et la terre. 2 **La terre était informe et déserte**, et l'obscurité´ couvrait les eaux*;* la force agissante de Dieu se déplaçait au-dessus des eaux ; (Monde nouveau)

Gn 1 : 1 Au commencement, Dieu créa le ciel et la terre. 2 **Or la terre était vide et vague**, les ténèbres couvraient l'abîme, un vent de Dieu tournoyait sur les eaux. (Bible de Jérusalem)

Si en théologie, pareille changement des termes en gras ou des phrases n'ont aucune importance, mais en cosmologie, celle-ci est lourde des conséquences. Or quand on dit « Au commencement Dieu créa le ciel et la terre », on est en théologie. Mais quand on aborde le problème du commencement de la terre au verset 2, on entre en cosmologie et, là, chaque phrase diffère l'un de l'autre selon les différentes versions. Comment aboutir à créer l'unité de langage avec la science si au sein même de la religion chacun a sa version ?

Alors que la science se cantonne autour du Big-bang, pendant plus d'une année de mes recherches, je n'arrivais pas à comprendre le point de vue de la Bible sur le commencement de l'Univers. Je faisais mes analyses à partir des 3 versions que la religion nous présente à savoir Louis Segond des protestants, Jérusalem des catholiques et Monde Nouveau des Témoins de Jéhovah. Leurs divergences me compliquaient la tâche car ce sont eux qui ont traduit la Bible du langage originale en langage courante. Finalement, je me suis rabattue vers la version Louis Segond en découvrant qu'une terre informe et vide signifie tout simplement que matériellement la terre n'avait pas d'existence ou était tout simplement invisible. C'est ce que j'ai développé dans mes travaux tout en en concluant que selon la Bible l'univers fut au départ vide, c'est-à-dire sans aucune structure à l'intérieur. C'est dans ce vide que les structures sont apparues aux troisièmes et quatrièmes jours bibliques, et les êtres vivants à partir du cinquième jour biblique.

Je pourrais même dire que ce point de vue sur le commencement de l'univers a été confirmé scientifiquement par le savant Italien Gabriele Veneziano dans le Modèle cosmologique des cordes sans même qu'il en soit conscient qu'il a confirmé la Bible.

Alors que ma synthèse selon laquelle l'univers a commencé dans le vide a été critiqués par beaucoup de croyants se réclamant du créationnisme fixisme, c'est-à-dire que Dieu a créé les choses tel qu'on le voit aujourd'hui, et que du côté de la science aussi, on me taxa de faire du concordisme, voilà que je viens de découvrir une version biblique qui vient de me donner raisons. Cette version biblique manque des vulgarisations et elle m'était complètement inconnu jusqu'à ce que je la découvre par hasard un certain 25/08/2021, c'est à dire après la publication de mes livres ou des résultats de mes recherches. Il s'agit de la Bible version Septante ou LXX; traduite de l'hébreu en Grec en 270 ans av. J.C. par 72 juifs dont 6 traducteurs par tribu en 72 jours. D'où le nom de la version Septante. Elle fut traduite en français en 1870 par P.GIGUET. (Cfr : https ://fr.wikipedia.org/wiki/Septante)

Dans la Bible version Septante, nous lisons ceci en ce qui concerne les 2 premiers versets de la Genèse : « Au commencement Dieu créa le ciel et la terre. 2 **Or la terre était invisible et vide...** ». Alors, quel est ce scientifique ou athée qui me dira encore que j'ai fait du concordisme quand j'ai dit que « une terre informe et vide » signifie que matériellement l'univers était invisible à son commencement car il était vide ? Et, que voit-on dans le vide quand il n'y a rien ? on ne voit rien à part un espace qui s'étend à l'infini. Et, le « on » ne représente aussi rien, à part un témoin fictif.

C'est ce qu'à confirmer scientifiquement comme je l'ai dit le savant italien Gabriele Veneziano en disant que l'Univers nous vient d'un vide infini. Certes pour les croyants, l'infini c'est Dieu, mais cela ne change géographiquement ni pour eux, ni pour la science rien sur la nature de l'univers a son origine. C'est cette version Septante qui a été torpillée par d'autres traducteurs qui ne comprenait pas ce qui pourrait signifier « une terre invisible et vide » à cause du mot terre. Alors, ils ont fait appel à leur propre raisonnement au lieu de traduire fidèlement ce qui a été écrit. Le mot univers n'existant pas à 1500 ans av. JC, Moïse l'a tout simplement défini par « une terre invisible et vide » pour marquer la différence avec notre planète « Terre » qui fut créée au troisième jour biblique.

Et, au début j'avais dit que Dans le schéma de la création biblique, les journées bibliques sont des périodes qui peuvent aller d'une milliseconde à plus d'un milliards d'années. En effet 2P3 :8 dit « Ne savez-vous pas que pour Dieu un jour est comme mille ans. Comme mille ans et non égale mille ans, donc ça peut varier. Tout est question du temps de l'accomplissement d'un idéal. C'est cette accomplissement qui est qualifié d'un jour quel que soit le temps que cela a pris, avant qu'on passe à un autre idéal soit à l'autre jour.

2.1.1. *Différence entre les cieux et la terre informe et vide*

Ge 1 :1-2 « *Au commencement, Dieu créa les cieux et la terre. La terre était informe et vide.* »

Au Tome I, nous avons dit qu'au tout début de l'Univers, il n'y avait qu'un vide comme le dit la Bible « la terre (Univers) était informe et vide ». Mais qu'est-ce qui nous dit qu'on n'était en face des deux sphères où l'on pouvait faire la distinction entre la sphère spirituelle (les cieux) et la sphère matérielle (l'Univers) d'autant qu'ils étaient pour un observateur fictif visiblement vide ? Et comment ce vide est-il rempli aujourd'hui des structures physiques ?

Les réponses nous viennent de la science et cela à travers la physique quantique. En parlant d'une terre sans forme et vide, donc matériellement inexistant, les physiciens ont constaté que le vide est rempli d'énergies physiques qui peuvent être virtuelles ou élémentaires. Virtuelles parce qu'ils sont impossibles à détecter. Là, c'est la réponse à la première question qui permettait de distinguer entre les cieux et la terre. Dans les cieux on retrouve des particules qui ne peuvent pas être détectées physiquement. Or, à travers le rayonnement ou la projection divine, il s'est formé une sphère où ces particules sont devenues denses par rapport aux éléments spirituels, devenant ce qu'on appelle les particules virtuelles, contenue dans une terre informe et vide ou l'Univers à son début.

Pour le Physicien et le Philosophe Français Etienne Klein, « *le vide n'est pas le néant, mais plutôt une sorte de prologue de la matière : pour peu qu'on lui donne de l'énergie, il est capable de produire des particules qu'en fait il contenait déjà, mais sous une forme larvée, virtuelle, seulement potentielle.* (Cfr : Klein, Etienne, *les secrets de la matière*, éd. Plon, Paris 2008, p.66).

A travers cette citation à savoir en donnant de l'énergie

aux particules contenues dans le vide, Moïse dans la Bible l'a mentionné par le verset « *Un vent de Dieu* (énergie) *se mouvait au-dessus des eaux* (particules) » dans l'avant Big-bang.

La seconde question était : Comment ce vide est rempli aujourd'hui des structures physiques ? Cette question peut aussi se formuler comme ceci : « Comment pouvons-nous imaginer le début de l'Univers? Comme je l'ai dit, la réponse nous vient de la science dans la mécanique quantique, mais nous avons préféré le développement du physicien chimiste **Il y a Prigogine** qui a écrit **dans le « Temps à devenir »** :

« Un *aspect essentiel est le passage de particules virtuelles à des particules réelles. Les particules virtuelles sont des particules qui se créent par paires, qui vivent un certain temps et puis se recombinent par suite du principe d'incertitude de Heisenberg. Les particules réelles, au contraire, ne doivent plus se recombiner; elles ne sont plus tenues par un fil l'une à l'autre. Donc la création de l'Univers, la création de la matière telle que nous la connaissons, correspond avant tout à une création de possibilités, créant à la fois des phénomènes désordonnés et des phénomènes hautement organisés.* » (Cfr :http ://www.matierevolution.fr/spip.php ?article38 **Le vide,... pas si vide,** le 23/06/2010, par Robert Paris).

Le vide est étant donc plein de particules virtuelles, alors on comprend alors que le réel n'est autre qu'une transformation s'exerçant sur des ces particules virtuelles.

Ainsi, à ce jour aucun astrophysicien ne peut plus me contredire quand je dis que la physique quantique fait partie de la physique de la création et par conséquent, elle fait partie d'Avant Big-bang. Pour les croyants, dans cette citation, le mot 'désordonné' n'est pas propice au cas où cela contribue aux paramètres qui font que la vie soit possible sur une partie de l'Univers selon le principe anthropique.

En conclusion, nous pouvons dire qu'au tout début du cosmos, selon le langage biblique, les cieux représentaient la sphère spirituelle et la terre, la sphère physique ou l'univers. Si la sphère spirituelle est et reste invisible, la sphère physique était plutôt vide. La différence fut que la sphère spirituelle ou les cieux était constitué par des particules spirituelles, alors que la sphère physique (univers) ou une terre informe et vide était constitué par des particules virtuelles.

2.2. Différence entre le ciel biblique et le ciel géographique

Gn1 :1-2 *« Au commencement, Dieu créa le ciel et la terre »* (Version Jérusalem)

Gn 1 : 6 *Dieu dit : Qu'il y ait une étendue entre les eaux, et qu'elle sépare les eaux d'avec les eaux.* 7 *Et Dieu fit l'étendue, et il sépara les eaux qui sont au-dessous de l'étendue d'avec les eaux qui sont au-dessus de l'étendue. Et cela fut ainsi.* 8 *Dieu appela l'étendue ciel.*

La signification du mot « ciel » semble être banale, et pourtant chaque personne n'a qu'une vision incomplète de ce mot. Le 12 avril 1961, dans le cadre du programme spatial soviétique, Youri Alekseïevitch Gagarine, pilote et cosmonaute soviétique, après avoir effectué un vol dans l'espace au cours de la mission Vostok 1, prononça une phrase qui avait beaucoup plu aux scientifiques à savoir « j'ai sillonné le ciel, mais, je n'ai pas vu Dieu ». Et, pourtant les chrétiens prient « Notre Père (Dieu) qui est aux cieux ». Est-ce le même ciel ?

Pour éclaircir cette question, nous avons fait appel à notre connaissance élémentaire de la cosmologie et du

Principe de la Création du Dr. Sun Myung Moon. Le mot ciel nous la retrouvons d'abord dans la première phrase biblique où on lit « au commencement Dieu créa le ciel et la terre ».

Dans le Tome I, j'avais dit que, les cieux auxquelles il fait allusion dans le verset « Au commencement Dieu créa les cieux et la terre » est le monde spirituel, tout comme « la terre » dans ce même verset représente le monde physique, définie par « une terre informe et vide », c'est-à-dire l'univers. Donc, « Dieu créa les cieux et la terre » selon la Bible veut dire « Dieu créa le monde spirituel et le monde physique ». C'est dans ces cieux ou ciel, irréels pour la science, que toutes les religions situent les entités spirituelles invisibles : Dieu, les anges, les esprits errants, les paradis, l'enfer.

Mais toujours dans le schéma de la création biblique, si nous descendons un peu vers le bas (Gen 1 :6-8) on nous parle de « la séparation des eaux d'avec les eaux » ou Big-bang selon les termes scientifiques. Après le Big-bang ou au Big-bang, l'univers était entré dans une phase expansive appelé par la Bible étendue. Et la Bible dit, c'est cette étendue qu'on appelle ciel. Là, maintenant, on est en face du ciel physique. Eux-mêmes les scientifiques le confirment en parlant du début de l'espace-temps. C'est différent du ciel spirituel qui est mentionné dans le premier verset à savoir : « Au commencement Dieu créa le ciel ».

Le ciel physique qui est mentionné au huitième verset à savoir : « Dieu appela l'étendue ciel » est le ciel géographique. Il s'agit de l'espace vide visible par nos sens. Ce vide qui me sépare avec l'autre, qui me permet de me mouvoir, ce vide qui contient tout ce qui se trouve dans l'univers. Le vrai terme du ciel physique, c'est le vide ou l'espace. Si nous les combinons, ça devient le vide spatial. Ainsi, Gagarine n'a pas sillonné le ciel, mais plutôt le vide spatial. Et, dans le vide spatial, on ne peut voir ni Dieu, ni les anges, ni les esprits errants.

Ainsi, que la science laisse les mots « ciel ou cieux » au religieux. Les religieux aussi doivent comprendre que les mots ciel et cieux n'ont rien avoir avec le vide spatial, ni avec le ciel bleu que nous voyons au-dessus de nos têtes. Il s'agit plutôt de la sphère spirituelle auquel nos sens physiques ne peuvent ni voir, ni palper.

En conclusion, quand la Bible et tous les livres sacrés parle des « cieux ou ciel », ils se réfèrent au monde spirituel, irréel pour la science. Quand la littérature générale et la science, parle du ciel, elles se réfèrent au vide spatial ou ciel géographique.

Beaucoup des croyants me pose la question, qu'est-ce que les astronomes cherchent là au ciel ? Je leur réponds : nous ne faisons pas des recherches au ciel qui est un domaine spirituel, nos recherches se limitent dans le vide spatial. Certains scientifiques aussi me posent la question : nous sillonnons le ciel, mais nous ne voyons ni vos dieux, ni vos anges. Et, je leur réponds : vous ne sillonnez pas le ciel car ça fait partie du domaine spirituel. Vous sillonnez le vide spatial où on ne peut voir des êtres spirituels.

Ainsi, dans l'astrothéologie, le ciel et le vide spatiale sont deux mots différents. Le ciel, ça se réfère au domaine spirituel, invisible à nos sens, tandis que le vide spatial ou l'espace se réfère au monde physique perceptible par nos sens. Ainsi, nos avions et autres engins ne volent pas dans le ciel, mais dans l'espace. A la question de savoir le ciel, c'est où ? C'est l'espace spirituel qui contient et englobe l'espace physique.

2.3. L'effondrement gravitationnel dans le vide

Gn 1 :2 « Il y avait des ténèbres à la surface de l'abime »

Gn 1 :2 « et l'esprit de Dieu se mouvait au-dessus des eaux ». (Louis Segond)

En astronomie, un effondrement gravitationnel est une contraction soit de l'énergie, soit des particules, soit des matières sous l'effet de leur propre attraction gravitationnelle. Ayant acquis une surcharge dans l'espace, le corps s'effondre sur elle-même, en déformant le tissu de l'espace-temps.

Après une « terre invisible et vide », on nous dit qu'il eut **« Il y avait des ténèbres à la surface de l'abime »** (Gen 1 :2). Cette citation fait basculer le schéma de la création biblique de la cosmogonie à la cosmologie. Par abime, on sous-entend un trou, mais pourquoi le savant Moïse a utilisé le mot « abime » ? Selon le glossaire biblique « *un abime est un trou dont on ne peut voir le fond et où il y a des phénomènes mystérieuses (inconnus) qui se déroulent à l'intérieur et que c'est une zone de non-retour une fois franchis* ».

Quand le savant John Wheeler en 1967 a fait des recherches sur les abimes célestes, il les a surnommés des « trous noirs ». Et, les trous noirs répondent effectivement à la définition d'abime. Cette fois-ci c'est la science qui a manqué un nom pour désigner ces structures tout comme la Bible a manqué le mot pour désigner « l'univers primitif » et à parler d'une « terre informe et vide ».

En effet, Le premier jour biblique fait partie de l'avant Big-bang. Or, tous les savants qui ont raisonné sur l'avant Big-bang ont parlé soit d'un effondrement (abime) comme le savant Italien Gabriele Veneziano et d'autres d'un trou noir (abime) comme le savant Britannique Roger Penrose. Certains, comme le Physicien français J.P. Luminet ont émis l'hypothèse que l'univers serait issus d'un trou de verre qui est la sortie du trou noir. Et, les récents études faites à l'Institut Perimeter du Canada infirment qu'il y avait un trou noir avant qu'on aboutisse au Big-bang.

Ils ont tous en fait sans exception, confirmer le verset biblique « il y a avait les ténèbres à la surface de l'abîme », c'est-à-dire l'existence d'un trou noir ou d'une masse qui a creusé l'espace-temps. Et, les ténèbres c'est ce qui caractérise aussi les surfaces des trous noirs. Comment était créé ce trou noir ou cette effondrement gravitationnel à l'avant Big-bang ? c'est ce que nous allons voir.

2.4. Des particules virtuelles aux particules réelles

Gn 1 :2 « Un vent de Dieu tournoyait sur les eaux ». (Bible de Jérusalem)

Nous avons dit selon la Bible que le commencement de l'univers a été définie comme une terre invisible et vide, démontrant qu'il n'y avait rien. Dans le point suivant, on nous dit qu'un vent de Dieu se mouvait sur les eaux. Comment peut-il y avoir de l'eau dans un univers vide et invisible pour un témoin fictif? par-là, nous comprenons que même l'eau dont on parle ici devrait aussi être quelque chose d'invisible.

En effet, d'où est venu la matière qualifiée de l'eau dans un univers invisible et vide? les savants ont découvert dans le vide même le plus complet, il y a de l'énergie. Et, le langage ancien pour désigner l'énergie était l'esprit. Philosophiquement, une énergie active ou positive est qualifiée de Yang, tandis qu'une énergie passive est le symbole de la négativité ou Yin. Scientifiquement, on parle des particules virtuelles, formant des particules et antiparticules, le Tout formant ce qu'on appelle en religion l'esprit de Dieu (V. Louis Segond) ou un vent de Dieu (V. Jérusalem).

Quand on dit esprit ou vent tournoyant ou se mouvant, on découvre qu'on est en face d'un phénomène dynamique dont l'auteur l'attribue à la puissance divine. Mais cela ne change pas de nature si la science la qualifie de l'attraction gravitationnelle. Dans une attraction gravitationnelle, on voit les corps se rapprocher ou se fusionner, mais on ne voit pas la force qui les fait rapprocher. C'est ainsi que Moise a qualifié cette force de l'esprit divine ou un vent de Dieu, c'est-à-dire l'attribuant à Dieu. Mais ce fut un phénomène physique.

Selon les expériences du CERN au Laboratoire de la physique nucléaire (LHC en Suisse), la compression de l'énergie crée la matière. Et, dans un univers informe et vide, il n'y avait que de l'énergie qui se manifesté parfois sous forme des particules virtuelles et qui s'entrecroisait selon le Principe d'incertitude. Leur compression selon la phrase biblique un vent se mouvant sur les eaux les ont ramenés des particules virtuelles aux particules réelles.

Donc, la phrase biblique qui décrivait ce qui s'est passe dans une terre invisible et vides est la suivante « un vent ou un esprit De dieu se mouvait sur les eaux ». Pour son développement scientifique, nous nous sommes référés à la théorie des cordes de Gabriele Veneziano qui s'articule ainsi : « À l'origine, l'univers était toujours vide. Dans ce vide, la gravité a fini par prendre le dessus et la matière (les particules) a commencé par s'agglomérer. La densité de la matière est telle dans certaines régions qu'elle forme un trou noir incroyablement massif, dont l'intérieur connait un processus d'expansion ». (Cfr : LES SECRESTS DE L'ESPACE « HORS-SERIE » N° 7; Les mystères de l'Univers, p.13).

Voilà comment s'est formé l'abîme auquel il est écrit « il y avait les ténèbres dans la surface de l'abime. Et, ce dans cette abîme que les processus ayant conduit les particules virtuelles aux particules réelles ont eu lieu. En conclusion « un vent de Dieu se tournoyant dans l'eaux » était l'attraction gravitationnelle qui s'exerçait sur les particules virtuelles, jusqu'à culminer sur les particules réelles.

Section 3
La première lumière

Ge 1 : 3 *Dieu dit : Que la lumière soit ! Et la lumière fut.*

3.1. Les rayonnements célestes

J'introduis ce point pour mes lecteurs pour leur faire comprendre les différents rayonnements en provenance du ciel profond appelés rayons x et que ces deniers ne sont pas à confondre avec le rayonnement fossile appelé fonds diffus cosmologique.

Les rayons X ou rayons cosmiques ou fonds cosmique de rayons X proviennent souvent des nombreuses étoiles et des galaxies, ainsi que dans des régions du cosmos où règnent des conditions extrêmes, très chaudes ou envahies de champs magnétiques, tel que les trous noirs. La majorité est absorbée par notre atmosphère qui nous serve des boucliers protecteurs. Voilà pourquoi, plus qu'on se lève dans l'espace, sans protection, plus qu'on court le danger d'être bombardé par ces rayons qui traversent le corps sans même qu'on s'en rende compte.

Le fond diffus cosmologique ou rayonnement fossile par contre, est dû au rayonnement qui emplit l'espace tout entière et n'est pas associé à un corps précis. Voilà pourquoi, nous l'attribuons à la première lumière citée dans la Bible à travers la phrase « Dieu dit que la lumière soit ! Et la lumière fut ». (Ge 1 :3-4).

3.1.1. Le rayonnement fossile

Ge 1 : 3 *Dieu dit : Que la lumière soit ! Et la lumière fut.* 4 *Dieu vit que la lumière était bonne ; et Dieu sépara la lumière d'avec les ténèbres. 5 Dieu appela la lumière jour.*

D'après plusieurs sources scientifiques, le rayonnement fossile appelé aussi fond diffus cosmologique est un rayonnement qui se retrouve dans toutes les directions du ciel. Il est interprété par la science comme étant un reliquat de la période d'intense chaleur qu'a connu l'Univers, 380.000 ans après le Big-bang.

L'extension de son rayonnement constitue à ce jour la limite de l'Univers observable. Il est lié à la période où l'Univers est devenu d'un seul coup transparent, soit 380 000 ans après le Big-bang. Il correspond donc exactement à la distance maximum depuis la Terre jusqu'à l'horizon cosmologique ; nom qui désigne la frontière de l'Univers observable.

En effet, ce rayonnement dont la température est uniforme à toutes les galaxies fut considéré comme étant la première preuve que le big-bang avait lieu et qu'au départ, la matière originelle était rassemblée et avait bénéficié d'une même température. Or, la Bible en parlant d'un vent de Dieu se mouvant sur les eaux, voulait dire que pendant la déflation cosmique, la matière s'était rassemblée par ce que nous appelons la Force Première Universelle (énergie première), dont la science parle de super-force. Et comme résultat (je n'aime pas souvent parler des conséquences, car pour nous les croyants, il y avait une volonté divine à l'intérieur), les éléments se chauffèrent à l'extrême jusqu'à atteindre un point où ils émirent la lumière qualifiée par la phrase biblique « Dieu dit que la lumière soit et la lumière fut » (Ge 1 :3) et cela avant le Big-bang.

Par contre, lorsque l'Univers a atteint sa condensation extrême, même cette lumière ne put s'échapper comme dans un trou noir.

Après le Big-bang comme je l'ai déjà dit, pour la science il s'est de nouveau suivi une période d'obscurité, jusqu'à ce que la gravitation ait commencé de nouveau à fusionner les éléments et la lumière s'est mise de nouveau à apparaître 380 000 ans plus tard. Voilà pourquoi, en faisant un recul de ce que devrait être le rayonnement fossile à son début, on retombe non sur l'obscurité mais plutôt sur une masse comme nous pouvons le voir sur ce schéma ci-dessous.

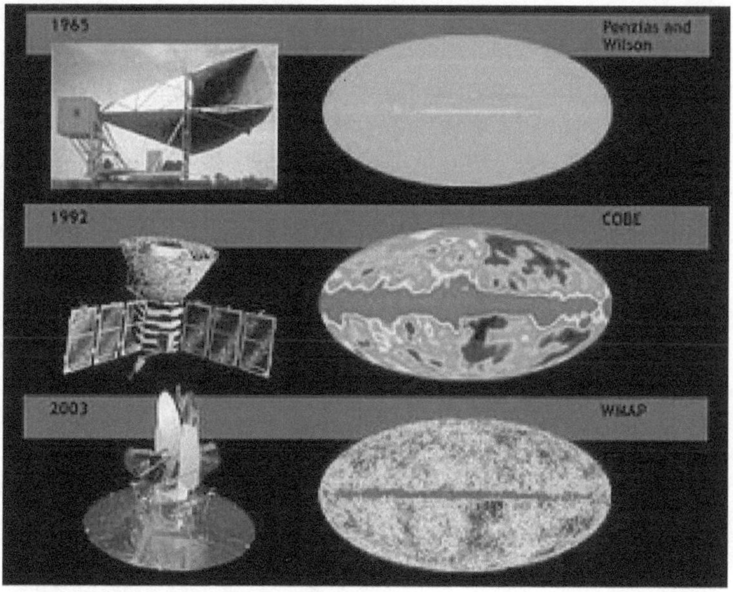

Le fond diffus cosmologique, découvert en 1965 *est le témoin le plus direct du Big-bang. Depuis, ses fluctuations ont été étudiées par les sondes spatiales* COBE *(*1992*),* WMAP *(*2003*) et* Planck *(*2009*). Article détaillé : WIKIPEDIA ;* Fond diffus cosmologique

Lisons quelques commentaires des savants et les nôtre sur l'interprétation du fond diffus cosmologique.

3.1.1.1. Commentaire scientifique : Ces images sont interprétées scientifiquement de la manière suivante :

« Opérationnel depuis 1992, le satellite américain COBE (Cosmic Background Explorer), permet de dresser la cartographie du rayonnement de fond du ciel émis dans le domaine des micro-ondes, telle que représentée sur cette image. Prédis en 1948 par le physicien américain d'origine russe George Gamow et détecté en 1965 par les astrophysiciens américains Arno Penzias et Robert Wilson, le fond diffus cosmologique est ***interprété*** *comme trace et preuve que l'Univers primordial a connu une phase très dense et très chaude. Selon la théorie du Big-bang, ce rayonnement de micro-ondes à 3 K est un résidu de l'énergie régnant au moment de la formation des premiers atomes stables de l'Univers (découplage matière-rayonnement) — soit environ 300 000 ans après l'explosion primordiale. Ce fait d'observation constitue aujourd'hui l'un des piliers de la théorie du Big-bang, modèle théorique le plus vraisemblable pour décrire l'évolution de l'Univers. Sur l'image, les variations relatives de température (couleur rouge pour les plus chaudes, couleur bleue pour les plus froides) sont interprétées en termes de variation de densité de l'Univers primordial. Ces inhomogénéités de densité seraient à l'origine de la formation des galaxies observées aujourd'hui. »* (Cfr : Théorie du Big-bang : encarta© *Microsoft Corporation. Tous droits réservés)*

3.1.1.2. Notre commentaire Pour nous, en analysant ces images, nous pouvons dire que nous interprétons le fond diffus cosmologique comme trace et preuve que l'Univers primordial a connu une phase très dense et très chaude.

En effet, selon le Modèle Cosmologique Universel, ce rayonnement de micro-ondes à 3 K est un résidu de l'énergie qui a régné avant le Big-bang (Dieu dit que : « la lumière soit et la lumière fut ») ; témoignant la température extrême qu'avait acquise la masse « des eaux bibliques » juste avant son explosion (Big-bang) ou son expansion (Ge 1 :2-3).

Certains savants et pas les moindres, notamment Marc Kamionkowski, Adrienne Erickcek et Sean Carroll, ont émis un autre son de cloche par rapport à leurs collègues scientifiques, confirmant notre commentaire concernant l'interprétation de cette image. Lisons leur commentaire concernant la deuxième image :

« Les observations de WMap indiquent qu'en moyenne, l'une des moitiés de la sphère céleste présente des fluctuations thermiques plus importantes que dans l'autre hémisphère... Il pourrait s'agir d'une fenêtre sur ce qui s'est passé non pas seulement pendant l'inflation mais même... avant le Big-bang ». (Cf : Futura-sciences.fr, La bizarre asymétrie du rayonnement fossile : une énigme résolue ? Le 02/01/2009 par Laurent Sacco).

Avant eux, d'autres savants avaient aussi émis le même raisonnement. C'est le cas de cet article tiré dans futurascience :

« Vers les années 1960, au moment de la découverte du rayonnement fossile, Robert Dicke et James Peebles, parmi d'autres pionniers de la cosmologie de l'époque, envisageaient notamment que les atomes d'hydrogène et d'hélium initiaux provenaient, peut-être, d'une phase antérieure de contraction de l'Univers observable (qui serait donc cyclique), et qui avait dissocié noyaux et électrons à hautes températures, avant que ne s'enclenche une nouvelle phase d'expansion, celle que nous observons ». (Cf : Futura-sciences.fr, Premières étoiles de l'Univers : des signaux enfin détectés ! Le 02/03/2018, Laurent Sacco).

Comme on le voit, selon le modèle standard, avant le Big-bang, l'espace et le temps n'existait pas, puis « boum ! », une masse chaude explose comme étant le début de l'Univers. Et, 380 000 ans plus tard, la lumière apparut connue sous le nom de rayonnement fossile (photo et commentaires ci-haut).

Dans le schéma de la création biblique Bible par contre, restituait scientifiquement dans le Modèle Cosmologique Universel, il y a eu l'espace et le temps avant le Big-bang, même si c'est non quantifiable pour le moment. Cette première lumière à clôturer le premier jour de la création avant le Big-bang, même si elle s'est d'abord dissipée après les premiers instants du Big-bang. Donc, jusque-là, nous ne contredisons en rien la science.

En plus, si les savants l'ont découvert, c'est parce que Dieu à travers Moïse a dévoilé son caractère éternel en l'appelant « Jour » (Ge 1 : 5) pour démontrer que ça restera désormais attaché comme sceau à l'Univers quelles que soient les fluctuations. D'où sa réapparition 380 000 ans plus tard après le Big-bang jusqu'à ce jour.

Donc, George Gamow ne l'a pas prédit, il l'a tout simplement rappelé, même s'il était ignorant de la Bible. C'est la même chose aujourd'hui où mes raisonnements dans la chambre dans un pays d'Afrique m'amènent aux découvertes de ceux qui utilisent les mathématiques et les appareils. Je ne peux pas revendiquer ces découvertes personnelles comme mienne et je suis amené à utiliser leurs citations, car offrant plus de crédit.

Créer un Univers en soi dans sa chambre fait partie du quotidien de tous les astrophysiciens comme nous pouvons le lire dans cette citation : « *Pour fonder sa théorie de la relativité, Einstein a proposé de se promener (seulement par la pensée, bien entendu) en accompagnant un photon lumineux.* » *(Cf :* http ://www.matierevolution.fr/spip.php ?

article38 **Le vide, ... pas si vide,** le 23/06/2010, par Robert Paris).

À ce jour, toutes les expériences faites dans les grands laboratoires et les observations sur l'Univers ne font que confirmer sa théorie. Le problème pour nous dans les pays sous-développés est que quand on découvre quelque chose, même dans ces pensées, on ne sait pas comment le répandre ou le publier.

Quand on va dans une revue Universitaire, au lieu de s'intéresser sur votre article ou découverte, il vous demande vos titres Universitaires et vous rejette si vous n'êtes ni assistant, ni chef des travaux, ni professeur. Ceci crée le blocage des chercheurs indépendant, attendez par-là le blocage des solutions à certains problèmes de l'humanité.

S'il s'avère que si le fond diffus cosmologique est la lumière d'avant Big-bang auquel il est dit : « *Dieu dit que la lumière soit, et la lumière fut* ! », cela signifiera que certaines particules, voire éléments appelés « eaux » par Moïse ont été bel et bien formées avant le Big-bang comme l'ont affirmé *Robert Dicke et James Peebles* au moment de la découverte du fonds diffus cosmologique à savoir :

« *Les atomes d'hydrogène et d'hélium initiaux provenaient, peut-être, d'une phase antérieure de contraction de l'Univers observable (qui serait donc cyclique), et qui avait dissocié noyaux et électrons à hautes températures, avant que ne s'enclenche une nouvelle phase d'expansion, celle que nous observons* ». (Cf : Futura-sciences.fr, Premières étoiles de l'Univers : des signaux enfin détectés ! Le 02/03/2018, Laurent Sacco).

Par conséquent, l'étude de ces fins rayons nous dévoilera beaucoup des codes de l'Univers primitif sur l'avant Big-bang, et ceci marquera un grand pas pour le champ de Moïse comme étant la recherche des preuves d'avant

Big-bang.

Comme nous l'avons déjà dit, tout rayonnement transporte le message de sa source émettrice. Or, dans les versets « *l'énergie divine (un vent de Dieu) se mouvant sur la matière (eaux) et la lumière apparut* » (Ge 1 :2-3), celle-ci devrait apporter les informations non seulement sur cette matière, mais aussi sur les énergies qui étaient en cause.

Aujourd'hui, selon plusieurs sources scientifiques, l'éclat issu du Big-bang a été immensément dilué par l'expansion de l'Univers. Pour les scientifiques, si l'on enlève la contribution des étoiles et des galaxies lointaines, le fond du ciel deviendra extrêmement sombre, mais il subsistera cependant un rayonnement résiduel, invisible à l'œil nu : c'est le rayonnement fossile. Voilà parmi les multiples raisons, ce qui nous fait croire que ce rayonnement est la lumière dont la Bible parle. Mais comme je l'ai dit, ce n'est que la science qui peut le confirmer.

Comment les savants eux-mêmes expliquent la période sombre qui a suivi le Big-bang jusqu'à la réapparition pour nous, 380 000 ans plus tard de cette première lumière que deviendra le rayonnement fossile ou fond diffus cosmologique ? Les éléments de la réponse, nous la tirons dans le documentaire scientifique **« Et la lumière fut : ou l'histoire du Big-bang »** ; conférence tenue par le Français Jean-Pierre MARTIN, physicien nucléaire et astronome (www.Planetastronomy.com).

– Une densité incroyable de la matière s'est retrouvée en un point (Ge 1 :2) ;

– La température est énorme (Ge 1 :5) ;

– La densité d'énergie est si grande que la matière qui essaye de se créer est détruite aussitôt par le rayonnement ;

– Il n'y a pas de lumière et les photons ne peuvent s'échapper tellement l'Univers était devenue opaque.

Et comme conclusion, le conférencier a dit : « *ce n'est*

qu'une position confirmée par les faits aujourd'hui, mais qui peut être remis en question demain ».

Dans les commentaires ci-dessus, empêché par « *l'opacité de l'Univers* », cela ne veut pas dire qu'il n'y avait pas encore la lumière.

3.1.1.3. Le fonds diffus cosmologique; un reliquat de l'avant big-bang Le fonds diffus cosmologique, appelé aussi le rayonnement fossile est la première lumière qui est apparu dans l'univers. Pourquoi les fluctuations de cette lumière emplissant tout l'univers sont devenues les témoins de son origine que ça soit pour les partisans de l'univers d'avant Big-bang et ceux d'après Big-bang ? y-a-t-il une similitude entre cette lumière qui est apparu 380.000 ans après le Big-bang et la lumière qui est évoqué dans la Bible dans le verset « Dieu dit que la lumière soit et la lumière fut ? » (Gen 1 :3).

Nous avons dit que tous les phénomènes rapportés dans le premier jour biblique ont eu lieu dans l'avant Big-bang. Les études scientifiques par contre, ont démontré que la première lumière appelé fonds diffus cosmologique est apparu dans l'après Big-bang. Il faut noter que ce sont les propriétés de cette lumière qui est venu confirmer le Big-bang. Le reliquat de cette lumière emplit jusqu'à ce jour l'univers avec un rayonnement électromagnétique très homogène observé dans toutes les directions du ciel.

Cette première lumière n'est pas issue d'un astre, mais d'une grande chaleur et dont sa température diminue au fur et à mesure que l'univers prend de l'expansion. Quel est cet évènement qui a su produire cette grande chaleur après le Big-bang à part le Big-bang lui-même ? Aucun. C'est pour dire que l'explication que les scientifiques proposent concernant l'origine de cette lumière est un tâtonnement car cette lumière n'est pas apparu 380.000 ans après le Big-bang, mais, nous disons qu'elle était plutôt réapparue. C'est pour dire que son origine remonte à l'avant Big-bang.et serait effectivement le « cri de Dieu » selon l'expression d'un astrophysicien qui ne savait pas qu'il avait prédit quelque chose de vrai.

En effet le premier cri de Dieu mentionné dans la Bible est effectivement « Dieu dit; que la lumière soit et la lumière fut ». Mais, est-ce que cette lumière est réellement apparu par un cri magique de Dieu? Non. L'expression « Dieu dit » veut dire que cela faisait partie du schéma de l'univers dont l'auteur qui est le savant Moïse, a attribué sa création à Dieu. Ainsi, toutes les brisures des symétries ont eu pour expression « Dieu dit », alors que la science parle du « hasard ou de force de la nature ».

D'ailleurs même les astrophysiciens ne parlent pas souvent de l'origine du fonds diffus cosmologique mais plutôt de son apparition 380.000 ans après le Big-bang. Cette lumière était la conséquence physique du verset biblique qui dit ' *La terre était informe et vide : il y avait des ténèbres à la surface de l'abîme, et l'esprit de Dieu se mouvait au-dessus des eaux* » (Gen 1 :2). L'explication scientifique de ce verset nous la retrouvons dans la théorie des cordes du Savant Gabriele Veneziano qui s'annoncent ainsi : « l'univers a commencé dans un vide infini (la terre était informe et vide, selon la Bible). Et, au cours de son évolution, les forces de la nature (un esprit de Dieu selon la Bible) ont fusionné les particules (eaux selon la Bible), jusqu'à aboutir à un effondrement gravitationnel devenant un trou noir (un abime selon la Bible) ».

Tous les scientifiques savent que la contraction de gaz dans l'espace produit la chaleur et finisse par émettre la lumière. C'est ce que le savant Gabriele Veneziano a omis de mentionner dans sa théorie, alors que Moïse l'a mentionné dans la Bible par le verset « Dieu dit que la lumière soit et la lumière fut », démontrant le grand réchauffement durant les processus de contraction des particules qui a fait jaillir la lumière. Ces processus de contraction et de réchauffement ont continué jusqu'à ce que même la lumière fut confinée dans l'univers condensé comme dans un trou noir. Elle ne réapparaitra que 380.000 ans plus tard quand l'univers a pris de nouveau de l'expansion.

Tel est l'origine du fonds diffus cosmologique ou de la première lumière que les savants américains Penzias et Wilson ont découvert en 1964.

3.1.1.4. Commentaires proches du Modèle Biblique Les commentaires ci-dessous sont proches du modèle biblique qui clôture l'ère moins un de l'Univers par l'apparition de la lumière suivie directement du Big-bang ou de la séparation des eaux d'avec les eaux. Lisons :

Ge 1 : 3 *Dieu dit : Que la lumière soit ! Et la lumière fut... Ce fut le premier jour.* 6 *Dieu dit : Qu'il y ait une étendue entre les eaux, et qu'elle sépare les eaux d'avec les eaux.*

Dans le documentaire scientifique « **L'Univers – Les Mystères du Big-bang** », écrit par Laura Verkland Armstrong où nous avons noté comme propos : « *380 000 ans après le Big-bang, le nuage s'est levé pour nous permettre de voir les structures. Mais nous pensons que ces structures ont été créées dans la fraction de seconde qui a suivi le Big-bang* ».

Autres commentaires scientifiques qui l'appuient :

« Ce signal aurait été émis 380 000 ans après le Big-bang, lorsque la température du rayonnement a été trop basse pour pouvoir ioniser l'atome d'hydrogène, l'on dit alors que le rayonnement s'est découplé de la matière. Dorochkevitch et Novikov se basèrent sur le fait que le rayonnement était en équilibre thermodynamique avec la matière avant le découplage, et l'expansion a étiré le spectre. Ils en conclurent que le rayonnement fossile devait avoir un spectre de corps noir ». (Cf : Techno-Science.net. Par Bongo, le 23/03/2014).

La science dans le Modèle standard a appris à ne parler que de l'après Big-bang comme le commencement de tout. Voilà pourquoi dans le documentaire scientifique **« L'Univers – Les Mystères du Big-bang »**, écrit par Laura Verkland Armstrong, l'orateur a mentionné « *de la fraction de second qui a suivi le Big-Bang* ». Tous les savants savent que ceux qui parlent de l'avant Big-bang s'attirent la foudre du monde scientifique, car on ne sait le démontrer scientifiquement. Ainsi, si les scientifiques ne savaient pas où mettre la frontière sur l'apparition du rayonnement fossile, Moïse l'avait fait.

En plus, eux-mêmes les savants ont rejeté la phrase biblique « Dieu dit » car, disent-ils, dans cette phrase, les notions d'espace et de temps n'existent pas. Et maintenant pour l'avant Big-bang où le Big-bang, en disant que l'espace et le temps n'étaient pas séparés, ils viennent de retomber sans le savoir dans cette phrase de « Dieu dit » confirmant le verset décrivant le Big-bang : « *Dieu dit : Qu'il y ait une étendue* (expansion*) entre les eaux, et qu'elle sépare les eaux d'avec les eaux »* (Ge 1 :6).

Toutefois pour nous, dès qu'une chose se forme, le temps commence déjà à compter et la masse du Big-bang n'est pas apparue d'une manière spontanée, atteignant une densité opaque au même moment et « Boum ! ».

Autre fait, quand la science nous dit que la première

lumière de l'Univers est apparue 380 000 ans après le Big-bang, cela désoriente les profanes en astronomie. En effet, comme je l'ai déjà dit, à ce moment-là, la notion de temps telle que nous le comptons aujourd'hui n'existait pas car il n'y avait aucun astre de référence, d'où Moïse parlait d'un jour pour le passage d'un événement par rapport à un autre et nous lui donnons raison. Pour cette période évolutive d'après Big-bang, en passant par la formation de la première génération d'étoiles, jusqu'à l'aboutissement de ce que Dieu attendait, c'est-à-dire la formation des galaxies selon le Principe anthropique, Moïse dut le contenir entre un « soir et un matin ».

Enfin, dans mes recherches, je suis tombé sur les propos d'un savant français qui confirment à 100 % ce que je dis sur l'apparition du rayonnement fossile avant le Big-bang. Il s'agit de l'astronome Jean Heidmann. Ces propos furent tirés lors de l'émission réalisée le 06/06/1979 par TF1 (**Collection : À la poursuite des étoiles**). Écoutons sa réponse à propos du rayonnement fossile :

« Et ce rayonnement qui est observé actuellement sous forme d'ondes radio, de quelques centimètres de longueur d'onde, s'interprète tout à fait naturellement dans le cadre de la théorie du Big-bang comme étant ***le reliquat, la relique du rayonnement à très haute température qui existait quand l'Univers était très condensé et très chaud****. Donc on imagine, qu'au début, il y a une quinzaine de milliards d'années, l'Univers était très chaud parce que très condensé donc il était bourré d'un rayonnement encore plus fort... Et puis après l'Univers est resté en léthargie sous forme de gaz dilués dans l'espace complètement froid où il ne se serait rien passé du tout pour la suite de l'éternité s'il n'y avait pas eu la loi de la gravitation. À ce moment-là, par hasard, il y avait des fluctuations de densité à certains endroits, elles se sont concentrées et en se concentrant elles se sont échauffées et en*

s'échauffant, elles ont atteint une température suffisante pour allumer des réactions thermonucléaires ». Et, la lumière est réapparue selon notre conclusion.

Pour moi ces propos découverts un certain 30/01/2018, clos et ouvre le débat si le rayonnement est une lumière d'avant ou d'après Big-bang. L'astronome Jean Heidmann, dont je ne sais pas si j'interprète ces propos de travers, nous montre que c'est un rayonnement d'avant Big-bang confirmant la phrase biblique « Dieu dit que la lumière soit, Et, la lumière fut », avant la « séparation des eaux d'avec les eaux » ou Big-bang.

Ainsi, le schéma décrit par Moïse dans la Bible fait de lui le savant des savants car le meilleur que les gens peuvent accepter, même les non croyants telle que restitué scientifiquement dans ce livre, schéma baptisé le « Modèle Cosmologique Universel ». Le schéma biblique de la création devient ainsi et il était déjà, le schéma par excellence en cosmologie. Tous les croyants devraient applaudir cela car notre Père Céleste, Dieu, vient de récupérer sa place de Créateur et de propriétaire de l'Univers dans les cœurs des gens.

Section 4
Le rayonnement fossile est biblique

4.1. La détection de la lumière d'avant Big-bang

« ... *Dieu dit : Que la **lumière** soit! Et la **lumière** fut* » *(Ge 1 :3)*

Comme je l'ai dit, le rayonnement fossile est cette lumière ou énergie qui est apparu avant le Big-bang selon le verset biblique « ... *Dieu dit : Que la **lumière** soit! Et la **lumière** fut* » *(Ge 1 :3).* Toutes ses recherches ou ces découvertes d'avant Big-bang, nous l'avons baptisé « la recherche du CHAMP DE MOISE ».

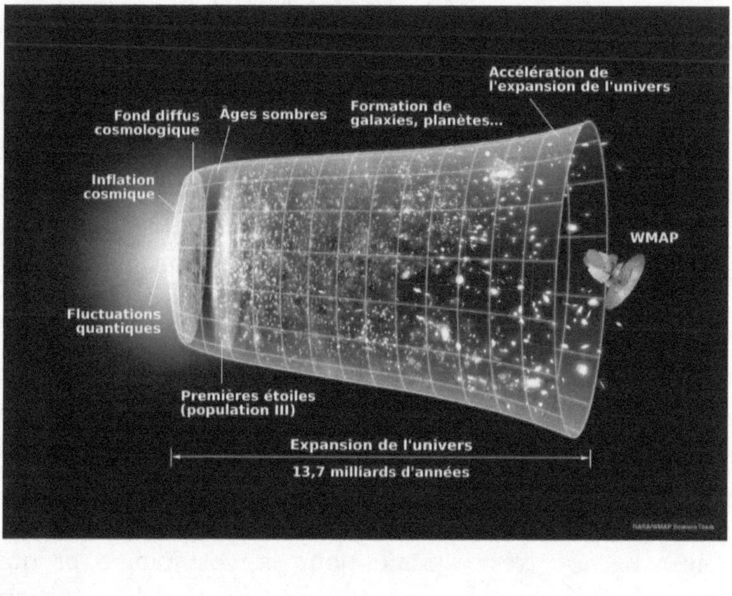

(Futurasciences.com/buildsv6/images/mediumoriginal/4/3/4/434bad3ced_65472_intro.jpg © Domaine public).

Selon le Modèle Cosmologique Universel, la première lumière de l'Univers a été émise avant le Big-bang ou la séparation des eaux d'avec les eaux. Appelons cela l'énergie X avant que la science confirme notre déclaration.

Donc, dans le Champ de Moïse, nous rechercherons d'abord le rayon ou l'énergie X qui détient la clé des explications de plusieurs énigmes physiques de l'Univers d'avant Big-bang. Pour nous, nous infirmons que cela existe et est décelable. Cet élément X a été déjà prédit par Moïse et l'a décrit de la manière suivante :

Ge 1 :2 ... *L'esprit (un vent) de Dieu se mouvant au-dessus des eaux...* 3 *Dieu dit : Que la* ***lumière*** *soit! Et la* ***lumière*** *fut.* 4 *Dieu vit que la lumière était bonne; et Dieu sépara la lumière d'avec les* ***ténèbres***. 5 *Dieu appela la lumière jour, et il appela les ténèbres nuit. Ainsi, il y eut un soir, et il y eut un matin : ce fut le* ***premier jour***.

Le mot « esprit » est inscrit dans la version Louis Segond et le « vent » c'est dans la Bible de Jérusalem. Pour les scientifiques, c'est le mot « vent » qui est le plus convenable, tandis que pour les théologiens, c'est le mot « esprit », mais le vrai terme scientifique fut dévoilé pour la première fois parle Rév. Dr. Sun Myung Moon sous le nom de la Force Première Universelle émanant de L'Énergie Première Universelle.

Nous avons déjà donné des explications à plusieurs reprises concernant ce verset énigmatique d'une apparition de lumière sans astre et là où les études devraient être faites. Mais, ici nous voulons parler pourquoi la détection de cette lumière apparut avant Big-bang est très capitale pour la cosmologie et qui viendra redresser plusieurs théories. En plus la détection de cette lumière, répondra à plusieurs questions qui laissent encore certains savants sceptiques dont :

– Quelle est la force qui a provoqué le Big-bang ?

– Quand est-ce que la matière noire et l'énergie noire sont-elles apparues ?

– Et quelle est la nature de l'énergie noire qui s'est séparée avec cette énergie X ?

Si les études ou les recherches de l'impact sur l'Univers de fond diffus cosmologique, des neutrinos et des ondes gravitationnelles ne peuvent répondre à ces questions, alors, la science qui est en retard par rapport à la religion, a encore beaucoup à faire. Elle doit percer la bulle originelle pour découvrir ce nouveau rayon X qui fut la première lumière de l'Univers. Désormais, le point de départ des études en cosmologies devient le Modèle Cosmologique Universel.

En plus dans le documentaire scientifique « **Que pensez-vous de la déclaration de Stephen Hawking ?** », l'astrophysicien Hubert Reeves a dit *« la science peut nous dire comment ça marche dans l'Univers, mais il ne peut pas dire l'interprétation des faits qu'on observe ».* Or, quand la lumière ou l'énergie d'avant Big-bang est apparue, une action très importante a été décrite que la science est appelée à interpréter *« Dieu sépara la lumière d'avec les ténèbres »* (Ge 1 :4).

Donc, c'est la découverte de cette lumière qui permettra aussi de comprendre les ténèbres ou tout ce que l'astrophysique qualifie des noirs tels que l'énergie noire et la matière noire.

L'énergie de la première lumière d'avant Big-bang emplit aussi l'Univers comme l'énergie noire et est active. Dans la Bible, Dieu a appelé cette lumière d'avant Big-bang « Jour » pour deux raisons : démontré son caractère éternel et sa visibilité (même s'il faut des appareils pour le détecter) par rapport à l'énergie noire qui fut qualifiée des ténèbres.

Donc, le mot « noir » que la science utilise pour dire

que c'est invisible a été déjà utilisé par Moïse par le mot « ténèbres » et Empédocle l'a qualifié depuis l'antiquité de « Discordes », c'est-à-dire l'énergie qui sépare.

Comment pouvons-nous détecter ces énergies d'avant Big-bang ? En nous basant sur le Principe de la création, chapitre du Principe divin du Rév. Dr. Sun Myung Moon, qui stipule ainsi :

« *Pour qu'un être existe, il faut de l'énergie, et celle-ci ne peut être produite que par l'action de donner et recevoir. Toutefois, aucune réciprocité n'est possible sans être au moins deux. Un mouvement en ligne droite* (les rayons par exemple et c'est moi qui le dis) *ne peut se maintenir perpétuellement. Pour qu'un être puisse avoir une nature éternelle (*les énergies comprises*), il doit décrire un mouvement circulaire ; or, pour qu'un mouvement circulaire se produise, une action de donner et recevoir est nécessaire* ».

(Présentation du Principe Divin, éd. Culture et paix, Paris, Pp 42-43).

Donc, en soupçonnant l'existence d'une énergie noire qui emplit l'Univers et dont les savants n'arrivent pas à détecter, sur base de la loi ci-dessus, les astrophysiciens qui étudient la question feront mieux de traquer l'énergie qui entretient l'action de donner et recevoir avec cette énergie noire et qui lui donne la force d'agir ; c'est « la lumière » d'avant Big-bang. C'est comme l'existence de tornade et ouragans qui s'explique par le mouvement ascendant et descendant d'airs chauds et froids.

Tout au long de ce livre, j'ai dit que la meilleure façon de détecter l'énergie noire est de découvrir d'abord le rayon qui est apparu avant le Big-bang, c'est-à-dire cette « lumière » biblique. Le problème est qu'on ne traque que ce qu'on soupçonne, alors qu'il y a des choses qui nous échappent. Mais, une fois mis dans les tableaux de suppositions, l'homme arrive toujours à bout de ses recherches et à lever des voiles sur les zones d'ombre de l'Univers.

Aujourd'hui, cette lumière biblique vient d'être mise dans les tableaux de suppositions scientifiques appelées prédictions, bien que pour les croyants, cela n'est pas une prédiction, mais une réalité. Nous ne condamnons pas les scientifiques, nous leur laissons plutôt la confirmation des faits scientifiques décrits dans la Bible au lieu de leur imposé la foi.

Enfin, une dernière confirmation pour clore ce dossier, spécifiant que le fond diffus cosmologique est apparu avant le Big-bang, nous la tirons dans le documentaire « **Cosmos – Au-delà du Big-bang** » écrit par Matt Hickey. Il est dit ceci après le Big-bang : *« 380 000 ans plus tard, la lumière voyage dans les pénombres et l'éclatement du rayonnement découvert par Penzias s'est produit alors »*.

Alors quand est-ce que cette lumière qui voyagea dans la pénombre après le Big-bang s'est-elle produite, alors qu'il était déjà confiné ou présent dans l'Univers condensé ? La réponse à cette question qui fait partie de la méditation de chacun et qui sera confirmée un jour par la science fait du Modèle Cosmologique Universel, qui est une restitution scientifique du schéma biblique de la création de l'Univers, un modèle Universel. Moïse étant le premier à décrire l'avant Big-bang, toutes les recherches basées sur cette période sont désormais qualifiées, avons-nous dit, des « Recherches de Champ de Moïse ».

En conclusion, nous pouvons dire que le rayonnement fossile fut une lumière qui était apparue dans l'avant Big-bang et qui s'est retrouvée coincée dans l'Univers condensé pour réapparaître de nouveau après le Big-bang, démontré d'une manière scientifique par Penrose et Minkowski à travers le *Diagramme de l'espace-temps de Minkowski*, selon le Modèle Cosmologique Universel.

Voyons un peu ce diagramme de Minkowski sur l'apparition avant le Big-bang et la réapparition après le Big-bang de la lumière :

Diagramme conforme de l'espace-temps de Minkowski .

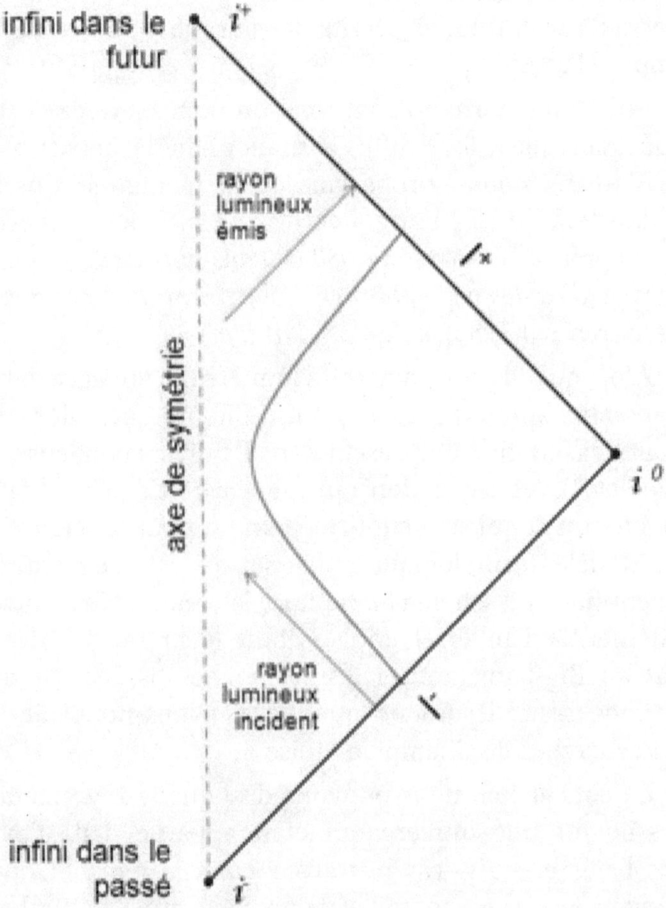

« Le caractère conforme de cette représentation fait qu'un rayon lumineux en provenance du passé suit une droite inclinée à 45 degrés de la droite vers la gauche et qu'un rayon lumineux dirigé vers le futur suit une droite à incliner à 45 degrés de la gauche vers la droite. La courbe bleue représente la trajectoire d'un objet provenant de l'infini dans le passé et se prolongeant vers l'infini dans l'avenir ». (Diagramme de Penrose :Chaours.rv.pagesperso.orange.fr/physique/Stars/Black/penrose.htm).

Notre interprétation du *Diagramme de l'espace-temps de Minkowski* .

(Diagramme de Penrose :
Chaours.rv.pagesperso.orange.fr/physique/Stars/Black/penrose.htm).

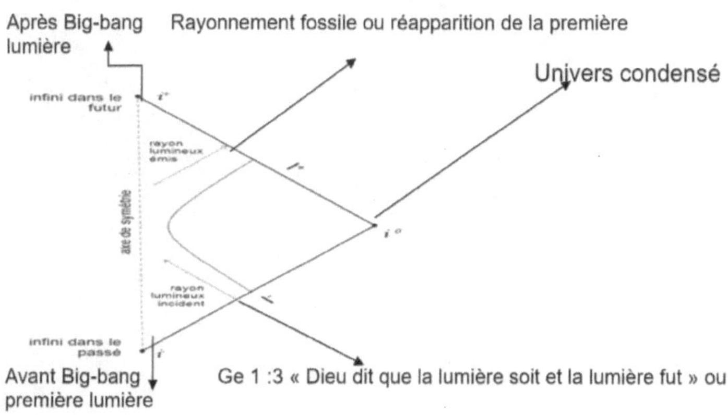

Notre interprétation du diagramme de Minkowski dans le cadre du Modèle Cosmologique Universel est presque la même que ce que leurs auteurs, **Minkowski et Penrose** ont voulu démontrer.

Ce schéma scientifique montre qu'il y a bien eu un rayon lumineux incident avant le Big-bang et que dans le point **io** où l'Univers s'est totalement condensé, rien ne pouvait plus être visible, ni même la lumière.

Section 5
Les ténèbres bibliques

Gn 1 :2 « *La terre était informe et vide (Univers) : il y avait des* ***ténèbres*** *à la surface de* ***l'abîme*** »

5.1. Le paradoxe d'Olbers

Olbers s'est posé la question de savoir : « si l'Univers est rempli d'étoiles, d'où vient alors le ciel nocturne obscur » ? Pour lui, si l'Univers était infiniment étendu et homogène, le ciel, nocturne ou pas, devrait être aussi brillant que le soleil ; ce qui n'est manifestement pas le cas. On aboutit donc là à un paradoxe, lequel tient son nom de Heinrich Wilhelm Olbers qui l'énonça par écrit dans les années 1820. Dans la cosmologie, il a fallu attendre plus d'un siècle avant que ce paradoxe ne trouve soi-disant une véritable solution.

L'explication retenue à la fin du XXe siècle a été développée par l'astronome américain Edward Harrison dans les années soixante. Pour lui, selon la théorie du Big-bang, l'Univers et les étoiles qu'il contient n'ont pas toujours existé. Et, comme la vitesse de la lumière est constante (300 000 km/s), suite à l'expansion de l'Univers, le rayonnement des étoiles les plus lointaines n'a pas encore atteint la Terre alors que certaines étoiles proches ont déjà cessé d'émettre, la durée de vie d'une étoile étant finie. Avec cette dernière assertion, pour les astrophysiciens, le paradoxe d'Olbers trouve sa résolution. (Cf : "Olbers, paradoxe d'." Microsoft® Encarta® 2009 [DVD]. Microsoft Corporation, 2008).

Dans le cadre du Modèle Cosmologique Universel, cette question connue sous le nom du paradoxe d'Olbers, était déjà résolue dans le schéma biblique de la création et cela par Moïse il y a 1 500 ans av. J.C. Pour la cosmologie moderne, l'avant Big-bang n'est qu'une aporie, ça n'a jamais existé, c'est ainsi que l'astronome américain Edward Harrison a pris comme référence la période du Big-Bang.

Mais dans la Bible, dans la période d'avant Big-bang, nous lisons ceci : « *La terre était informe et vide (Univers) : il y avait des* ***ténèbres*** *à la surface de* ***l'abîme*** » (Ge 1 :2). Donc, nous voyons qu'avant le big-bang, avant toute création des éléments, l'état de l'Univers était déjà ténébreux comme mentionné dans la Bile. Si l'astronome américain Edward Harrison lisait la Bible, il aurait pu commencer par évoquer ce verset et le terminer par sa réponse à savoir suite à l'expansion, même les étoiles qui se créent et meurent n'arrivent pas à combler ou à dissiper ces ténèbres originelles.

Comme nous allons le voir dans les points qui suivent, avant le Big-bang, l'état de l'Univers était ténébreux. C'est sur base de la mouvance d'un vent de Dieu sur les eaux (particules originelles), qu'il y eut la première lumière assortit par le verset « *Dieu dit : Que la lumière soit ! Et la lumière fut » (Ge1 :3).*

Mais, comme avant le Big-bang, l'Univers était dans un état de la déflation, en se condensant à l'extrême, même cette lumière ne pouvait y échapper. C'est la période du confinement. Ce n'est qu'après l'inflation, quand l'Univers à commencer à vomir tout ce qu'il a pu créer comme particules avant le Big-bang que la lumière aussi a réapparu dans les ténèbres 380 000 ans après le Big-bang (la séparation des eaux d'avec les eaux) selon le calcul fait par les astrophysiciens. Ainsi, c'est à l'intérieur des ténèbres que les choses se créent comme confirmé dans le documentaire scientifique **« Le mystère de l'Univers : La lumière et les ténèbres ».**

Chapitre III
Le Big-bang

https ://i.la-croix.com/729x0/smart/2014/11/14/1237059/-gravure-colorisee-XIXe-siecle-apres-Raphael-1483-1520_0.jpg

Gn 1 :2 « *La terre était invisible et vide (Univers) : il y avait des* ***ténèbres*** *à la surface de* ***l'abîme*** et *L'esprit (un vent) de Dieu se mouvant au-dessus des eaux.* (Version Septante)

Gn 1 : *6-8 « Dieu dit : Qu'il y ait une étendue entre les eaux, et qu'elle sépare les eaux » ou Big-bang selon le nom scientifique de ce phénomène.*

Le Big-bang, dont nous en avons largement expliqué au Tome I, représente l'instant zéro où l'Univers fortement condensé a explosé. Actuellement en science, on ne parle plus de l'explosion mais de l'expansion. Dans le schéma de la création biblique, cela est représenté par la phrase « la séparation des eaux d'avec les eaux » (Ge 1 :6), démontrant qu'il y avait quelque chose d'homogène qualifié des eaux et qui s'est séparé. Les eaux du dessous servant à la création des choses spatiale non brillant, y compris la terre et les eaux du dessus, servant à la création des luminaires, c'est-à-dire tous ceux qui émettent la lumière.

Gn 1 :2 « *La terre était invisible et vide (Univers) : il y avait des **ténèbres** à la surface de **l'abîme*** et *L'esprit (un vent) de Dieu se mouvant au-dessus des eaux.* (Version Septante)

Ge 1 : 6-8 *« Dieu dit : Qu'il y ait une étendue entre les eaux, et qu'elle sépare les eaux d'avec les eaux. 7 Et Dieu fit l'étendue, et il sépara les eaux qui sont au-dessous de l'étendue d'avec les eaux qui sont au-dessus de l'étendue. Et cela fut ainsi.8 Dieu appela l'étendue ciel. Ainsi, il y eut un soir, et il y eut un matin : ce fut le second jour »*

Dans le schéma biblique dont l'auteur n'avait pas notre vocabulaire scientifique actuelle, on nous dit dans la première phase que *« l'esprit de Dieu ou un vent de Dieu se mouvait au-dessus des eaux »*, qui scientifiquement fut l'étape de la contraction des énergies. Après que cela fut contracté jusqu'à un point minimal, on passa à la deuxième phase qui fut *« la séparation des eaux d'avec les eaux »*, c'est-à-dire le Big-bang. Ce n'est pas du concordisme ou un jeu de vocabulaire ou d'association des mots. C'est effectivement ça les phases que l'univers a traversé. Après, la séparation « des eaux d'avec les eaux » fut suivie de l'expansion de l'univers que la Bible appelle étendue. C'est la troisième phase qui est celui de l'aprés « séparation des eaux d'avec les eaux » ou de l'après Big-bang.

Section 1
Preuves observationnelles du Big-bang

1.1 Preuves bibliques et scientifiques

Les gens veulent me demander les preuves observationnelles. Les voici :

Gn 1 :6- 9 *Dieu dit : Que les eaux qui sont au-dessous du ciel se rassemblent en un seul lieu, et que le sec paraisse. Et cela fut ainsi. 10Dieu appela le sec terre, et il appela l'amas des eaux mers. Dieu vit que cela était bon.*

Gn 1 : 14 *Dieu dit : Qu'il y ait des luminaires dans l'étendue du ciel, pour séparer le jour d'avec la nuit; que ce soient des signes pour marquer les époques, les jours et les années; 15et qu'ils servent de luminaires dans l'étendue du ciel, pour éclairer la terre. Et cela fut ainsi. 16 Dieu fit les deux grands luminaires, le plus grand luminaire pour présider au jour, et le plus petit luminaire pour présider à la nuit; il fit aussi les étoiles.*

La Bible dit qu'avec les eaux du dessous « la Terre émergea » et avec les eaux du dessus, les luminaires furent créés. Et, à ces jours les scientifiques nous confirment que ça soit la terre (formé par les eaux du dessous) et les luminaires (formés par les eaux du dessus), tous sont composés de mêmes éléments. La différence ne réside qu'autour des leurs états : solide; liquide et gazeux pour la terre et certaines planètes, gazeux et poussiéreux pour certaines planètes et nébuleuses, fluide et plasma pour le Soleil et d'autres étoiles.

En conclusion, le premier jour biblique regroupe les phénomènes qui ont eu lieu dans l'avant Big-bang. Dans le deuxième jour biblique, on entre dans la phase de l'univers condensé et du Big-bang. Et Le troisième jour biblique marque le début de l'après Big-bang jusqu'à la formation de l'homme. Donc, rien de ce que les scientifiques ont découvert jusqu'à ces jours ne contredit le schéma de la création biblique. Nous avons déjà éclairci les jours bibliques qui sont différents de nos journées ordinaires.

Je suis le premier à aboutir à ces découvertes après 10 ans des recherches faites d'une manière indépendante et objective. Ma motivation de départ n'était que des satisfaire ma curiosité et de vérifier pourquoi le schéma biblique de la création n'était jamais pris en compte dans la science, ni même dans l'histoire de la cosmologie. Mes travaux viennent de mettre fin aux rejets de ce schéma.

Je suis aussi le premier à convaincre le monde entier avec une simple preuve observationnelle que le Big-bang est un fait réel, par la découverte scientifique de l'homogénéité de la matière dans l'univers.

1.2. Le Big-bang fut un rebond

Ge 1 : 6-8 *« Dieu dit : Qu'il y ait une étendue entre les eaux, et qu'elle sépare les eaux d'avec les eaux. 7 Et Dieu fit l'étendue, et il sépara les eaux qui sont au-dessous de l'étendue d'avec les eaux qui sont au-dessus de l'étendue. Et cela fut ainsi.8 Dieu appela l'étendue ciel. Ainsi, il y eut un soir, et il y eut un matin : ce fut le second jour ».*

Selon la Bible, c'est-à-dire selon la réalité telle que restituée dans le Modèle cosmologique Universel, le Big-bang n'est pas le commencement de l'univers, mais un rebond comme le confirme le verset ci-dessus. Dans ce verset, on voit que le phénomène que la science qualifie de Big-bang a eu lieu au second jour biblique.

Ce phénomène trouve son essence au premier jour où il était écrit que « Un vent ou un esprit de Dieu se mouvait sur les eaux » (Gn 1.2). Comme on le voit, le schéma de la création biblique suit un acheminement logique en partant de l'origine jusqu'à l'homme telle que restituée dans le Modèle cosmologique Universel.

Ainsi, le Big-bang n'étant pas le commencement de l'Univers, cette étape secondaire ou transitoire fut qualifié scientifiquement de rebond comme l'a prôné le physicien allemand Martin Bojowald. (Cfr : Martin Bojowald, l'univers en rebond, Folio Essais N° 575)

Si la Bible est le seul livre qui donne un schéma complet de l'Univers telle que restituée dans le Modèle cosmologique Universel, du côté de la science par contre, on doit recoller plusieurs morceaux pour faire ressortir un schéma de l'évolution de l'Univers.

Selon le Modèle de rebond, l'univers qui est issu d'un vide infini comme l'a souligné le physicien Italien Gabriele Veneziano et la Bible version Septante, a connu ensuite une phase contractive qualifié de déflation cosmique dans le Modèle Cosmologique Universel.

En se contractant selon le Modèle Cosmologique Universel, la chaleur ne faisait qu'augmentait jusqu'à faire jaillir la lumière connut à ce jour sous le nom du rayonnement fossile. Et, ayant atteint une condensation extrême, la lumière ne put s'échapper. C'est par là qu'il a connu le rebond, qualifié de big-bang, suivi de l'inflation et la réapparition du rayonnement fossile ou de la lumière 380.000 ans après.

Section 2
L'énergie du Big-bang

1.1. Interprétation scientifique des forces d'activation du Big-bang

Dans le Modèle ekpyrotique, il est écrit ceci : « *Le modèle branaire peut donner lieu à des modèles non conventionnels concernant le Big-bang* ». Dans ce modèle, le Big-bang serait un échange d'énergie monumentale qui se produirait lorsque deux branes se touchent. L'une transmet une quantité phénoménale d'énergie et de matière sous forme très condensée à l'autre et l'autre fait de même. C'est cet échange d'énergie qui serait à la base du Big-bang selon cette théorie. (Cf : www.Wikipédia ;Brane) - (Big-bang et expansion de l'Univers).

Dans le Modèle Cosmologique Universel par contre, en nous référant, aux versets bibliques pré Big-bang, nous retrouvons trois forces agissantes au lieu de deux comme dans le Modèle Ekpyrotique. Lisons :

Ge 1 h 2-4 « *La terre était informe et vide; il y avait des* ***ténèbres*** *à la surface de l'abîme, et* ***l'Esprit*** *de Dieu se mouvait au-dessus des eaux. Dieu dit : Que la* ***lumière*** *soit ! Et la lumière fut. Dieu vit que la* ***lumière*** *était bonne; et Dieu* ***sépara*** *la lumière d'avec les* ***ténèbres*** ».

Dans ces versets, nous avons la présence des grandes forces énergétiques qui sont entrées en action : « L'esprit de Dieu » en train de mouvoir la matière, l'apparition d'une lumière qui vient activer les ténèbres qui étaient auparavant latente.

Je me posais la question pour savoir comment trois différentes manifestations d'énergie pourraient se retrouver dans un même champ. Je ne trouvais pas de réponse en astrophysique, mais je l'ai plutôt découvert en chimie dans la théorie d'Eyring. Il s'agit de l'énergie d'activation (Ea).

Appliquer dans le domaine de la physique, Cette découverte m'a permis de confirmer mes déductions sur l'énergie qui a déclenché le Big-bang, selon ce qui est écrit dans le schéma biblique de la création. Pour la science cette question reste encore pendante.

En effet, pour répondre à la question de savoir d'où est venue l'énergie qui a déclenché le Big-bang, la physique quantique enseigne qu'il y a d'autres formes d'énergie qu'on appelle des énergies du vide selon le propos de l'astrophysicien Hubert Reeves dans le documentaire « **D'où provient l'énergie du Big-bang** ». C'est cette énergie du type quantique, enchaîna-t-il, qui s'est transformé en chaleur. Là nous sommes effectivement en face de la phrase biblique *« Dieu dit : Que la lumière soit! Et la Lumière fut »* (Ge :1 :3). Ce verset démontre l'état qu'avait atteint l'Univers avant le Big-bang à savoir une chaleur extrême selon les propos contenus dans ce documentaire.

En plus en astrophysique, quand on parle des énergies du vide, on voit effectivement ce qui est invisible ou qui peut être hypothétique pour le moment. C'est ce que nous avons fait ressortir dans les versets bibliques ci-dessus à savoir : Esprit de Dieu, Lumière et Ténèbres.

Comme pour le Big-bang, la Bible vient encore confirmer les suppositions des savants. Comment la transformation de l'énergie quantique en chaleur (Et la lumière fut) fut la cause du Big-bang? Je parle de la cause parce que nous sommes dans le domaine scientifique, mais pour nous les croyants, tout s'est passé selon la volonté de Dieu.

Pour répondre à cette question, je me suis inspiré

de la théorie d'Eyring sur l'énergie d'activation (Ea). Mais, qu'entend-on d'abord par énergie d'activation selon la science et qui peut permettre aux astrophysiciens eux-mêmes de formuler de meilleures thèses que moi ?

L'énergie d'activation est une notion chimique introduite en 1889 par le scientifique suédois Svante August Arrhenius, et qui décrit l'évolution d'une vitesse de réaction chimique avec la température. En quelque sorte, c'est une énergie supplémentaire qui doit être apportée à un système chimique possédant déjà des énergies pour que la réaction ait lieu. Cette énergie doit être de nature thermique, c'est-à-dire se rapportant à la chaleur.

Dans la théorie d'Eyring (appelée théorie du complexe activé), l'énergie d'activation est l'enthalpie libre qui sépare l'énergie de l'état de transition et celle de l'état initial. (Cf : Wikipédia : L'**énergie d'activation)**.

L'enthalpie est définie par l'expression : $\boldsymbol{H = U + PV}$ Où $\boldsymbol{U}$ correspond à l'énergie interne du système, $\boldsymbol{P}$ à la pression et $\boldsymbol{V}$ au volume du système.

Tout ceci est schématisé et expliqué dans l'image ci-dessous tiré d'Encarta :

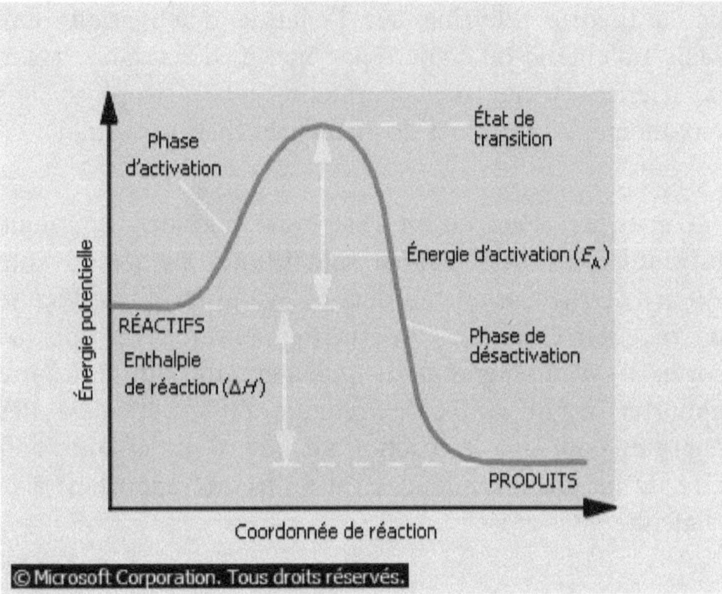

Profil énergétique d'une réaction élémentaire exothermique

« Cette variation globale d'énergie potentielle correspond à la variation d'enthalpie entre les réactifs et les produits, appelée enthalpie de réaction (ΔH). Par ailleurs, pour passer de l'état initial à l'état final, le système doit acquérir un minimum d'énergie (phase d'activation) pour initier la réaction : c'est l'énergie d'activation (E a). Le système passe ainsi par un maximum d'énergie et se trouve dans un état dit état de transition, qui correspond au moment où les réactifs forment un agrégat, appelé complexe activé, au sein duquel les liaisons sont en train de se rompre et de se former. Puis le système évolue vers son état final (phase de désactivation) dont l'énergie potentielle peut être inférieure à celle de départ (réaction exothermique avec dégagement de chaleur) ou supérieure (réaction endothermique avec absorption de

chaleur) ».

Source : Enthalpie." Microsoft® Encarta® 2009 [DVD]. Microsoft Corporation, 2008.

Appliqué dans la physique de la création, les astrophysiciens auront une autre compréhension de ce qui est expliqué ici par rapport aux chimistes et ce n'est pas à moi d'en faire le développement. Ce livre n'a pour but que de faire comprendre l'Univers selon le schéma de la création biblique restitué scientifiquement dans le Modèle Cosmologique Universel.

En se référant aux explications scientifiques ci-dessus tirées d'Encarta, nous avons d'abord une énergie potentiellement croissante (l'esprit de Dieu se mouvant sur les eaux). Le chauffage extrême entraînant l'apparition de la lumière : Et, la lumière fut), provoquant l'énergie d'activation. Celle-ci entraînant l'Univers à l'état de transition (métastabilité ou Univers condensé). Et enfin, il y eut le processus de l'expansion de l'Univers. C'est ainsi que le Big-bang ou la séparation des eaux d'avec les eaux ne fut qu'une étape transitoire entre un Univers en déflation et un Univers en expansion.

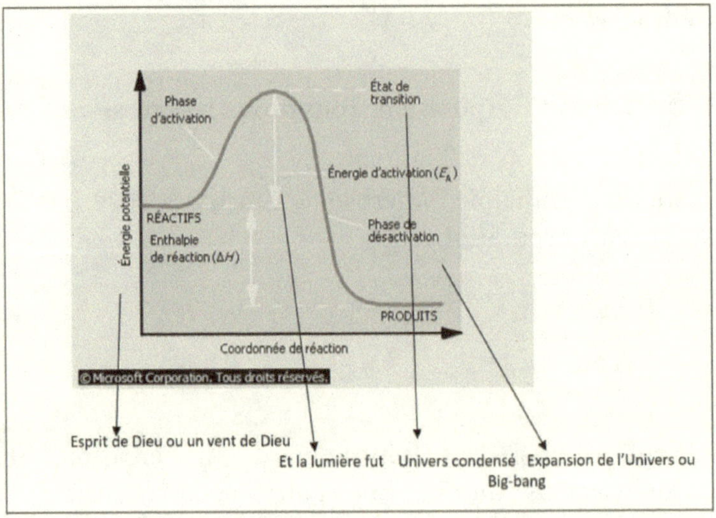

Ainsi, dans le schéma de la création biblique, le Big-bang n'occupe pas le premier jour mais le second jour ou la seconde période de l'Univers selon la restitution scientifique. Au schéma ci-dessus, l'Univers condensé occupe l'étape du sommet, tandis que le Big-bang occupe le début de la phase de désactivation ***P*** à la pression et ***V*** au volume du système.

Revenons au schéma de la création biblique restitué scientifiquement sous le nom du Modèle Cosmologique Universel pour voir comment les choses se sont passées selon les versets ci-dessous :

Ge 1 :1-6 : « *il y avait des ténèbres à la surface de l'abîme, et l'Esprit de Dieu se mouvait au-dessus des eaux. Dieu dit : Que la lumière soit ! Et la lumière fut... Dieu sépara la lumière d'avec les ténèbres... Ce fut le premier jour. Dieu dit : Qu'il y ait une étendue entre les eaux, et qu'elle sépare les eaux d'avec les eaux. Et Dieu fit l'étendue* » *(qui sépara les eaux).*

Dans ces successions d'événement, à la place de Dieu, les astrophysiciens parlent de la brisure spontanée de symétrie. Ça nous encourage quand même car ils reconnaissent l'existence des événements en physique, ayant nécessité une discontinuité causant des sauts inexpliqués. Même la biologie est aussi caractérisée par beaucoup des chaînons manquant des espèces inférieures aux espèces supérieures qualifiées d'accident mutationnel.

Pour revenir sur l'Univers, au départ, on avait à faire à une énergie passive « les ténèbres » dans le vide et une énergie active qualifiée de « l'esprit ou un vent de Dieu se mouvant sur les eaux » c'est-à-dire sur la matière originelle. Cette mouvance exprimait une puissance énergétique qui entraînait la déflation cosmique de l'Univers, provoquant les collisions des matières originelles et son réchauffement.

Cette déflation a fait que la température de l'Univers d'avant Big-bang soit croissante. L'élévation exponentielle de la température a entraîné la matière originelle qualifiée des eaux bibliques à se fusionner et à chauffer jusqu'à l'émergence de la première lumière sanctionner par le verset biblique « Et Dieu dit que la lumière soit, et la lumière fut ».

Dans la vie courante, quand la lumière apparaît, les ténèbres s'effacent, mais ici au tout début de l'Univers, on avait affaire qu'aux énergies. Ainsi, au lieu que les ténèbres s'effacent, il fut plutôt séparé de la lumière, démontrant que ce n'était pas une obscurité seulement. C'est cette lumière qui est venue jouer le rôle de la variation d'enthalpie et a fait que même les ténèbres soient devenues une énergie active en inversant les processus après une étape de métastabilité de l'Univers.

Donc à travers le verset biblique « *Dieu sépara la lumière d'avec les ténèbres* », nous voyons qu'une troisième énergie (la lumière) est entrée en jeu en activant les ténèbres qui est venue inverser les processus après une étape de métastabilité et entraînant l'Univers à entrer dans l'inflation par le processus connu sous le nom de Big-bang par la science et de la séparation des eaux par les eaux par la Bible.

Comme je l'ai dit, en astrophysique, ces phénomènes, causés par une brusque élévation des températures créant une discontinuité, sont connus sous le nom de la brisure de symétrie (Dieu dit). Donc, selon la physique quantique, il y avait déjà une forte activité énergétique bien avant le Big-bang. Sans l'énergie, le Big-bang lui-même ne pouvait avoir lieu. C'est ainsi que certains savants disent que notre Univers est le résultat d'une étoile effondrée dans un autre Univers. D'autres astrophysiciens qui ne croient pas à l'avant Big-bang nous présentent parfois des schémas où tout est issu à partir du big-bang.

En conclusion, l'émergence de la première lumière biblique constitua effectivement l'énergie d'activation du Big-bang. Ceci répond effectivement à la question que les savants se posent à savoir d'où est issue l'énergie qui a activé le Big-bang.

Section 3
Les étoiles, reflets du Big-bang

Reflet est défini dans le dictionnaire Encarta comme un produit ou une illustration indirecte d'un phénomène. **(Cf : Microsoft® Encarta® 2009. Tous droits réservés).**

3.1. La déflation et la gravitation

La déflation cosmique, qui est le contraire de l'inflation cosmique, est le phénomène qui a caractérisé l'Univers d'avant Big-bang. C'est le phénomène qui a permis aux éléments originels de se fusionner jusqu'à aboutir à l'Univers condensé. Les étoiles par contre commencent leur formation par fusion des éléments élémentaires.

Nous avons dit que les étoiles sont les fruits du Big-bang, c'est-à-dire que leur formation suit le même processus que ce qui a conduit au Big-bang et à la fin de leur cycle ils émettent une lumière phénoménale dénommée supernova. La seule différence est que le big-bang a rejeté dans l'Univers, les particules qui avaient atteint la maturité. Cela a amené les éléments à se reconstituer dans un laps de temps trop court formant les étoiles par rapport au processus qui avait abouti au Big-bang.

Il faut préciser que la matière originelle a dû traverser plusieurs générations avant d'atteindre la maturité, émettant ses premiers rayonnements, clôturant l'ère moins un de l'Univers qualifié par la fameuse phrase de Moïse « Dieu dit : que la lumière soit ! Et la lumière fut ». Cette lumière est bel et bien un phénomène physique et il appartient aux savants de s'y pencher.

Pour les astrophysiciens, le soleil fait partie de la

deuxième, voire de la troisième génération d'une étoile. Si c'est vrai, pourquoi la Bible n'en a-t-elle pas parlé ? Parce que ce fut des étapes secondaires ou transitoires sur ce que Dieu visait et Moïse ne parlait que des objectifs atteints et palpables. Donc, même la science en disant que le soleil est une étoile de telle ou telle génération, c'est l'astrophysique. Les gens n'ont pas besoin de tel détail. Toutefois nous en parlons enfin que la science sache que nous ne sommes pas ignorants de cela et nous venons de ressortir notre justification.

Un jour, les astrophysiciens apporteront les preuves scientifiques des arguments théoriques qui y sont transcrites dans la Bible, éclaircie dans le Modèle Cosmologique Universel. C'était les explications des grands termes contenus dans cet ouvrage qui leur manquait telles que jour, nuit, ténèbres, abîme, lumière, esprit de Dieu, etc. Et en parlant de l'apparition des animaux marins comme première créature, cela englobe aussi les planctons c'est-à-dire les archées, les bactéries, les cyanobactéries, les algues et en remontant la filière jusqu'aux hommes. (Ge 1 : 20).

Quel savant peut encore contredire à ces jours le schéma de la création biblique ?

Pour conclure sur ce point, jusque-là, on n'a pas encore découvert sur une planète ou une étoile un élément qui ne se retrouve pas sur la terre, mettant en doute la théorie de Big-bang (séparation des eaux d'avec les eaux). Ainsi, on parle en cosmologie des deux grandes propriétés :

– isotropie : l'Univers a les mêmes propriétés dans toutes les directions

– homogénéité : la matière est uniformément distribuée sur tout l'Univers.

C'est ce qui atteste qu'il y a eu Big-bang d'une matière originelle pour la science que Moïse a qualifié des eaux dans la Genèse.

Et si on trouvait un jour quelque chose de différent par rapport à ce qu'on peut trouver sur la terre, qui est le microcosme de l'Univers? Cela serait dû seulement à un processus accéléré des mutations ou d'évolution des éléments, dus à des conditions atmosphériques, climatiques, du bombardement ou du rayonnement régnant sur le milieu en question. D'ailleurs, jusqu'à ces jours, ce qu'on a découvert ne représente pas la totalité de la composition de l'Univers.

3.2. Supernova et Big-bang

La réaction du Big-bang, même si les savants s'en tiennent à l'expansion est proche de ce qui se passe pour la formation et la fin du cycle des étoiles caractérisées par une explosion appelée supernova. C'est ainsi que certains savants disent que notre Univers est issu d'une étoile effondrée, notamment dans la théorie des Cordes.

En effet, lors de la formation d'une étoile selon la science, la poche d'hydrogène qui est l'élément composant de l'étoile, parvenue à un haut degré de compression se met à chauffer. La pression monte jusqu'à jaillir le gaz. La gravitation maintenant cette pression, la température atteignait de plus un plus un haut degré jusqu'à ce que les éléments se mettent à se fusionner. Une étoile est ainsi née, devenant ainsi un laboratoire naturel pour la fusion nucléaire. En libérant ainsi l'énergie contenue dans les atomes, des fortes chaleurs sont produites et il y a création d'hélium. Cette réaction libère des fortes énergies en illuminant les alentours. D'où le verset biblique : « *que la lumière soit* » pour montrer que c'était le but à atteindre par Dieu le Créateur.

Toujours selon la science, par la rotation des éléments

au sein de l'étoile, le pouvoir gravitationnel les comprime alors que la fusion cherche à le faire exploser. Après des milliers d'années, c'est-à-dire après d'autres processus que les astronomes connaissent mieux, ce livre n'étant pas pour ça, l'étoile finit par exploser en supernova, libérant ainsi dans l'espace les matières qu'elle a créées telles que l'or, l'argent, la palatine, les poussières où on retrouve les molécules de vie et d'autres éléments.

Donc, pour les savants, l'homme à qui on retrouve presque tous les éléments chimiques est le produit de l'étoile. Cela cadrait déjà avec ce que Moïse le savant des savants a dit à savoir :

Ge 1 : *7 « L'Éternel Dieu forma l'homme de la* ***poussière*** *de la terre (de l'Univers)* ».

Car, après tout, c'est sur la terre que l'homme fut formé et non dans une étoile, même si les éléments se sont formés dans cette dernière.

Section 4
La matière du Big-bang

4.1. Le plasma

Qu'avait-il à l'intérieur de l'Univers condensé ? Cette question reste encore une énigme pour la science. Toutefois certains savants parlent d'énergie concentrée ou d'énergie pure et d'autres soupçonnent quelque chose ressemblant à des plasmas. Nous nous abordons cette question en nous inspirant du mot « eaux » que Moïse dans la Bible a eu à utiliser.

Pour revenir à notre histoire de la création, nous mettons de côté les suppositions pour ne retenir que là où la Bible et la Science sont d'accord, à savoir il y a eu bel et bien une séparation, une explosion ou une expansion dénommée Big-bang par la science. Actuellement, le terme Big-bang résume toute cette phrase ou tous ces phénomènes et nous l'avons adopté dans ce livre pas en tant que circonstance due au hasard comme le qualifient les scientifiques, mais en tant qu'un résultat voulut par Dieu. J'insiste sur le mot « résultat », car le processus fut scientifique malgré l'expression « Dieu dit », pour démontrer que cela faisait partie de son plan.

Ces événements eurent lieu aux seconds jours de la création selon la Bible, que la science qualifie de la fin de la première période de l'Univers. La matière originelle qualifiée d'eaux par la Bible était devenue compacte sous l'effet des réactions physico-chimiques créées par la force première Universelle. Ceux-ci ont fini par former des bulles d'énergie. Ces bulles d'énergie particulièrement intense étaient maintenues à l'intérieur de ce que Moïse a qualifié d'abîme sous l'action de champ magnétique jusqu'à atteindre une densité extrême. La chaleur étant devenue intense, l'énergie s'est mise à se libérer de ses contraintes. La flamme devenant de plus en plus brillante, transformant ces particules originelles en plasma, tout en finissant par dégager d'énormes vagues de radiations (Ge 1 :3 « Dieu dit : que la lumière soit »). Maintenu parfois par la couche extérieure, le confinant dans une densité extrême, il eut explosion ou expansion, qualifié de Big-bang par la science et de « la séparation des eaux d'avec les eaux » par la Bible.

En disant que cette matière était dans un état plasmatique avant d'exploser, cela est en contradiction avec les déductions scientifiques. Pour la science, l'ère du plasma a commencé à une seconde après le Big-bang. Ça peut être vrai à cause du confinement où aucune lumière n'échappe. Mais le plasma était déjà dans cette condensation, car en explosant, les éléments se sont dispersés et la condensation à l'échelle de l'Univers pour aboutir à un nouveau plasma jusqu'à la formation des étoiles ne peut prendre que des milliers d'années. C'est ainsi que certains savants n'hésitent pas à dire que l'Univers est trop jeune pour générer certains astres qu'ils ont constatés. C'est pour dire que le processus était déjà bien avancé avant le Big-bang et que ces derniers n'ont fait que déverser les matières qui étaient déjà prêtes à engendrer les premiers atomes.

Cette philosophie avons-nous dit, va de pair avec la pensée cosmologique des années 1960 comme nous pouvons encore le lire :

« *1960, au moment de la découverte de ce rayonnement, Robert Dicke et James Peebles, parmi d'autres pionniers de la cosmologie de l'époque, envisageaient notamment que les atomes d'hydrogène et d'hélium initiaux proviennent, peut-être, d'une phase antérieure de contraction de l'Univers observable (qui serait donc cyclique), et qui avait dissocié noyaux et électrons à hautes températures, avant que ne s'enclenche une nouvelle phase d'expansion, celle que nous observons »*. (Cf :futurasciences.com; Laurent Sacco; le 02/03/2018).

Donc, pour le Modèle Cosmologique Universel", la bulle qui a explosé était déjà plasmatique car, c'est en atteignant ce niveau, avec une augmentation phénoménale de température et ne pouvant plus supporter le confinement, qu'il eut expansion qu'on appelle Big-bang.

En conclusion, pour Moïse, la séparation s'est faite dans une matière qu'il qualifia des eaux et l'a décrite de " séparation des eaux d'avec les eaux ".

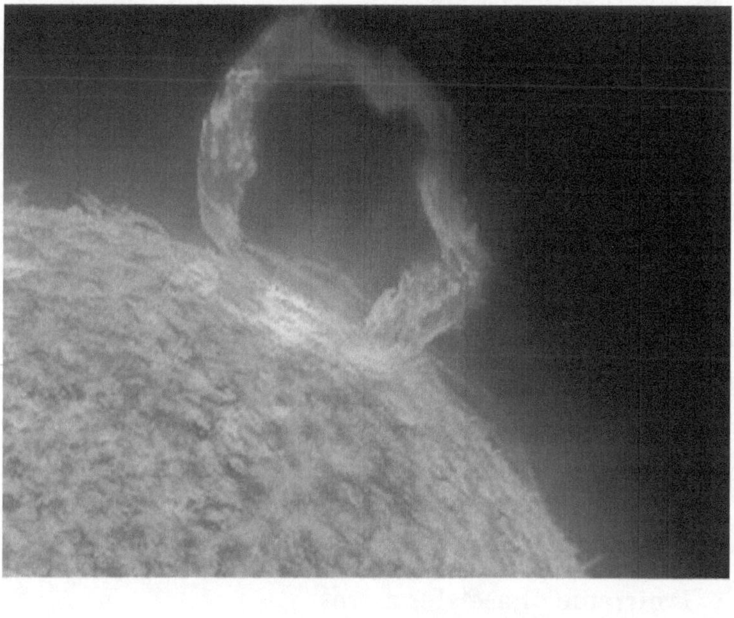

Le soleil est en état de plasma (Wikipedia)

4.2. Les phases d'eaux bibliques

L'eau biblique ou l'énergie pure a traversé trois phases de l'avant Big-bang à l'après Big-bang.

– La phase initiale dont, Moïse la qualifia des « eaux », étaient composées des particules originelles.

– La seconde phase fut que ces eaux bibliques après avoir atteint un niveau plasmatique ont explosé (Big-bang) et qualifié par la Bible de « séparation » et par certains scientifiques d'expansion.

– La troisième phase de ces « eaux » biblique fut la formation des astres.

Eaux ⟶ Eaux ⟶ Eaux (Gé1-19).
(Particules originelles)-----(Univers condensé : Plasma) (Astres)

Première phase : particules originelles

Ge 1 :*2 La terre était informe et vide; il y avait des ténèbres à la surface de l'abîme, et l'Esprit de Dieu se mouvait au-dessus des* ***eaux****.*

Deuxième phase : plasma et Big-bang

Ge 1 :6 Dieu *dit : Qu'il y ait une étendue entre les eaux, et qu'elle sépare les eaux d'avec les eaux.*

Ge 1 :7 Et Dieu fit l'étendue, et il sépara les ***eaux*** *qui sont au-dessous de l'étendue d'avec les* ***eaux*** *qui sont au-dessus de l'étendue. Et cela fut ainsi.*

Troisième phase : les astres

Ge 1 :9 Dieu *dît : Que les* ***eaux*** *qui sont au-dessous du ciel se rassemblent en un seul lieu, et que le* **sec** *paraisse. Et cela fut ainsi.*

Ge 1 :14 Dieu dit : Qu'il y ait des ***luminaires*** *dans l'étendue du ciel, pour séparer le jour d'avec la nuit; que ce soient des signes pour marquer les époques, les jours et les années;*

Moïse explique en terme littéraire et religieux, ce que les savants expliquent dans des livres contradictoires en terme scientifique.

Chapitre IV
L'après Big-bang

L'après Big-bang représente la période qui a suivi le Big-bang jusqu'à nos jours. Dans le schéma de la création biblique, cela commença à partir de troisième jour (Gé 1 :9). Nous en avons largement expliqué au Tome I. Ici, nous voulons seulement exposer notre point de vue sur certaines questions, ayant une contradiction entre la science et la Bible dans l'après Big-bang. Certaines ont été déjà résolues au Tome I.

Ge 1 : 9 *Dieu dit : Que les eaux qui sont au-dessous du Ciel se rassemblent en un seul lieu, et que le sec paraisse. Et cela fut ainsi.*

Ge 1 : 10 *Dieu appela le sec terre, et il appela l'amas des eaux mers... 13 ainsi, il y eut un soir, et il y eut un matin : ce fut le troisième jour.*

Ge 1 : 16 *Dieu fit les deux grands luminaires, le plus grand luminaire pour présider au jour, et le plus petit luminaire pour présider à la nuit; il fit aussi les étoiles.*

Ge 1 : 19 *Ainsi, il y eut un soir, et il y eut un matin : ce fut le quatrième jour.*

Section 1
L'eau

1.1. L'origine de l'eau sur la terre

Dans la cosmologie, il est apparu que la terre sèche a précédé l'eau. En parlant de la terre sèche, nous voulons faire la différence entre les océans et les parties sèches.

Les astrophysiciens maintiennent que l'eau dans la planète Terre nous vient des corps célestes comme les comètes et des astéroïdes. Donc, pour eux la partie sèche était déjà là. Cette version semble être en contradiction avec le verset biblique qui dit que le sec est apparu dans l'eau comme nous pouvons le lire :

Ge 1 : 9 *Dieu dit : Que les* ***eaux*** *qui sont au-dessous du Ciel se rassemblent en un seul lieu, et que le sec paraisse. Et cela fut ainsi.*

Donc, selon la cosmologie actuelle, la planète Terre était rocheuse (sec) et fut bombardée plus tard par des comètes glacées et les astéroïdes, lui apportant de l'eau. Or, selon les écrits bibliques ci-dessus, le sec est apparu dans l'eau, semant la contradiction avec les scientifiques.

Selon le Modèle Cosmologique Universel, nous n'avons aucune preuve pour imposer notre argument. Mais, en nous référant au verset biblique ci-dessus, nous pouvons dire qu'à un certain moment, même le sec fut couvert d'eau. Ce que nous savons est qu'au finish, c'est toujours la Bible qui l'emporte, à moins que nous-mêmes soyons embrouillés par notre interprétation du mot eau après le Big-bang. Mais, entrons dans les débats des scientifiques pour cette question en lisant cet article tiré de futurascience.com du 04/11/2014 écrit Par Xavier

Demeersman ; qui est venu apporter une contribution sur le sujet :

*« Au cœur de ce débat passionnant, une équipe de jeunes chercheurs du MIT (Massachusetts Instituteof Technology) et de la WHOI (Woods Hole Oceanographic Institution) estime avoir tranché la question (*sur la provenance de l'eau*). Leur étude a été publiée dans l'édition du 31 octobre de la revue Science. La réponse à l'une des questions les plus fondamentales est que nos océans ont toujours été là (*ne sont pas venues des comètes*), argue Adam Sarafian qui a conduit ces recherches. Nous ne les avons pas obtenus d'un processus tardif comme cela était pensé précédemment ».*

Une autre réflexion parue récemment dans Futurascience confirme aussi ce qui vient d'être dit comme nous pouvons le lire ;

« On pouvait donc avancer qu'au tout début de l'Hadéen, voilà plus de 4 milliards d'années, du fait d'une activité volcanique beaucoup plus intense qu'aujourd'hui, le manteau de la Terre avait subi un phénomène de dégazage ayant conduit à l'émission d'importantes quantités de vapeur d'eau qui se sont ensuite condensées en pluies diluviennes pour former les océans de notre planète ».

(www.futurascience : La Terre aurait gardé son eau malgré sa collision avec Théia, L. Sacco, le10/04/2018).

Et un troisième argument :

« Les chercheurs ont confirmé le manque relatif d'eau dans l'astéroïde Ryugu ou, plus précisément, de minéraux hydratés, à l'aide de la caméra à lumière visible et du spectromètre dans la poche infrarouge de Hayabusa 2. Il s'agit d'une découverte surprenante, car on croit que l'eau de la Terre provient d'astéroïdes ». (Cf : gurumed.org/2019/03/21/la-sonde-japonaisehayabusa-2-montre-que-lastrode-ryugu-est-tonnamment-sec).

Ces trois articles donnent raison à la Bible que l'eau sur la terre n'est pas venue des autres corps célestes. Mais faut-il pour cela rejeté l'argument selon lequel nos océans viennent de comète? Rien du tout dans la mesure où la planète Terre elle-même fut un BICAME (Big-Comète-Astéroïde-Météorite). Il suffit d'une variation de la distance terre – soleil pour qu'on se retrouve dans l'un de ces cas.

En effet, la planète Terre jouissant d'une position idéale par rapport à son soleil, a su garder son eau. L'eau qui s'est condensée dans le disque des poussières était presque proportionnelle à cette dernière. En s'agglomérant par bloc, la masse solide qui s'est formée a commencé par flotter formant le continent que la science a appelé la Pangée. Selon la science « *l'existence de la Pangée est confirmée par la remarquable uniformité mondiale des fossiles d'animaux et de plantes terrestres datant du début du trias* ». (Cf : « Pangée. » Microsoft® Encarta® 2009 [DVD]. Microsoft Corporation, 2008).

Et, plus tard, selon toujours la science, sous la poussée des courants de convection du magma dans le sous-sol, la Pangée ; le continent unique, s'est lentement divisé en deux parties : la Laurasie et le Gondwana. Ce sont ces dernières qui se sont subdivisées aux continents actuels.

En plus, Dans le documentaire scientifique « **Quelle est l'origine de l'eau sur la terre** », les eaux qu'on retrouve dans les comètes ont une composition chimique différente de ceux de la planète terre. Elles sont plus riches en Deutériums (atome d'hydrogène constitué d'un proton, d'un neutron et d'un électron). Par conséquent nos eaux ne proviennent pas des comètes et des astéroïdes.

La preuve scientifique, nous l'attirons toujours dans le même documentaire où on a évoqué un élément très capital qui nous a amenés à appuyer nos arguments ; il s'agit des cristaux de Zircons.

Les grains de zircon, minéral exceptionnellement résistant, ont été retrouvés dans des roches plus jeunes que leur âge de 4,36 milliards d'années, dans l'ouest de l'Australie.

Alors que l'âge de la terre est estimé selon différentes sources à 4,54 milliards d'années, l'étude sur les cristaux de zircon datant de cette époque a révélé qu'il s'est formé en présence de l'eau liquide. En d'autres termes, ce minéral s'est formé dans un milieu aquatique et pourtant son âge avoisine l'âge de l'apparition de la terre sèche. C'est pour dire que l'eau a précédé la terre sèche comme mentionné par Moïse dans la Bible (Ge 1 :9-10).

Le zircon était le seul minerai fossile qui pouvait confirmer qu'à cette époque, il n'y avait que les magmas rocheux, ce qui ne fut pas le cas. Cette étude a d'ailleurs changé les donnes chez les savants comme nous pouvons le lire :

« L'eau liquide existait sur la surface de la Terre, il y a plus de 4 milliards d'années. C'est l'étude de cristaux de zircon qui a permis cette découverte. Ces cristaux se sont formés au cours de l'Hadéen Eon, une période qui s'étale sur 500 millions d'années, de 4,5 à 4 milliards d'années. On relève la signature d'un isotope lourd de l'oxygène dans des cristaux de zircon de cette époque, un indice de présence d'eau liquide en surface il y a 4,3 milliards d'années... L'analyse chimique d'un cristal de zircon (zircon grain - W74/2-36) dont l'âge a été déterminé à 4,4 milliards d'années soit le minéral le plus vieux de la Terre connu à ce jour, indique que la Terre devait déjà être assez froide pour avoir de l'eau liquide soit une hydrosphère, il se pourrait donc que la vie soit plus ancienne qu'on ne le pensait ». (Cf : futura-sciences.com/sciences/définitions/chimie-zircon-4668).

Voilà une preuve qui donne raison à Moïse en disant que le sec est sorti de l'eau et cela par le verset suivant :

Ge 1 : 1 :9 *Dieu dit : Que les eaux qui sont au-dessous du ciel se rassemblent en un seul lieu, et que le sec paraisse. Et cela fut ainsi. 10 Dieu appela le sec terre, et il appela l'amas des eaux mers.*

En disant que les eaux qui sont au-dessous du ciel se rassemblent en un seul lieu, on est là en présence du disque protoplanétaire (future planète) constitué des gaz et des poussières après des périodes successives du Big-bang aux supernovæ des premières étoiles selon le Modèle standard. En présence d'interactions magnétiques et de températures très élevées, les gaz et les poussières présents se transforment; des minéraux apparaissent par **condensation**. En cosmologie, le mot condensation est beaucoup plus utilisé pour décrire le phénomène physique du passage d'un gaz à un état solide et par abus de langage aussi à un liquide (liquéfaction). *(Cf : vinsvignesvignerons.com/Geologie/Une-breve-histoire-de-la -planete-terre*).

Les corps continuant de tournoyer autour d'eux-mêmes, conséquence des caractéristiques duales de Dieu, et autour du proto-Soleil (futur soleil car à ce moment-là Moïse ne parle pas encore de la constitution du soleil), attirent poussières et gaz présents dans le disque protoplanétaire, en devenant de plus en plus gros, et formant au bout de millier d'années des planétésimaux rocheux ou morceaux de planètes. Les planétésimaux entrant en collision à leur tour, libèrent de l'énergie et forment progressivement les protoplanètes. C'est le phénomène d'accrétion, ou de croissance des planètes qui aboutira après des millions d'années à la formation des planètes dont la planète Terre constituée des 70 % d'eaux liquides et des 30 % de la partie sèche, tout comme l'est l'homme, confirmant la phrase biblique qui dit que « l'homme est formé de la poussière de la terre » (Ge 2 :7).

Tous ces processus scientifiques décrits ci-dessus sont contenus dans les versets suivants :

Ge 1 : 9 *Dieu dit : Que les eaux qui sont au-dessous du ciel se rassemblent en un seul lieu, et que le sec paraisse. Et cela fut ainsi. 10 Dieu appela le sec terre, et il appela l'amas des eaux mers.*

Comme on le voit le développement du schéma de la création biblique et sa restitution scientifique dans le Modèle Cosmologique Universel ne requiert pas seulement l'assistance du Saint-Esprit mais aussi la connaissance du Principe de la création et de la cosmologie.

Et, toujours avec la participation de l'eau et des molécules de vie contenues dans la poussière, la vie est apparue; c'est ce que Moïse a qualifié par la phrase *« Dieu dit : que les eaux produisent en abondance les animaux... »* (Ge 1 : 20). Il faut noter que poussière de la terre ou des étoiles veulent dire les minéraux. Sur les 92 éléments naturels, les savants en ont trouvé près de 70 dissous dans l'eau de mer. (Cf : Melvin et G. Berger : Qu'est-ce qui fait onduler l'océan ? éd. Nouveaux Horizons – ARS, Paris 2012, p.19).

Par sa position idéale par rapport au soleil, l'eau liquide sur la terre a pu favoriser la combinaison des molécules de vie allant jusqu'à l'apparition de la vie dans l'assemblage des poussières et cela selon l'action et le plan de Dieu.

Comme nous avons dit dans le point concernant la Parole de Dieu et la pluie des météorites, ces dernières ont rajouté à la terre, et ont activé ce qu'elle manquait pour que la vie germe.

1.2. L'origine de l'eau dans d'autres contrées de l'Univers

Gn 1 : 6 Dieu dit : Qu'il y ait une étendue entre les eaux, et qu'elle sépare les eaux d'avec les eaux. 7 Et Dieu fit l'étendue, et il sépara les eaux qui sont au-dessous de l'étendue d'avec les eaux qui sont au-dessus de l'étendue. Et cela fut ainsi.

Il faut savoir que le mot « eau » a été utilisé par les traducteurs. Moïse a utilisé le mot grec hudôr, hudatos provient de la même racine; en sont issus : Le préfixe hydr. Le préfixe hydro- qu'on retrouve par exemple dans hydrogène (du grec genos, générer : qui génère l'eau). Ce fut Lavoisier sans savoir qu'il confirmait la Bible, donna le nom d'hydrogène à ce premier élément chimique qui est répandu sur tout l'univers. Cela est attesté par ces premiers versets bibliques

Gn 1 : 2 *La terre était informe et vide : il y avait des ténèbres à la surface de l'abîme, et l'esprit de Dieu se mouvait au-dessus des eaux (hudôr)* .

Hudôr veut dire, tout ce qui peut générer l'eau comme hydrogène ou tout ce qui peut être générer par l'eau comme hydrocarbure, courant hydraulique, etc.

Par-là nous déduisons que le schéma de la création selon la Bible est purement scientifique. Ce sont les traducteurs qui en ont fait un conte de fée comme le qualifie les savants par la méconnaissance des termes scientifiques utilisés en cosmologie qui d'ailleurs à l'époque n'existaient même pas. Donc, on ne peut pas aussi en vouloir aux traducteurs. Il appartient plutôt aux savants de comprendre à quel époque ce schéma a été dévoilé.

Il est attesté à ces jours de la présence de l'eau, non seulement sur les planètes du Système solaire mais, dans les autres galaxies aussi.

En effet, La molécule d'eau, de formule H2O, est constituée de 2 éléments chimiques, l'hydrogène et l'oxygène. L'hydrogène est l'élément le plus abondant dans notre Univers ; il représente environ 75 % en masse de la matière de l'Univers observable (matière noire exclue). L'oxygène arrive en troisième place derrière l'hydrogène et l'hélium.

Par l'action des rayons cosmiques dans les milieux interstellaires, générant des réactions chimiques sur l'hydrogène et l'oxygène, la molécule d'eau peut se former directement sous forme de glace ou de vapeur. Ainsi, cette molécule est présente dans tout l'Univers, essentiellement sous ces deux formes. Mêlé aux grains des poussières interstellaires, par accrétion, il peut contribuer à la formation des planètes, des comètes ou d'autres corps célestes.

Tout comme sur la terre, il y a des endroits désertiques sans eau, il en est de même au Ciel. Si le corps céleste est bombardé par son soleil ou son étoile, il se crée un phénomène d'évaporation jusqu'à ce que l'eau s'amasse quelque part sous forme des vapeurs, des nuages ou des gaz, et la surface de ce corps devient désertique comme Mercure. Mais plus qu'on s'enfonce à l'intérieur de ce corps céleste désertique, dans la profondeur non chauffer, plus qu'on peut y trouver des traces d'eau, d'un liquide magmatique ou le méthane qui est souvent une dégradation gazeuse des matières et molécules organiques.

Si le corps Compact ou gazeux échappe au bombardement de son étoile ou de son soleil, il se crée soit un phénomène de glaciation, soit la planète reste gazeuse à cause de son éloignement. Bien sûr, nous ne pouvons passer notre explication comme étant absolu, car pour que les choses se passent ainsi, il faut que la nébuleuse ayant abouti à la formation du corps céleste contienne suffisamment d'eau et des poussières. L'eau ayant permis aux poussières de s'agglomérer selon les termes littéraires, et à son évaporation nous obtenons des planètes telluriques ou des météores. Mais, ces derniers peuvent aussi être des fragments planétaires.

Par contre si la nébuleuse contient peu des poussières, alors la planète reste gazeuse quelle que soit sa distance avec son étoile ou se mute en comète s'il en est très éloigné. C'est le cas de l'exoplanète 51Pegasi b qui a conduit les astrophysiciens à revoir leur théorie car ils ne s'attendaient pas à trouver une géante gazeuse aussi proche de son étoile.

Section 2
Dieu dit - Dieu fit - Dieu créa et la pluie des météorites

2.1. Les météorites

Les météorites représentent les fragments des roches qu'on retrouve dans les espaces interplanétaires. Ils peuvent être déviés de leur trajectoire et tomber sur la terre ou sur une autre planète. En tombant sur une planète, si celle-ci possède une atmosphère dense, la météorite se chauffe et se transforme en une boule de feu. C'est ce que nous appelons souvent dans le langage courant « les étoiles filantes ».

Dans le passé, ces boules de feu revêtaient des significations spirituelles selon les civilisations. Par exemple, lors de la naissance de Jésus, les trois mages utilisèrent la trajectoire d'une météorite pour localiser l'endroit où il était né. Le nom « météorite » étant récent, la Bible parle plutôt de l'étoile.

Mt 2 : *9 Et voici, l'étoile qu'ils avaient vue en Orient marchait devant eux jusqu'à ce qu'étant arrivée au-dessus du lieu où était le petit enfant, elle s'arrêtât. 10 Quand ils aperçurent l'étoile, les trois mages furent saisis d'une très grande joie.*

En Afrique noire, ces boules de feu ont été toujours assimilées aux déplacements des sorciers. En d'autres mots, ces boules de feu qui ne sont que des météorites, sont assimilées à des sorciers en Afrique noire.

2.2. Dieu dit - Dieu fit - Dieu créa

Au tome I, nous avons fait un parallélisme entre les expressions « Dieu dit - Dieu fit - Dieu créa » avec la brisure des symétries. Nous avons dit que ces expressions étaient à la base de la brisure des symétries que les évolutionnistes constatent au sein des êtres vivants. Au tome II par contre, nous allons parler dans les phrases qui suivent de la manifestation physique de ces expressions dans l'Univers.

Nous savons qu'il est impossible pour la science de capter les cris de Dieu ou de retracer sa volonté. Mais chacune de ses paroles liées à la création a été toujours suivie par des manifestations physiques dont nous retracerons quelques-unes.

Ge 1 :11 *Puis Dieu dit : Que la terre produise de la verdure.*

Ge 1.20 *Dieu dit : Que les eaux produisent en abondance des animaux vivants...*

Scientifiquement, on sait que la vie biologique a pris naissance dans l'eau, avant de se répandre sur la terre ferme. Quand Dieu a décidé de créer (puis Dieu dit), ces événements se transforment sur la terre par certains phénomènes physiques. Plus près de nous, nous avons le déluge et la destruction de Sodome et Gomorrhe, même si ce sont des événements non scientifiques car non prouvé historiquement. Mais, plus loin de nous, nous avons la pluie des météorites, c'est-à-dire par des bombardements des boules de feu sur la terre.

Un terrien dira que la terre est bombardée par le feu venant du Ciel. Selon la science, ce sont ces météorites qui ont apporté de l'eau sur la terre et d'autres ingrédients pour que la vie apparaisse. En plus, ces météorites avaient accru la chaleur de la terre pour que certains minéraux se mutent un jour en élément organique.

En effet, toutes ces pluies des météorites, combinées avec

celle qui détacha une partie de la terre qui deviendra la lune, n'étaient pas dues au hasard. C'était pour que la vie germe dans cette planète.

Actuellement dès qu'on découvre de l'eau quelque part, les astronomes se mettent à courir pour y trouver la vie. L'eau seule ne suffit pas, il faut que la planète ait bénéficié d'un bombardement standard des météorites comme ce qu'a subi la terre. Sinon, c'est à l'homme qu'appartient d'y apporter la vie selon le verset : « Soumettez l'Univers ; et dominez-la » (Ge 1 :28).

Revenons encore un peu plus près de nous en ce qui concerne le sixième jour de la création. Lisons :

Ge 1.24 *Dieu dit : Que la terre produise des animaux vivants selon leur espèce... 26 Puis Dieu dit : Faisons l'homme à notre image... 31... Ce fut le sixième jour,*

Chronologiquement comment pouvons-nous dater cette voie divine ? En effet, la voie spirituelle de Dieu pour créer est suivie par des feux venant du ciel et dont aujourd'hui la science parle de la pluie des météorites. Quelle est l'histoire récente de la création qui a bouleversé même les mutations biologiques et a permis que les animaux évoluent des mammifères actuels jusqu'à la formation de l'homme ? Certains scientifiques lient cette histoire avec la disparition des dinosaures.

Selon l'un des scénarios que les scientifiques retiennent le plus, c'est celui de la météorite qui est tombé au Mexique il y a 65 millions d'années. Même les autres scénarios parlent plus d'une augmentation brusque de la chaleur sur la terre occasionnée par un phénomène naturel. À partir de ces phénomènes qui ont permis aux mammifères d'évoluer, nous pouvons dire que le sixième jour de la création biblique a commencé aux environs de -66 millions d'années. Par-là nous comprenons que la Parole de Dieu se fait accompagner des signes extérieurs dont seul un exégète ou un prophète pouvait interpréter. Même pour ce qui s'est passé bibliquement pendant le déluge. Pour les habitants, c'était un phénomène naturel, mais pour Moïse qui a dévoilé les faits providentiels du passé, il s'agissait d'une des manifestations de la voie divine.

2.3. L'apparition des organismes vivants

En parlant de l'apparition des organismes vivants, nous nous référons à la planète Terre. J'avais déjà évoqué un rêve que j'avais fait dans un séminaire au moment où je ne connaissais encore rien sur la cosmologie. Dans ce rêve, j'ai dit que, j'avais vu la transformation des énergies en matière sous l'effet des foudres ou des tonnerres. Tout au long de ces écrits, ma vision était seulement basée sur ce qui se passe à l'espace interstellaire. Quelle ne fut pas de nouveau ma surprise en tombant sur ce livre auquel il est écrit ceci :

« L'apparition de la vie sur terre s'est déroulée dans des conditions très différentes de celles que nous connaissons aujourd'hui. L'air contenait peu d'oxygène, les volcans en éruptions et les orages violents étaient monnaie courante. La foudre provoqua la combinaison de substances chimiques simples dans l'atmosphère, qui formèrent ensuite des composés chimiques plus complexes – les éléments de base de la vie ».

(Linda Gamlin, Les origines de la vie, éd. Artis-Historia, Bruxelles. 1989, P. 4).

J'avais aussi déjà dit que, dès que le mot terre a été mentionné pour la première fois dans la Bible, tous les processus qui s'en sont suivis après, ont été physiques, mais selon le plan divin. C'est pour cela que Moïse utilisait les expressions « Dieu dit, Dieu fit ». D'où le verset biblique

« *Puis Dieu dit : que la terre produise de la verdure...* » qui représentait en fait les premières molécules de vie où tout ce qui adviendrait après était inscrit. (Ge 1 : 11).

L'élément originel qui reste un mystère, auquel tout le schéma était inscrit, c'est « l'eau » dans le verset « l'esprit de Dieu se mouvait au-dessus des eaux » (Gé 1.2).

Dans la citation ci-dessus de la biologiste Linda Gamlin, on parle de la foudre comme manifestation physique de la combinaison, tout en ignorant le processus intérieur. En nous basant sur le Principe de la création, du Rév. Dr. Sun Myung Moon, nous découvrons que tout se déroule sur base des processus intrinsèques liés à l'Énergie Première Universelle dotés sur les éléments. (Cfr : Présentation du Principe divin, édit. Culture et paix, Paris 2013, Pp 22-27).

Pour la science, qui répond seulement sur le comment, l'apparition de la vie fait partie des phénomènes physiques quoique cela soit un mystère. Actuellement, il existe plusieurs théories expliquant l'origine des petites molécules ayant conduit à l'apparition de la vie sur Terre. Pour certains scientifiques, elles auraient pu être apportées depuis l'espace par des météorites (météorite de Murchison), être formées dans les monts hydrothermaux sous les océans ou sous l'effet de la foudre dans une « *atmosphère réductrice* » selon l'expérience de Miller-Urey. (Cfr : www. Wikipédia, Cellules).

J'avais dit que l'expérience de Miller-Urey a éclairé le songe que j'ai eu lors d'un séminaire basé sur la « Pensée de l'unification » du Rév. Dr. Sun Myung MOON. Quand le conférencier a touché le point sur les origines de l'Univers, cela a réveillé ma curiosité, car c'est depuis l'enfance que j'en compte en déceler le mystère. Ce n'est qu'en écrivant ce livre que j'ai découvert que ce que j'ai vu en songe correspondait effectivement à l'expérience de Miller-Urey dont j'en ai déjà parlé et que la science devrait poursuivre les recherches.

Même si je ne sais pas ce que l'auteur de l'expérience entendait par « atmosphère réductrice », dans mon rêve, la foudre créait des éléments à côté d'une glace. Ce n'est qu'en écrivant ce livre que j'ai su que la glace à côté des éléments créés, représentait l'atmosphère glaciale qui règne dans l'espace, qui, sans cela certaines particules ne pouvaient subsister après leur création. Cela a été constaté dans le Grand collisionneur des hadrons (LHC).

Dans ce laboratoire, on assiste à la disparition de certaines particules après leur création par manque de température permanente semblable au climat intergalactique. Là, c'est moi qui l'ajoute.

Quand j'ai fait ce songe, avais-je dit, je ne connaissais rien sur la cosmologie ni sur les corps qui emplissent l'Univers. Si j'avais écrit un article à l'époque sans la moindre connaissance de la cosmologie, j'aurais dit : Dieu forme les éléments dans l'espace par la foudre à côté des glaces. Or, ici, même ce phénomène de la foudre est accepté par les scientifiques et mieux expliqué par les partisans du Modèle de l'Univers électrique que nous allons voir dans les chapitres qui suivent.

2.3.1. Le cycle cyclique de la vie

La grande majorité des scientifiques émettent l'hypothèse selon laquelle ce sont des météorites, des comètes et des astéroïdes qui ont apporté la vie sur terre. Selon plusieurs sources scientifiques, les premières cellules sont apparues il y a au moins 3,5 milliards d'années sous l'eau. La cellule étant l'unité constitutive et fonctionnelle des organismes vivants ; elle est intimement liée à l'origine de la vie, aux origines de l'histoire évolutive du vivant.

Tout ce que nous savons est que le règne végétal fut précédé du règne minéral, car c'est sur les minerais que nous nous tenons et la Bible le précise par le verset « l'homme fut formé de la poussière de la terre » (Ge 2 :7). L'homme ici ne représente pas seulement le règne animal, mais tout ce qui est vie. Tout être vivant, des algues, en passant par les plantes jusqu'à l'homme finissent par redevenir poussière selon qui l'est écrit : « tu es poussière et tu retourneras dans la poussière » (Ge 3 :19). Aucun être vivant n'y échappe. Si Moïse l'avait écrit dans un autre livre autre que religieux, on aurait fait décela une loi scientifique et son nom serait déjà inscrit parmi les grands philosophes et savants.

Retourner à la poussière constitue en fait un cycle de vie. Cela peut être observé dans la chaîne alimentaire de l'océan où chaque être supérieur se nourrit de l'être inférieur. Darwin l'a qualifié de la lutte de la sélection naturelle.

La base commence par le phytoplancton qui exploite la lumière solaire et les minéraux présents dans l'eau. Le zooplancton mange le phytoplancton qui est lui-même mangé par certains poissons. Les poissons à leur tour, servent d'aliment à d'autres poissons. Quand ces derniers meurent, ils deviennent des proies des bactéries qui ajoutent des minéraux à l'eau. En remontant, les courants transportent les minéraux jusqu'à la zone de lumière solaire où le phytoplancton les consomme pour se développer et relancer toute la chaîne alimentaire des océans. (Cf : Melvin et G.Berger : Qu'est-ce qui fait onduler l'océan ? éd. Nouveaux Horizons – ARS, Paris 2012, p. 20).

Au niveau de la terre, les plantes absorbent le carbone sous forme de dioxyde de carbone et le convertissent en combinaison avec la lumière du Soleil appelée photosynthèses en composés complexes, qui peuvent libérer davantage d'énergie. Ces composés entrent dans la chaîne alimentaire des animaux, qui rejettent le carbone sous forme de gaz carbonique en respirant. Et ainsi se boucle le cycle du carbone. (Cf : C. Bonneau, Science & Vie Hors-séries n° 288, 09/2019, p. 55).

À noter que ce schéma de cycle de la vie constitue aussi le schéma de l'implantation de la vie dans d'autres planètes comme nous allons le développer dans le Tome IV.

Dans le documentaire scientifique « les origines de la terre » écrit par Alice HARPER et Nigel HENBEST que j'ai découverts à la fin de mes travaux, les premiers êtres furent les cyanobactéries dont on sait que certains se sont mutés en algues végétales et d'autres en poissons. Après les poissons, vinrent les insectes volants suivis des reptiles, des dinosaures, les primates et enfin l'homme. Ceci rejoint les explications ci-dessus.

Cette classification scientifique va des pairs avec ce que Moïse a écrit dans la Bible (Ge 1 :20) il y a plus de 1500 ans av. J.-C. Or, à ce moment-là, il n'y avait pas l'étude de fossile. Alors comment Moïse a su cette classification que nous avons développé au Tome I ? Pour nous les croyants, la réponse est très simple, l'inspiration lui est venue de Dieu Créateur et en plus, il fut très intelligent. À part cette réponse, les savants peuvent nous proposer leur réponse pour quelqu'un qui a vécu à cette époque-là ?

Section 3
La disparition des dinosaures et le sixième jour biblique

3.1. La disparition des dinosaures

Comme je l'ai dit dans les points précédents, la disparition des dinosaures devrait avoir un rapport avec le sixième jour biblique. C'est un indice sérieux pour mesurer physiquement ce qui s'est passé à la fin d'une journée biblique pour passer à l'autre jour.

En effet, selon l'histoire de la création, le cinquième jour biblique s'est clôturé avec l'apparition des oiseaux.

Ge 1 : 20 *Dieu dit : Que les eaux produisent en abondance des animaux vivants, et que des oiseaux volent sur la terre vers l'étendue du ciel. 21 Dieu créa les grands poissons et tous les animaux vivants qui se meuvent, et que les eaux produisirent en abondance selon leur espèce; il créa aussi tout oiseau ailé selon son espèce. Dieu vit que cela était bon. 22 Dieu les bénit, en disant : Soyez féconds, multipliez, et remplissez les eaux des mers; et que les oiseaux multiplient sur la terre. 23 Ainsi, il y eut un soir, et il y eut un matin : ce fut le cinquième jour.*

Pour les scientifiques, les dinosaures et les reptiles étaient les maîtres de cette période. Ils seraient réellement apparus entre les premiers êtres sous-marins et les oiseaux.

Selon la Biochimiste et Biologiste Linda Gamlin, les amphibiens ont évolué en reptiles au cours de la période carbonifère, il y a environ 300 millions d'années, et ces reptiles se sont diversifiés. Certains se mutèrent en dinosaures. D'autres dinosaures furent les ancêtres des oiseaux et des mammifères. Un fossile connut sous le nom d'Archaeopteryx, a montré comment les oiseaux ont évolué en partant des dinosaures.

L'ère des reptiles s'est conclue il y a 65 millions d'années, à la fin du Crétacé, lorsqu'un grand nombre d'espèces disparut aussi subitement que mystérieusement, dont les dinosaures. Ce n'est qu'après la disparition des dinosaures que les premiers véritables mammifères, bien qu'apparus à peu près en même temps que ces derniers, eurent l'occasion de croître et de se diversifier en passant de petits animaux nocturnes aux mammifères actuels. (Cf : Linda Gamlin, les origines de la vie, éd. Artis –Historia, 1989, Brussels, Pp 14-18).

Concernant la disparition des dinosaures. Selon la version qui est admise en science actuellement, est qu'il y a de cela 66 millions d'années, un astéroïde de plus de 10 km de diamètre a frappé la surface de la terre sur la péninsule du Yucatán au Mexique. Le choc a provoqué un cataclysme planétaire qui a entraîné une disparition massive des espèces vivantes, principalement des dinosaures.

Nous savons que la Terre, n'a pas une sphère parfaite. Elle est légèrement aplatie dans la direction des axes polaires : son diamètre équatorial (environ 12.756 km) est supérieur à son diamètre polaire (environ 12.713 km), ce qui correspond à un aplatissement relatif de l'ordre de 1/300. Frappant le Mexique, Les océans devraient atténuer cet impact dans certaines contrées et les dinosaures ne seraient pas tous disparus.

Pour nous, compte tenu de la forme de la terre et de son diamètre, pareille assertion sur la disparition des dinosaures ne peut être vraie que si l'environnement était impliqué à savoir le climat ou qu'il y a eu une perturbation atmosphérique causée par l'introduction d'un tel objet.

En conclusion, si la disparition de dinosaures est liée à cet impact, ce que la collision a dû bouger momentanément l'orbite de la Terre en entraînant une perturbation climatique ou atmosphérique que ces gros mammifères n'ont pas pu supporter ou qu'ils étaient tous projetés dans l'air et ont succombé par cet accident.

En parlant de bouger momentanément l'orbite, nous nous référons de nouveau dans la loi de Archimède. L'espace-temps se comportant comme un fluide dont un objet est posé dessus, si ce dernier subit une pression momentanée d'une manière très violente à la verticale, celle-ci peut s'enfoncer davantage ou bouger avant de reprendre sa position initiale.

En effet, le climat dépend d'abord des variations des paramètres de l'orbite terrestre, qui influent sur le rayonnement solaire reçu par la surface terrestre (théorie de Milanković). Quand il y a une perturbation atmosphérique, celle-ci peut faire passer des radiations inattendues malgré le champ magnétique.

En fait dans les conclusions qui ont été mises jusque-là concernant la disparition des dinosaures, et qui peuvent être fondées, on parle de l'impact, mais, on ne tient pas compte de ce qui l'a peut-être accompagné.

Une théorie de l'extinction de dinosaures

« L'un des événements majeurs à l'origine de l'extinction des dinosaures (ainsi que de celle de 75 p.100 des autres espèces peuplant la Terre à cette époque) pourrait être celle de la collision d'un grand astéroïde ou d'une comète (10 à 20 km de diamètre) avec la surface de la Terre (les preuves de l'existence de cette collision ont été retrouvées au Mexique). L'explosion d'une violence inouïe qui a suivi la collision aurait eu des conséquences climatiques dramatiques à l'échelle de la planète, notamment parce qu'elle aurait projeté dans l'atmosphère des quantités phénoménales de poussières qui auraient fait écran au soleil, sans parler des probables tremblements de terre et raz-de-marée. »

John R. Foster/Photo Researchers, Inc. **(Cf : « dinosaures. » Microsoft® Encarta® 2009 [DVD].Microsoft Corporation, 2008).**

En parlant de la projection des quantités phénoménales des poussières, cela confirme aussi notre assertion selon laquelle plusieurs créatures ont été projetées brusquement dans l'espace avant de retomber et d'y perde la vie.

3.2. La vie au sixième jour biblique

Nous avons dit au début que l'histoire de la disparition des dinosaures devrait avoir un rapport entre la fin du cinquième jour et le sixième jour biblique. Le sixième jour biblique, il écrit ceci :

Ge 1 : 24 *Dieu dit : Que la terre produise des animaux vivants selon leur espèce, du bétail, des reptiles et des animaux terrestres, selon leur espèce. Et cela fut ainsi. 25 Dieu fit les animaux de la terre selon leur espèce, le bétail selon son espèce, et tous les reptiles de la terre selon leur espèce. Dieu vit que cela était bon. 26 Puis Dieu dit : Faisons l'homme à notre image, selon notre ressemblance, et qu'il domine sur les poissons de la mer, sur les oiseaux du ciel, sur le bétail, sur toute la terre, et sur tous les reptiles qui rampent sur la terre. 27 Dieu créa l'homme à son image, il le créa à l'image de Dieu, il créa l'homme et la femme. 31 Dieu vit tout ce qu'il avait fait et voici, cela était très bon. Ainsi, il y eut un soir, et il y eut un matin : ce fut le sixième jour.*

L'exécution physique de cette parole divine (Dieu dit), devrait effectivement avoir un rapport avec l'événement que les scientifiques recherchent, ayant entraîné la fin des dinosaures. Un témoin surplace aurait parlé d'un feu tombant du ciel, entraînant l'anéantissement et la brisure des symétries des certaines créatures sur la terre. C'est ainsi qu'aucune partie de la terre n'a été épargnée.

Compte tenu de ce grand phénomène qui demeure un mystère, nous pouvons dire que la sixième journée biblique de la création a commencé à -66 millions d'années. Cette référence n'est pas une prophétie mais, est fixée en fonction de ce que les scientifiques situent l'événement marquant la fin des dinosaures, précéder d'abord par la descente d'un feu en provenance du ciel.

La Biochimiste et Biologiste Linda Gamlin a émis le constat suivant :

« L'ère des reptiles s'est conclue il y a 65 millions d'années, à la fin du Crétacé, lorsqu'un grand nombre d'espèces disparut aussi subitement que mystérieusement, dont les dinosaures...La disparition des dinosaures marqua le début d'une ère riche de possibilités pour les mammifères. Ils se multiplièrent de façon spectaculaire, et de nombreuses formes apparurent ». (Cf : Linda Gamlin, les origines de la vie, éd. Artis – Historia, 1989, Brussels, Pp.14-18).

De tels propos confirment et renforcent le Modèle Cosmologique Universel. Nous avons dit au Tome I, que derrière la phrase « Dieu dit, Dieu fit, Dieu créa », se cache toujours un phénomène physique important pour déclencher le processus. Le Big-bang lui-même a eu lieu quand Dieu a dit « séparons les eaux d'avec les eaux ».

Chapitre V
La création, l'évolution et la progression de l'Univers

Section 1
La création

1.1. Conception de la création par rapport à la science

Voyons, si la conception biblique de la création diffère de ceux de la science

Ge 1 :1 *Au commencement, Dieu créa les cieux et la terre.*

Ge 1 :2 *La terre était informe et vide : il y avait des ténèbres à la surface de l'abîme, et l'esprit de Dieu se mouvait au-dessus des eaux.*

Ge 1 :3 *Dieu dit : Que la lumière soit! Et la lumière fut (rayon cosmique)*

Ge 1 :6 *Dieu dit : Qu'il y ait une étendue entre les eaux, et qu'elle sépare les eaux d'avec les eaux (Big-bang)*

Ge 1 :9 *Dieu dit : Que les eaux qui sont au-dessous du ciel se rassemblent en un seul lieu, et que le sec paraisse. Et cela fut ainsi.*

Ge 1 : 10 *Dieu appela le sec terre, et il appela l'amas des eaux mers. Dieu vit que cela était bon.*

Ge 1 :14 *Dieu dit : Qu'il y ait des luminaires dans l'étendue du ciel, pour séparer le jour d'avec la nuit; que ce soient des signes pour marquer les époques, les jours et les années;*

Ge 1 :24 *Dieu dit : Que la terre produise des animaux vivants selon leur espèce, du bétail, des reptiles et des animaux terrestres, selon leur espèce. Et cela fut ainsi.*

Ge 2 :19 *L'Éternel Dieu forma de la terre tous les animaux des champs et tous les oiseaux du Ciel,*

Ge 2 : 7 *L'Éternel Dieu forma l'homme de la poussière de la terre, il souffla dans ses narines un souffle de vie et l'homme devint un être vivant.*

Ces versets qui au départ n'attiraient pas l'attention des religieux, sont au contraire très fantastiques pour les faire connaître aux savants.

En Ge 1 : 1, on nous parle de la création du monde spirituel (les Cieux) et de l'Univers (la terre). Le verbe « créer » démontre que cela a eu un commencement. La création de l'Univers visible est étudiée aujourd'hui dans la physique et la mécanique quantique. D'où pour nous, ils font partie de la physique de la création et font partie des disciplines d'avant Big-bang.

En Genèse 1 : 2, ci-dessus, on nous parle d'un Univers vide et sans forme, composé de l'énergie noire (ténèbres) et de ces autres énergies (esprit de Dieu), actionnant les particules originelles (eaux).

Comme je l'ai répété à plusieurs reprises, ce qui a toujours fait l'objet de mes insomnies avant de comprendre quoi que ce soit sur l'astronomie, c'était comment de l'invisible, les matières visibles sont venues à l'existence, malgré la célèbre phrase de « Dieu dit » ; tout en sachant que Dieu travaille aussi selon des lois. Et, dans un pays sous-développé, on ne peut se fier qu'aux recherches livresques, aux raisonnements et à Dieu lui-même pour avoir la réponse.

Ce que Dieu m'a montré, avais-je dit, était proche de l'expérience de Miller tel que cité dans cet ouvrage. D'où le Modèle Cosmologique Universel intègre l'idée de l'Univers électrique, pas en tant que Modèle, mais en tant qu'un ensemble des théories pour expliquer la création des éléments.

Pour ceux qui veulent que je répète, au début de l'Univers, il y a eu des phénomènes électriques dont je ne peux exprimer clairement, issus par des collisions particules antiparticules. Ces phénomènes provoquaient des fortes décharges électriques et dont l'énergie dégagée, transformait en rayonnement, des particules se manifestant parfois sous forme des poussières et gaz. Les particules créées qui provenaient du vide se retrouver directement dans le froid extrême de l'Univers. Pourquoi le froid ? Selon les simulations scientifiques faites par les savants, sans le froid, beaucoup des choses créées perdent des traces ou de vie s'ils ne sont pas directement soumis au froid.

Mes propos peuvent être confirmés par la citation suivante : *« La matière est en effet produite aux interstices des bulles de vide. »* (Cf : matierevolution.fr/spip.php ?article, Les bulles de vide et la matière, le 16 mai 2008, par Robert Paris).

Mais dans mon rêve, il y avait d'une part les détonations et la création des éléments et de l'autre part la glace. C'est la façon dont Dieu parle. Il parle sur les symboles et les images, à l'homme lui-même de trouver l'explication ou de concevoir une phrase compréhensible. L'Ancien Testament est plein de ces exemples notamment dans l'histoire de Jacob à Joseph (Ge. 37 à 41) et de Daniel (Da. 2).

L'image que j'ai vu ressembler à peu près à ceci :

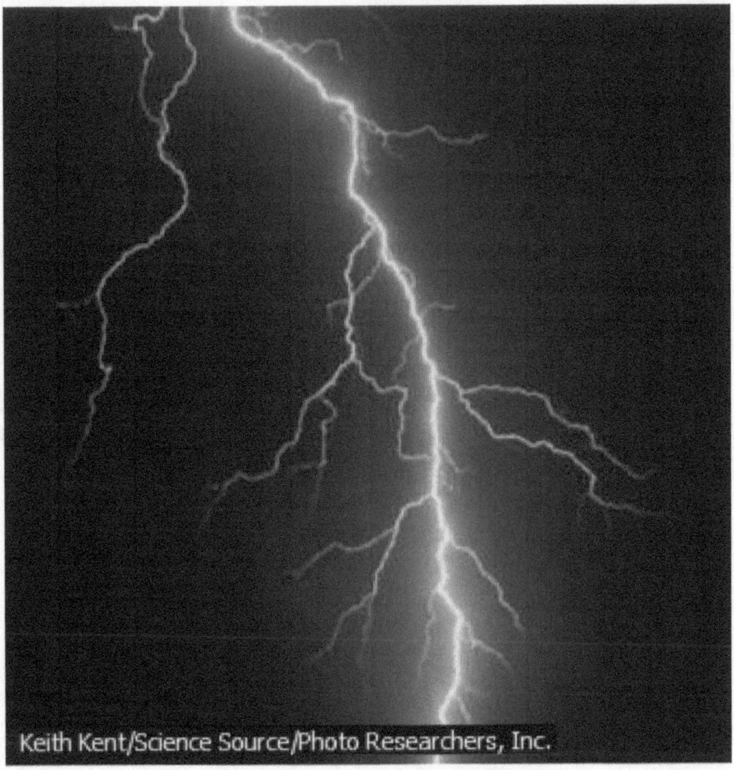

Éclair

Le phénomène de l'éclair correspond à une décharge électrique qui se produit entre un nuage et la Terre, ou entre deux nuages. Keith Kent/Science Source/Photo Researchers, Inc.

Microsoft ® Encarta ® 2009. © 1993-2008 Microsoft Corporation. Tous droits réservés.

Ce genre des phénomènes dans le ciel profond marquait le passage de l'invisible au visible en y déversant la poussière, le gaz et le plasma dans l'Univers. Dans cette zone d'après le rêve que j'ai fait, il y avait aussi un grand bloc de glace. C'est pour dire qu'après la création des particules, ce qui subsistait était celle qui était déversée dans le froid cosmique extrême.

Selon les dernières informations captées par la voix des presses ; les astronomes constatent parfois des éclairs en provenance des confins de l'Univers sans pouvoir expliquer les phénomènes et le rôle qu'il joue dans le cosmos. Parmi ces phénomènes, nous avons les sursauts gamma.

Dans les versets ci-dessus (Ge 2 : 7 et 19), si pour le Ciel et la terre, Moïse a parlé de la création ; pour les animaux et l'homme, il utilisa la phrase « forma de la (poussière) de la terre ». Or, les savants savent que la poussière de la terre (Univers) commence son cycle dans la nébuleuse. Pour les non-cosmologistes, nous leur disons que la nébuleuse est une concentration de gaz et des poussières observées dans le milieu interstellaire (entre les étoiles), désigné dans la Bible par le mot étendue (Ge1 : 6).

Pour arriver jusqu'à la formation d'une étoile ou d'une planète, la nébuleuse doit traverser de nombreux cycles pendant plusieurs millions d'années. À chaque étape de son cycle, il est façonné, surtout dans les étoiles pour se transformer jusqu'au niveau des molécules de vie. Et la terre fut l'endroit idéal où ces molécules sont devenues effectivement la vie compte tenu de toutes ces conditions selon les Principes anthropiques de Brandon Carter et dont l'idée principale, avons-nous dit, est confirmée dans les Principes de la Création, branche du Principe Divin du Rév. Dr. Sun Myung Moon. C'est pour dire que les molécules de vie peuvent se retrouver partout dans l'Univers sans pour autant qu'il y ait la vie.

Il y a encore un point très important qui vaut à Moïse son appellation de savant des savants. Les scientifiques pensent que dans le schéma de la création biblique, il n'y a que les verbes créer, faire et former sans tenir compte des phénomènes physiques ou chimiques essentielles. Or, Moïse évoqua la participation de l'eau liquide pour l'activation de la vie. Ainsi, La Bible s'avère être à ce jour le livre cosmologique par excellence. En effet, Moïse a évoqué l'eau avant que la vie germe :

Ge 2 :4 Voici les origines des cieux et de la terre, quand ils furent créés. Lorsque l'Éternel Dieu fit une terre et des cieux, 5 aucun arbuste des champs n'était encore sur la terre, et aucune herbe des champs ne germait encore : car l'Éternel Dieu n'avait pas fait pleuvoir sur la terre, et il n'y avait point d'homme pour cultiver le sol. 6 Mais une vapeur s'éleva de la terre, et arrosa toute la surface du sol.

7 L'Éternel Dieu forma l'homme de la poussière de la terre, il souffla dans ses narines un souffle de vie, l'homme devint un être vivant.

Face à cela, lisons les points de vue des scientifiques sur l'apparition de la vie :

« La glace d'eau ou la vapeur d'eau n'ont aucune valeur particulière pour la vie. En fait, l'intérêt de l'eau liquide réside dans sa capacité à favoriser les réactions chimiques. Seule l'eau sous l'état liquide peut donc engendrer des réactions chimiques nécessaires à la vie… Grâce à sa polarité, l'eau peut ainsi dissoudre de nombreuses molécules, qui se retrouvent en présence sur tout le volume de solution : cela permet à ces molécules de se rencontrer au sein du liquide, et de réagir de façon efficace, ce qui explique l'importance de l'eau liquide dans le développement de la vie ». (Cfr : L'eau liquide, source de vie dans l'Univers 17/01/2011 - Par Vincent Boqueho)

Comme on le voit, cette citation confirme effectivement les versets précédents (Ge 2 :5). Tant qu'il n'y avait pas encore de l'eau avec des proportions chimiques adéquates, la vie ne pouvait pas germer. Dans la Bible, l'eau de pluie symbolise aussi quel avait acquis des proportions chimiques adéquates.

Autres commentaires :

« Il faudrait a priori trois ingrédients nécessaires mais peut-être pas suffisants pour que la vie apparaisse. Le premier ingrédient est la chimie du carbone, elle est Universelle puisque le carbone fait partie des éléments fabriqués naturellement par les étoiles, il y en a donc un peu partout dans l'Univers. Le deuxième ingrédient est l'eau, ce mélange d'hydrogène et d'oxygène est abondant dans l'Univers, il y a donc de l'eau un peu partout. Le dernier ingrédient est l'énergie qui est présente surtout au voisinage des étoiles ».
(10/12/2014 - Par Jonathan SARE, Futura-Sciences).

L'explication sur le dernier élément confirme ce que la Bible et le Principe divin du Rév. Dr. Sun Moon enseignent. Il ne s'agit pas de l'énergie au voisinage des étoiles, mais plutôt du souffle de Dieu comme étant l'Énergie Première Universelle que Dieu a dotée à chaque corps à travers les différentes étapes de la création. Moïse l'a qualifiée souffle de Dieu. Le Rév. Dr. S.M. Moon fut le premier religieux à l'expliquer sous forme d'énergie. Donc, le dernier ingrédient, dont j'en ai déjà parlé, est l'énergie première Universelle qui est dans chaque corps. Les versets et la phrase suivante les confirment :

Ge l : 2 « *l'esprit de Dieu se mouvait au-dessus des eaux* »;
Ge 2 :7 « *L'Éternel Dieu forma l'homme (*la masse ou le corps*) de la poussière de la terre, il souffla dans ses narines un souffle de vie (énergie) et l'homme devint une âme vivante* ».

Dans le Principe Divin, nous lisons ceci : « *La Force Première Universelle a son origine en Dieu et constitue la force que Dieu projette en chaque être au moment de sa création* ». (Cf : Principes Divin, niveaux 4, P. 21)

Donc, à la question de savoir s'il y a une différence sur les modèles de la création selon la Bible et la science, nous pouvons dire que la « poussière des étoiles » selon la science, « l'écume » de Big-bang selon Stephen Hawking, « la poussière de la terre » selon la Bible, « la boue » selon le Coran, de laquelle les êtres vivants furent formés représentent les mêmes éléments, mais vis-à-vis desquels les savants se sont référés à l'origine et les religieux à la finalité.

Les éléments principaux sont le carbone et l'eau. Par l'eau, nous avons le mélange d'hydrogène et d'oxygène qui sont abondants dans l'Univers. Ainsi, nous voyons que Moïse n'a rien négligé dans la Bible en parlant de la poussière de la terre et de l'eau et que la science l'a confirmé.

Ce que les cosmologistes ont pris comme un schéma incomplet s'avère à ce jour plus complet qu'on ne le pensait, si on associe très bien les éléments du puzzle. C'est ce que je suis parvenu à présenter dans le Modèle Cosmologique Universel.

Donc, la conception biblique de la création et celle de la science se rejoignent même si la pensée du fond diffère. La poussière de la terre veut dire les minéraux qu'on retrouve dans la terre. Par exemple, le corps humain est constitué d'environ 10^{29} (1 avec 29 zéros) quarks, particules constituantes du noyau atomique. (Cf : Blandine Plucher, la physique quantique pour les nuls, éd. First, Paris 2018, p. 154)

Section 2
L'évolution

2.1. Conception de l'évolution selon le Modèle Cosmologique Universel

Les êtres vivants sont-ils le produit de l'évolution ou de la création ? Je ne veux pas jeter une bombe atomique dans la religion, ni limiter la science par une réponse sèche, en choisissant l'un ou l'autre assertion. Le Modèle Cosmologique Universel étant un modèle scientifique et non des théories de foi, ouvre la voie aux nouvelles recherches. Toutefois, le schéma de la création biblique est clair à ce sujet quand il emploie le verbe créer pour les galaxies et former quand il s'agit des êtres vivants.

Ge 2 : 4 *Voici les origines des cieux et de la terre, quand ils furent créés. Lorsque l'Éternel Dieu fit une terre et des cieux*
Ge 2 :19 *L'Éternel Dieu forma de la terre tous les animaux des champs et tous les oiseaux du Ciel,*
Ge2 : 7 *L'Éternel Dieu forma l'homme de la poussière de la terre, il souffla dans ses narines un souffle de vie et l'homme devint un être vivant.*

En effet, dans ces versets, Moïse parle de la création de la terre ou la création des éléments et de la formation de l'homme à partir de la poussière de la terre (des éléments créés), montrant que le processus de l'évolution était respecté. De la poussière au fond des mers (Ge 1 :10), en passant par les cyanobactéries, le règne animal, jusqu'à arriver jusqu'au niveau de l'homme, plusieurs étapes ont été franchies et, c'est à la science de les découvrir et de nous l'enseigner. Mais, quelle fut la forme de cette évolution ? Selon Wolf-Ekkehard Lönning, chercheur à l'institut allemand Max Planck de recherche en phytogénétique : *« les mutations ne peuvent transformer une espèce (végétale ou animale) originelle en une espèce entièrement nouvelle.* » (Cf : Wolf-Ekkehard Lönning in « la vie a-t-elle été créée ? www.jw.org/fr).

Une chose est sûre, la forme actuelle de l'homme a été prédestinée dès l'origine de la création, car l'un des derniers désirs de celui-ci a été toujours de voler comme un oiseau. Chacun de nous dans son enfance a eu ce désir. Or, si l'homme devait évoluer dans ses formes par la force de la pensée, nous devrions avoir aujourd'hui des ailes. N'ayant pas atteint cette capacité, nous l'attribuons aux anges, à qui nous pensons qu'ils sont des super-êtres plus que nous. Ceci nous amène à nous poser des questions sur l'évolution de notre forme actuelle par rapport à ce que la science nous exhibe, c'est-à-dire un homme avec un dos courbé ressemblant à un singe. Cette forme-là, n'était-elle pas due tout simplement à cause de l'ignorance de notre vrai physique ?

Par exemple : s'asseoir en croisant les jambes, est un calvaire pour les Occidentaux et les Africains, ce qui n'est pas le cas pour les Orientaux. Mais, pour ceux qui se sont exercés, ils ont atteint les niveaux des Orientaux et à la longue, cela devient naturel comme pour ces derniers. À cela, faut-il parler de l'évolution pour ceux qui l'ont maîtrisé ou de l'ignorance pour ceux qui n'y arrivent pas ? La réponse est claire, c'est l'ignorance de nos capacités physiques qui devrait être semblable aux chats comme en font les yogis. Cet exemple est confirmé par ces propos de Jeffrey Schwartz, théoricien de l'évolution, à savoir : « *la sélection naturelle aide peut être les espèces à s'adapter aux conditions changeantes de l'existence, mais ne crée rien de nouveau* ». (Cf : Jeffrey H. Schwartz, Sudden Origins – Fossils, Gened, and Emergences of Species, 1999,

Pp. 317-320).

Mais, comme je l'ai dit, quelle que soit la forme qu'on attribue à l'homme primitif, de lézard à l'homo sapiens, il était toujours homme, et doté déjà de la capacité intérieure de se communiquer avec Dieu et de l'intelligence de manier les feuilles, les bois et les pierres en tant qu'outil.

Ceci est illustré dans le schéma suivant :

https ://www.slayerment.com/science-vs-religion-which -right#comment-9366

Il y a de l'affinité chimique entre toutes les créatures parce que toutes sont faites des mêmes molécules de vie qualifié par la Bible de « la poussière de la terre ». En plus, les scientifiques minimisent les écarts des pourcentages qui marques la différence entre nous et les singes. Mais ces écarts n'ont pas été perdues, ni gagner par les humains au cours d'un processus héréditaire en provenance des singes. Par conséquent, nous sommes notre propre schéma.

N'est-il pas écrit dans la Bible qu'ils furent étonnés Dieu en reconnaissant leur nudité à l'aube de la création et qu'ils se couvrirent des feuilles ? Ce que les animaux n'ont jamais fait. Lisons :

Ge 3 :7 *Les yeux de l'homme et de la femme s'ouvrirent, ils connurent qu'ils étaient nus, et ayant cousu des feuilles de figuier, ils s'en firent des ceintures.*

Ge 3 :11 *Et l'Éternel Dieu dit à l'homme : Qui t'a appris que tu es nu ?*

En effet, L'homme vivant au milieu des animaux qui étaient aussi nus, d'où lui est venue cette honte dans sa conscience et le désir de cacher son sexe, plutôt qu'une autre partie de son corps comme le nombril par exemple ? Le Principe Divin du Rév. Dr. S.M. Moon est le seul enseignement qui a répondu à cette réponse. Inutile de rechercher une réponse incomplète ailleurs qui créera des nouvelles questions.

Donc, je disais que pour ce qui est de l'évolution, quelle que soit la forme dont la science imagine ou décrit l'homme primitif, ce n'est pas un problème pour les religieux. Tout ce que nous savons ce qu'il était homme créer par Dieu même si son comportement ou sa forme aurait connu ce que la science appelle une évolution. Donc, pour le livre « le Modèle Cosmologique Universel », la théorie de l'évolution ne concerne pas l'origine, ni la qualification du plus apte, ni l'intelligence et la spiritualité, mais plutôt la forme et le comportement.

La phrase suivante utilisée dans plusieurs livres scientifiques selon lequel « l'homme à commencer par un animal » devrait être remplacé par « l'homme a commencé par une forme soit animale, soit de cyanobactéries, etc... », Mais, il était homme créé par Dieu. Dire que l'homme a commencé par le singe, c'est faux, car le singe est déjà une étape évoluée et finale dans la création.

J'appuie aussi ma pensée par cette réflexion du Rév. Dr. Sun Myung Moon :

« *Si les êtres humains sont des êtres résultants, est-il possible que des singes soient notre cause ? Des singes peuvent-ils être nos ancêtres ? Finissons-en avec de telles absurdités ! En partant d'une amibe, pour que la vie ait atteint la forme humaine, elle a dû passer par les portes de l'amour à des milliers de niveaux. La vie progresse-t-elle de manière automatique ? Absolument pas. Il en est de même avec tous les animaux. La division des espèces est très stricte. Personne ne peut transgresser la séparation des espèces. Si des matérialistes, convaincus que les singes sont nos ancêtres, croisent un être humain avec un singe, croyez-vous qu'une nouvelle forme de vie apparaîtra ? Cette tentative est vouée à l'échec, même s'ils tentent de le faire pendant des milliers d'années.*

(Rév. S.M. Moon : discours : Vraie famille et vrai Univers centré sur l'amour de Dieu. 1997).

Dans ce même contexte d'idée, Le célèbre paléoanthropologue et maître de conférences au Collège de France, Pascal Picq, dans un documentaire intitulé "Premier Homme", a dit que nous ne descendons pas des singes, nous sommes des singes. C'est pour dire que nous sommes les descendants de nous-mêmes. Si selon ce professeur, nous sommes des singes, mais la différence avec les vrais singes est que nous, nous possédons la faculté de transformer les choses, de nous aimer les uns les autres et de rendre cultes.

Donc, concernant l'évolution de la forme, au départ, tout à commencer dans la vie aquatique, que ça soit la faune et la flore et ce ne sont pas les savants qui me contrediront, car la science est là pour mener des recherches sur les déclarations des religieux. Il suffit que toutes ces vapeurs d'eau contenue dans l'atmosphère, quoiqu'il ne représente qu'un infime pourcentage, deviennent liquides, pour que nous nous retrouvions comme à l'origine, comme nous pouvons le lire dans ce commentaire scientifique :

« *Si toutes les calottes glaciaires de la Terre venaient à fondre, il est prévu que les océans verront une augmentation de niveau spectaculaire de 65,8 mètres...* » (Cf : trustmyscience.com/voici-a-quoiressemblerait-la-terre-si-toute-la-glace-venait-a-fondre par Julien Claudet, le 17 juillet2017).

Mais Dieu, Notre Père Céleste, a dit que désormais, Il aura un œil pour ça. Donc, il est derrière toutes les lois de protections environnementales. Lisons :

Ge 9 :14 « *Quand j'aurai rassemblé des nuages au-dessus de la terre, l'arc paraîtra dans la nue; 15 et je me souviendrai de mon alliance entre moi et vous, et tous les êtres vivants, de toute chair, et les eaux ne deviendront plus un déluge pour détruire toute chair »*.

Comme je l'ai dit au début, après le Big-bang, tout est devenu résultant et nous sommes nous-mêmes le fruit d'un résultant, c'est-à-dire des êtres résultants. Donc, personne ne peut affirmer avec certitude, malgré les vestiges, ce qu'a été vraiment l'origine s'il ne se réfère pas à la Bible. Le Big-bang ou la séparation des eaux d'avec les eaux selon la Bible, a marqué une ligne sur ce que nous pouvons découvrir facilement dans nos recherches sur les éléments originels de l'Univers et ce que nous aurons beaucoup de difficultés à découvrir notamment les éléments d'avant Big-bang. D'où la conclusion des certains savants qui disent qu'on ne peut rien spéculer au-delà du Big-bang.

La Bible est le seul livre qui vient nous éclaircir sur les énergies qui étaient à l'œuvre avant le Big-Bang. Il appartient aux savants maintenant de faire les investigations positives sur les Modèles Bibliques. Et pour cette démarche, pour la première fois, les savants sont appelés à s'humilier en recourant aux écrits sacrés par excellence pour le moment à savoir le Principe de la création et la Pensée de l'unification du couple Moon pour mieux comprendre les forces du début de l'Univers.

Pour ce qui est de ma propre expérience, quoique j'aie vécu et grandit au sein de l'Église de l'unification, n'étant pas un physicien, les explications des points évoqués dans les Principes de la création sur l'énergie et le logos, matières contenues dans les livres cités plus haut, restent très théorique, or, c'est par sa compréhension qu'un vrai savant devrait commencer ses recherches. Et je ne cesse de lire et relire ces matières, c'est ce qui m'a permis avec « un milliardième de connaissance que je demande à Dieu » dans mes prières d'aboutir aux conclusions contenues dans ce livre.

Pour ce qui est des termes livres sacrés, cela rêve parfois un caractère péjoratif, c'est-à-dire quelque chose qui est mis à part pour certaines catégories des adeptes ; La Bible pour les Chrétiens, le Coran pour les musulmans, le Kangyur pour les bouddhistes tibétains.

En parlant des écrits sacrés, je veux dire tout simplement que la source est saine, c'est-à-dire réservé à tout le monde. On peut parler de la métaphysique. Mais si celui-ci répond à ma compréhension, où se trouve le problème, sinon moi-même.

La physicienne Marie Curie disait : « *Dans la vie, rien est à craindre, tout est à comprendre* », et c'est ce que j'ai toujours fait.

2.2. Les êtres vivants sont les fruits des étoiles et de la Terre

À l'époque des Moïse, quand on regarde la chair humaine avec toutes ses composantes, il était fou de dire qu'elle est tirée de la terre et pourtant, l'analyse de celle-ci prouve que la Bible dit vrai. Par le mot poussière, il faut attendre tous les éléments qu'on retrouve dans l'Univers. Et à ces jours, la science a déjà découvert plusieurs éléments chimiques, des éléments qu'on retrouve sur la terre dans la composition de l'être humain. Il suffit de voir la composition des médicaments multivitaminés.

Selon les sources scientifiques, Six éléments représentent 99% de la masse du corps humain. C'est le carbone, H est l'hydrogène, N est l'azote, O est l'oxygène, P est le phosphore et S est le soufre. Ils sont représentés par l'acronyme CHNOPS. Le corps humain contient également de minuscules quantités d'éléments. Il s'agit notamment du germanium, de l'antimoine, de l'argent, du niobium, du lanthane, du tellure, du bismuth, du thallium, de l'or et même des éléments radioactifs comme le thorium, l'uranium et le radium.

(Cf :https ://www.greelane.com/chemical-composition-of-the-human-bod).

Etant donné que scientifiquement tous ces éléments se sont d'abord formés dans les étoiles, cela amène les astrophysiciens à dire que l'homme est le fruit des étoiles en se basant en amont. Mais, Moïse en se basant en aval, c'est-à- dire là où fut effectivement formé l'homme, fut plus précis que les savants en disant que : « l'homme est la poussière de la Terre ».

Gn 2 : 7 L'Éternel Dieu forma l'homme de la poussière de la terre...

Ainsi à ce jour notre organisme a besoin de tous ces éléments minéraux pour sa croissance et en manquer ne fût-ce qu'une, nous entraîne un déséquilibre. L'homme a besoin sans cesse de renouveler ces éléments dans son organisme. S'il nous est impossible de consommer par exemple le fer à l'état brut alors que notre organisme en a besoin, Dieu a pourvu des machines qui trient ces éléments dans le sous-sol et les transforment en élément organique pour la bonne digestion des animaux et des hommes selon qu'il est écrit dans ce verset :

Ge 1 : *« 29 Et Dieu dit : Voici, je vous donne toute herbe portant de la semence et qui est à la surface de toute la terre, et tout arbre ayant en lui du fruit d'arbre et portant de la semence : ce sera votre nourriture. 30 Et à tout animal de la terre, à tout oiseau du Ciel, et à tout ce qui se meut sur la terre, ayant en soi un souffle de vie, je donne toute herbe verte pour nourriture. Et cela fut ainsi ».*

C'est à travers les plantes que l'homme arrive à consommer ces éléments chimiques pour sa santé. C'est ainsi qu'on voit un peu partout des végétariens. Donc, les végétaux, fournissent pour nous un travail honorable et nous devrons les respecter et ne l'utiliser qu'en bon escient. Il n'y a rien qui pousse ou qui a été créé aux hasards. Le moment est venu pour l'homme d'offrir à l'humanité ce que contient même la plus infime de l'herbe et nous allons comprendre que l'âge d'Adam et des autres patriarches bibliques n'était pas des fables.

Section 3
La progression de l'Univers

3.1. Conception de la progression selon le Modèle Cosmologique Universel

La théorie de la progression concerne des êtres vivants dans l'Univers. Cette théorie selon nous, se conçoit de la manière suivante : chaque être à une identité propre. Il naît tel qu'elle, mais suite aux conditions environnementales extérieures, il peut progresser mais tout en gardant son identité.

Cette théorie est en contradiction avec ce que les scientifiques appellent la théorie de l'évolution dont nous avons développé notre point de vue dans les points qui traitent de la conception biblique de la création par rapport à l'évolution dans ce Tome, et celle traitant de la progression de la race humaine dans le Tome IV.

Chapitre VI
Les galaxies et les planètes du Système solaire

Section 1
Les galaxies

Généralité

Le nom galaxie peut sembler nouveau pour mes lecteurs, comme il a été pour moi-même avant d'entreprendre la rédaction de ce livre. Les galaxies sont ce que nous appelons dans le langage courant le monde et les autres mondes. Notre galaxie à nous, soit notre monde, s'appelle la « Voie Lactée » ; *via lactica* en latin. Elle s'étend sur un diamètre d'environ 200 000 années-lumière. (Cf : Wikipédia.fr, galaxies). Les autres mondes constituent d'autres galaxies. Dans la littérature astronomique, le mot « galaxie » écrit avec un G majuscule se réfère à notre propre galaxie (la Voie lactée), afin de la distinguer des autres galaxies ou des autres mondes.

Que contiennent les galaxies ? On retrouve dans toutes les galaxies presque les mêmes ensembles et les mêmes éléments avec les mêmes phénomènes physiques que ce qu'on retrouve dans la « Voie Lactée ». C'est ce qui confirme d'ailleurs que l'Univers a commencé par une matière condensée que Moïse et les grands philosophes antiques ont qualifiée des « eaux », et qui s'est explosée ; phénomène connut bibliquement sous le nom de la « *séparation des eaux d'avec les eaux* » et sous le nom de *Big-bang* selon la science, et dont les débris sont à la base de tout astre que nous voyons dans l'Univers.

L'ensemble des galaxies y compris l'espace forme l'Univers. On estime que le diamètre de l'Univers observable est de 100 milliards d'années-lumière. Celui-ci contient environ 7×10^{22} étoiles, répandues dans environ 100 milliards de galaxies, elles-mêmes organisées en amas et superamas de galaxies. Mais le nombre de galaxies pourrait être encore plus grand, selon le champ profond observé avec le télescope spatial Hubble. (Cf : https ://fr.wikipedia.org/wiki/Univers).

En plus, les galaxies ne sont pas que composées des étoiles, des planètes et des gaz. On y trouve aussi la matière noire qui est invisible. Notre galaxie, la voie lactée, compte en son sein, selon différentes sources scientifiques, entre 100 et 400 milliards d'étoiles. Il est difficile en effet de faire une estimation exacte, car, elle est en constante évolution avec des millions d'étoiles qui naissent et d'autres qui explosent. Dieu lui-même savait que l'homme ne pouvait les compter (Ge 15 :5). On y trouve à peu près un minimum des 100 milliards des planètes. Une planète, c'est comme notre terre avec ses 5 continents et ses océans. Mais, il y a aussi des planètes qui ne sont constituées que des gaz comme Saturne et d'autres des métaux, des pierres ou de la glace.

Notre galaxie la Voie lactée appartient au groupe local d'un amas d'une soixantaine de galaxies mesurant 10 millions d'années-lumière de diamètre, qui contient également, la galaxie d'Andromède. Le groupe local fait quant à lui parti du superamas de la Vierge, lui-même inclut dans une structure encore plus grande, un superamas appelé Laniakea. En outre, notre galaxie n'est pas immobile dans l'espace. Elle se déplace à 630 km/s, soit 630 x 60 (1 minute) x 60 (une heure) ce qui donne environ 2,3 millions de kilomètres par heure. (Cf : futurasciences.com/sciences/definitions/Univers-voie-lactee-3729 par Floriane Boyer).

Les autres galaxies aussi ont une composition similaire que la nôtre. On y retrouve en leur sein des soleils, des étoiles, des exoplanètes, des éléments chimiques et des phénomènes semblables à ceux de la Voie lactée. L'Univers

– dont l'extension réelle est inconnue – pourrait contenir jusqu'à 2 000 milliards de galaxies, chacune d'elles pouvant contenir 1 000 milliards d'étoiles. Mais, cela ne pourra être confirmé qu'avec les observations de futurs télescopes.

La dimension des étoiles n'est pas comme les petites boules que nous voyons dans le Ciel. C'est à cause de leur éloignement qu'elles se présentent comme des petites boules lumineuses. Le Soleil lui-même est une étoile qui peut contenir plus de 1 million des fois notre planète Terre. Or, malgré sa grandeur, ce n'est qu'une petite étoile par rapport aux autres. Toujours dans notre Galaxie, on trouve une étoile qui est 1 000 fois plus grande que le Soleil et qui a pour nom Bételgeuse, rayonnant plus que 100 000 soleils réunis. (Cfr ; Bételgeuse : Wikipédia).

Donc, avec de telles dimensions confirmées par la science, philosopher sur l'Univers fait partie d'une grande invention comme l'a dit Aurélien Barreau. (Cfr : **Aurélien Barrau** :*Big-bang et au-delà, balade en cosmologie*, éd. Dunod, Paris).

Section 2
Les planètes du Système solaire

2.1. Types des planètes

Dans notre Galaxie, la Voie Lactée, on y trouve des planètes qui sont sous l'influence gravitationnelle du soleil, et qui sont appelés les planètes du Système solaire. Ils sont au nombre de huit dont Mercure, Vénus, Terre, Mars, Jupiter, Saturne, Uranus et Neptune. Les autres planètes qui orbitent autour des étoiles, mais toujours dans la Voie Lactée sont appelées des exoplanètes. Je dis qu'ils sont à peu près au nombre de 100 milliards. La majorité des scientifiques estiment que certains d'entre eux peuvent abriter des vies, voire des êtres intelligents, appelés des extraterrestres. Moi, je ne fais pas partie de cette majorité et nous allons y revenir au Tome III.

La majorité des planètes du Système solaire sont visibles à l'œil nu et se présentent comme des étoiles non luisantes au ciel. Cette brillance vient du fait qu'ils reflètent le rayon solaire et le renvoient à la terre comme le fait un miroir qui fait face au soleil tout en étant braqué sur quelque chose.

https ://www.podcastscience.fm/dossiers/2019/09/30/la-naissance-des-planetes/

Dans le système interne, il y a 4 planètes rocheuses. Ces 4 planètes sont de masses égales ou inférieures à la masse de la Terre avec 5 % pour Mercure, 10 % pour Mars et 80 % pour Venus. Au-delà, on a une ceinture d'astéroïde entre Mars et Jupiter qui contient environ 4 % de la Lune en masse, donc pas énorme. Dans cette ceinture tourbillonne des cailloux plus gros que d'autres, avec Cérès par exemple, qui est une planète naine de 1.2 % la masse de la Lune.

Et après, vient les planètes gazeuses avec Jupiter (300 masses terrestres), Saturne (95 masses terrestres), Uranus (14 masses terrestres) et Neptune (17 masses terrestres).

Enfin, on a une autre ceinture de débris, la ceinture de Kuiper, qui contient entre un dixième et un quart de la masse de la Terre et aussi des planètes naines comme Pluton qui fait 18 % de la masse de la Lune. Les ceintures d'astéroïdes et de Kuiper sont des ceintures de débris c'est-à-dire ce qu'il reste une fois que le système est formé, avec pas assez de masse pour créer de vraies planètes. Pluton a été exclue en tant que planète parce qu'on a découvert une lune plus grosse qu'elle.

2.2. L'âge du système solaire confirme le schéma biblique

Le système solaire contient un ensemble des astres qui subit la gravitation du soleil. Ces astres tournent tout autour du Soleil. Ce Système avons-nous dit, est composé, outre le Soleil lui-même et par ordre de distance croissante à celui-ci, de quatre planètes telluriques ou solides (Mercure, Vénus, la Terre et Mars), d'une ceinture d'astéroïdes composée de petits corps rocheux, de quatre planètes géantes (deux géantes gazeuses que sont Jupiter et Saturne, et deux planètes géantes de glaces que sont Uranus et Neptune) et de la ceinture de Kuiper, composée elle-même d'objets glacés.

J'avais écrit dans le Tome I que les étoiles sont les fruits de Big-bang, c'est-à-dire qu'à chaque explosions d'une étoile, il y a un nouveau processus de recréation des astres. C'est ce qui fait que les philosophes antiques sont arrivés à décrire le fonctionnement de l'univers entier en se basant seulement sur le système solaire.

Selon la science, toutes les planètes du système solaire ont été projeté par l'explosion d'une étoile, dont une partie des poussières et des gaz, ayant formés les nuages moléculaires, s'est effondré gravitationnellement. 99% des matières contenues dans le centre ont formés le Soleil. Les autres matières épars représentant 1 % ont formés les planètes.

Les scientifiques évaluent l'âge du Système solaire à environ **4,6 milliards d'années**, cela veut dire selon l'hypothèse de sa formation, aucun de ses astres ne peut avoir un âge au-delà de celle-ci. C'est ici que les choses deviennent très intéressantes.

Que dit le schéma biblique de la création en ce qui concerne l'origine du système solaire? Par manque des termes scientifiques, Moïse a utilisé le nom « eaux », et à parler de la *« séparation des eaux d'avec les eaux »*. Des eaux du dessous, la terre se forma et des eaux du dessus, les luminaires furent créés (Gen 1 :6-19). Cela veut dire que les planètes et les luminaires ont été tous formés par la séparation d'un même amas des matières que Moïse a qualifié des eaux.

Gn 1 :6- 9 *Dieu dit : Que les eaux qui sont au-dessous du ciel se rassemblent en un seul lieu, et que le sec paraisse. Et cela fut ainsi. 10Dieu appela le sec terre, et il appela l'amas des eaux mers. Dieu vit que cela était bon.*

Gn 1 : 14 *Dieu dit : Qu'il y ait des luminaires dans l'étendue du ciel, pour séparer le jour d'avec la nuit; que ce soient des signes pour marquer les époques, les jours et les années; 15et qu'ils servent de luminaires dans l'étendue du ciel, pour éclairer la terre. Et cela fut ainsi. 16Dieu fit les deux grands luminaires, le plus grand luminaire pour présider au jour, et le plus petit luminaire pour présider à la nuit; il fit aussi les étoiles.*

L'âge du Soleil est estimé à 4,57 milliards d'années, alors que celui de la terre à 4,54 milliards d'années prouvant que ce sont des astres jumeaux. La création de ces astres très proches l'une de l'autre constitue une preuve observationnelle faite par les scientifiques eux-mêmes sans savoir qu'ils ont confirmés le schéma de la création biblique.

En effet, à ces jours les scientifiques nous confirment que ça soit la terre (formé par les eaux du dessous) et les luminaires (formés par les eaux du dessus), tous sont composés de mêmes éléments. La différence ne réside qu'avons-nous dit, autour des leurs états : solide, liquide, gazeux pour la terre et certaines planètes. Fluide et plasma pour le Soleil et d'autres étoiles.

Tout, dans le système solaire sont issus des nuages moléculaires qualifié par Moïse des eaux. Le nuage moléculaire est composé en grande partie de molécule d'hydrogène qui signifie *« ce qui génère de l'eau »*. Donc Moïse en qualifiant la masse originelle de l'eau n'était pas loin de la science, car l'eau (H2O) est composée d'hydrogène et d'oxygène.

D'ailleurs, ce n'est que pour rendre la compréhension facile qu'on a traduit le mot utilisé par Moïse « eaux », car le mot grec original est ὕδωρ *(hudôr)* qui signifie hydro (cfr : eau; wikipedia), c'est-à-dire quelque chose qui génère de l'eau.

On comprend par-là que beaucoup des mots ont été complétement dénaturé par leur traduction de la Bible hébraïque ou grec en d'autres langues. Scientifiquement selon la nucléosynthèse, toute la création après le Big-bang est issue de l'hydro, que Lavoisier à qualifier de l'hydrogène, confirmant ainsi la Bible.

Nous-mêmes aujourd'hui sans être astrophysicien, on ne peut expliquer l'origine des phénomènes célestes, ni même de la Terre. Comment Moïse est-il parvenu en 1500 ans avant Jésus-Christ? Pour moi, c'est un savant inégalé jusqu'à ce jour et son nom devrait intégrer le monde scientifique comme étant le premier savant à avoir offert le premier schéma de l'univers. A savoir que je suis le seul à l'avoir éclairci et restitué scientifiquement dans le Modèle cosmologique Universel.

Chapitre VII
Le Soleil ou l'Univers en miniature

L'étude du soleil et sa connaissance devraient nous amener à connaître le fonctionnement de l'Univers. D'où, nous le surnommons l'Univers en miniature. Ainsi, dans cette section, nous étudierons le soleil dans sa globalité en tant que l'Univers en miniature. Il est déjà connu par les astronomes que c'est le micro-laboratoire pour connaître la physique des étoiles.

Section 1
Description du Soleil

(Documentaire recommandé : Le Soleil, Source De Vie Et De Danger {par Gary Wright})

Comment pouvons comprendre l'Univers en tant que laboratoire ? Jusque-là, le Soleil a été analysé en tant qu'astre en astrophysique et on croit comprendre beaucoup, bien que tous les corps de l'Univers possèdent toujours quelques mystères. Ici, il s'agit maintenant de l'analyser en tant que l'Univers en miniature. Et, c'est à travers le Soleil que nous pouvons comprendre d'autres manifestations qui se déroulent dans l'espace.

1.1. Soleil ; micro-étoile et macrocosme atomique

Le physicien belge, l'abbé Georges Lemaître (1894-1966) disait : « une cosmogonie vraiment complète devrait expliquer les atomes comme les Soleils ». (Cf : Blandine Plucher, la physique quantique pour les nuls, éd. First, Paris 2018, p. 224)

En effet, si le soleil est un micro étoile, il est plutôt un macrocosme atomique. C'est à partir du soleil que nous pouvons découvrir aisément les forces, les particules visibles et invisibles de l'atome à l'Univers. Les éléments invisibles se libèrent après la fusion et la fission si ce possible, et peuvent devenir détectables sur des appareils perfectionnés après des millions d'années d'accumulation.

Dans la Bible en Romains 1 :20 il est écrit : « En *effet, les perfections invisibles de Dieu, sa puissance éternelle et sa divinité, se voient comme à l'œil nu, depuis la création du monde, quand on les considère dans ses ouvrages. Ils sont donc inexcusables ».*

Dans le Principe de la création du Rév. Dr. Sun Myung Moon, on a pris comme cas de figure la création en général et l'homme en particulier pour expliquer Dieu et ce qui est invisible à Lui. Donc, pour comprendre le Cosmos, l'étude doit être faite dans l'homme intégral. Ce dernier, étant le cosmos en miniature, ne possède pas seulement les éléments chimiques mais, aussi les énergies et les matières invisibles qui deviennent organiques c'est-à-dire visible à l'intérieur de la cellule. C'est à la science de pousser les recherches. L'homme est aussi un être spirituel.

Mais pour ce qui est de l'Univers, comment pouvons-nous comprendre et analyser les phénomènes physiques se déroulant à l'intérieur et certains phénomènes qui sont dans notre atmosphère, mais dont la manifestation nous échappe encore? C'est à travers l'étude de la seule étoile qui est proche de nous à savoir le Soleil. L'option est déjà prise par plusieurs centres astronomiques du monde d'envoyer des sondes au Soleil et nous ne pouvons qu'encourager cela.

En effet, avec sa composition de fluide faite de plasma, le Soleil constitue pour nous le laboratoire naturel où nous pouvons comprendre les phénomènes se déroulant dans l'espace. C'est un vide coloré qui avec sa rotation, en l'étudiant, nous aide à comprendre certains phénomènes qui se déroulent dans l'Univers. À l'intérieur du Soleil, si on peut y pénétrer, on verra tout le phénomène causer par les énergies sur la terre et dans l'Univers.

Nous savons que, pour des réactions chimiques à basses énergies, l'étude se fait à partir des atomes comme si c'était les plus petits constituants de la matière. Mais pour des réactions thermonucléaires comme celles faisant briller le Soleil, on fait appel aux atomes conjointement avec les neutrinos qui seront considérés comme des particules élémentaires. C'est pour dire que même si le soleil est considéré par certains comme une étoile de seconde ou de la troisième génération, l'étude de ce fluide intérieur peut nous amener à comprendre aussi ce qui a réellement explosé lors du Big-bang, qualifié par Moïse dans la Bible « De la séparation des eaux d'avec les eaux ».

Donc, étant relativement proche de nous par rapport aux autres étoiles, le Soleil nous fournit une occasion unique d'améliorer notre connaissance des astres tout en nous donnant des aperçus sur la nature de l'Univers.

1.2. La source de la lumière du Soleil

Le Soleil brille du fait des réactions de fusion nucléaire qui s'y déroule à l'intérieur, tout en libérant de l'énergie. Suite à la gravitation, en son sein, les noyaux d'hydrogène se compriment fortement et en se fusionnant, et ils produisent l'hélium, contribuant davantage à la libération d'une quantité d'énergie. Autrement dit, le Soleil transforme la masse en énergie, par le biais de réaction de fusion nucléaire. En son cœur, qui est le siège de la nucléosynthèse, près de 620 tonnes de 620 millions de tonnes d'hydrogène sont transformé en chaque seconde, en 615 millions de tonnes d'hélium. La différence de masse durant ce processus est convertie en énergie qui rayonne vers l'extérieur. C'est ainsi que le Soleil brille et 'est le même processus qui fait briller aussi toutes les étoiles.

En effet, le soleil est une boule de gaz, mais sa gravitation est tellement forte qu'il apparaît, vu de loin, comme un corps solide. En fait c'est un astre bouillant d'un semi-gaz, semi-liquide appelé plasma. Pourquoi ne s'étend-il pas comme une rivière? C'est parce qu'a son centre il dispose d'un noyau où toute la matière se comprime sous l'effet de la force gravitationnelle. Ce phénomène entraîne des pressions si considérables qu'elles provoquent l'élévation de la température au cœur de son noyau à plus de 15 millions de degrés. Dans le documentaire scientifique « **toutes les planètes du Système solaire** », cette température fait un million d'années pour remonter jusqu'à la surface où elle ressort avec une chaleur de 6 000 degrés.

La chaleur ainsi produite est évacuée de deux façons : par rayonnement, comme pour la lumière solaire ou par mouvements de convections qui se manifeste par des protubérances ou émissions de vent solaire.

Alors qu'il ne faut que huit minutes pour que la lumière du Soleil nous atteigne, en chauffant et en éclairant la terre, certaines matières et gaz dégagé par lui-même entrent en interaction avec la matière et gaz environnant attiré par sa gravitation, créant une sorte d'effet de serre comme le fait le gaz carbonique dans l'atmosphère terrestre. En bloquant ainsi la chaleur comme un couvercle, celle-ci s'élève parfois à plus de 2 000 000 de degrés Celsius dans son atmosphère extérieure. La science parle de la couronne de gaz enveloppant le Soleil.

En ayant atteint cette très haute température, l'énergie fait éclater les nouveaux atomes entraînant davantage la chaleur et les gaz chauffés à se libérer et à s'éjecter sous forme de plasma dans l'espace.

Voyons dans cette image sa structure interne et comprendre ce que la collision des champs peut créer dans un Univers vide :

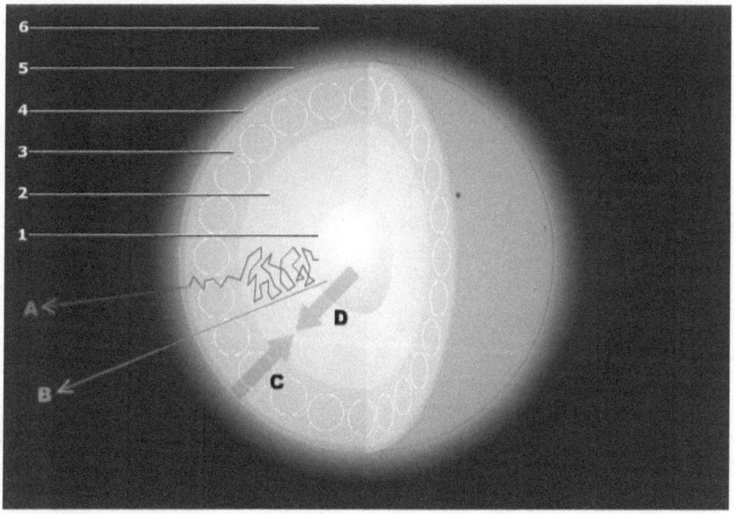

Structure du soleil

Légende :

1 - Cœur de l'étoile, siège de la nucléosynthèse (du centre à 0,25 rayon solaire).

2 - Zone radiative (entre 0,25 et 0,7 rayon solaire).

3 - Zone convective (de 0,7 rayon solaire jusqu'à la surface visible).

4 - La photosphère (environ 400 km d'épaisseur)

5 - La chromosphère (environ 2 000 km)

6 - La couronne solaire visible lors des éclipses totales

A - Parcours d'un photon depuis le noyau vers l'espace, très ralenti dans la zone radiative en raison de la densité de la matière.

B - Parcours d'un neutrino qui, interagissant très peu avec la matière, peut traverser l'étoile en ligne droite.

C - Compression due à la gravité.

D - Dilatation due à l'énergie produite au cœur de l'étoile.

(Source : http ://www.elementschimiques.fr/ ?fr/decouverte/origine-de-la-matiere).

Section 2
Leçons tirées du Soleil

2.1. La gravitation crée des frontières

Donc, tout comme le Soleil et les autres étoiles, qui sont des planètes gazeuses et semi-solides, leurs frontières sont poreuses c'est-à-dire perméables. Leurs bornes sont façonnées par la gravitation. La différence de températures entre le noyau et la surface fait que la couche supérieure acquiert une masse épaisse, formant la frontière. Il en est de même pour les astres de l'Univers entier. C'est **la première leçon** que nous tirons dans l'étude du Soleil.

2.2. Les lois de conservation

Cette leçon m'a permis de répondre à une autre question encore très importante, à savoir comment le calcul astronomique tombe exact comme si on était dans un Univers fermé ? Par-là, la réponse sort aussi clairement. Nous avons soutenu que l'Univers est dynamique et connaît lui-même une rotation créée par des particules. Cette rotation crée une gravitation, formant une frontière superficielle, invisible à l'œil ou aux appareils, où meuvent les galaxies, si bien que son expansion n'a pas des conséquences sur son avenir. Cela a comme conséquence l'aboutissement des lois de conservation.

Les lois de conservation sont l'ensemble de lois physiques selon lesquelles certaines grandeurs mesurables demeurent constantes. D'où les principes de l'isotropie et de l'homogénéité qui sont des lois de conservation issus de la forme symétrique de notre Univers. Le principe d'homogénéité de l'espace stipule que les lois de la physique sont les mêmes en tout point de l'espace. C'est La loi de conservation de la quantité de mouvement. Le principe d'isotropie de l'espace signifie que toutes les directions de l'espace sont équivalentes pour les lois de la physique. C'est la loi de conservation du moment cinétique

Ce fut le chimiste français Antoine de Lavoisier qui formula pour la première fois au XVIIIe siècle une loi de la conservation de la matière ou de la masse et qui s'articulait ainsi : « Rien ne se perd, rien ne se crée, tout se transforme ». Cela veut dire que dans une réaction chimique, la quantité totale de matière des composés dans un système fermé reste constante.

Cette loi fut suivie par la loi de conservation de l'énergie selon laquelle, dans un système fermé, l'énergie totale est conservée. Elle fut émise au XIXe siècle par les scientifiques Hermann von Helmholtz, Julius Robert von Mayer et James Prescott Joule. Cette loi constitue le premier principe de la thermodynamique. Elle fut enrichie par Albert Einstein en 1905. Il démontra dans sa théorie de la relativité qu'il existe une équivalence mathématique entre la masse et l'énergie. D'où sa fameuse formule de E = mc2. C'est la loi de conservation de l'ensemble masse-énergie.

Enfin nous avons la loi de conservation de la charge électrique qui stipule que la somme des charges électriques portées par les particules d'un système fermé demeure inchangée avant et après la transformation. Plusieurs lois similaires s'appliquent également en physique des particules : conservation de la charge de couleur, de la charge faible, de l'hypercharge, de l'isospin, du nombre baryonique et du nombre leptonique. (Cfr : "conservation, lois de." Microsoft® Encarta® 2009 [DVD]. Microsoft Corporation, 2008).

Toutes ces lois de conservation font partie de la **deuxième** leçon obtenue du Soleil sur sa forme, créé par la gravitation et dont nous la projetons sur l'Univers. Mon hypothèse est que le calcul astronomique tombe exact parce qu'il y a quelque chose qui nous enferme. J'ai été surpris de constater que certains astrophysiciens pensent aussi que notre galaxie la Voie Lactée serait enfermé par une sorte de bulle, ce qui rejoint effectivement ma conclusion. (Cfr : sciencesetavenir.fr/espace/astrophysique/hubble-bubble -notre-galaxie-est-elle-enfermee-dans-unebulle- les-explications-de-david-elbaz Par Olivier Lascar, le 03.01.2017).

Certains astrophysiciens pensent que notre Galaxies serait enfermée par une sorte de bulle.

Hubble Bubble : et si notre galaxie était enfermée dans une bulle ? © ESA/HUBBLE &NASA, ACKNOWLEDGEMENT : JUDY SCHMIDT

(Sciencesetavenir.fr/espace/astrophysique/hubble-bubble-notre-galaxie-est-elle-enfermee ?)

2.3. L'Univers est-il fini ou infini ?

Sans gravitation, le soleil peut exploser et se déployer comme de la lave. Ainsi, c'est par sa force gravitationnelle en tant que liquide plasmatique qu'il s'est créé une frontière. Le Système solaire lui-même, qui est composé de l'ensemble des astres qui sont sous l'influence de la gravitation du soleil, possède aussi une frontière poreuse appelée l'héliosphère.

Ces considérations nous amènent à faire notre choix sur les préoccupations de l'astrophysicien français J.-P. Luminet dans sa conférence documentaire **« la forme de l'espace ».** Il a proposé trois hypothèses à savoir :

- L'Univers est infini ;
- L'Univers est fini (sans borne), mais plus grand que l'Univers visible ;
- L'Univers est fini (sans borne), mais plus petit que l'Univers visible.

Sur base de tout ce que nous avons dit, nous étions arrivés à la deuxième déduction c'est-à-dire que l'Univers est fini (sans bornes) mais plus grand que l'Univers visible. C'est ce que l'astrophysicien J.-P. Luminet qualifie de l'hypersphère dans la même conférence. C'est la troisième leçon que nous avons tirée du Soleil.

Donc, notre choix a été dicté sur base de notre étude sur le Soleil et comme je l'ai dit, il est expliqué de la manière suivante par l'astrophysicien J.-P. Luminet :

« Ce qui est certain, c'est que si l'Univers est fini, il n'a pas de bord. Sinon, qu'y aurait-il au-delà du bord, sinon l'Univers lui-même » ? (Cf : futurascience.com/10 questions essentielles sur l'Univers/ le 19/08/2019).

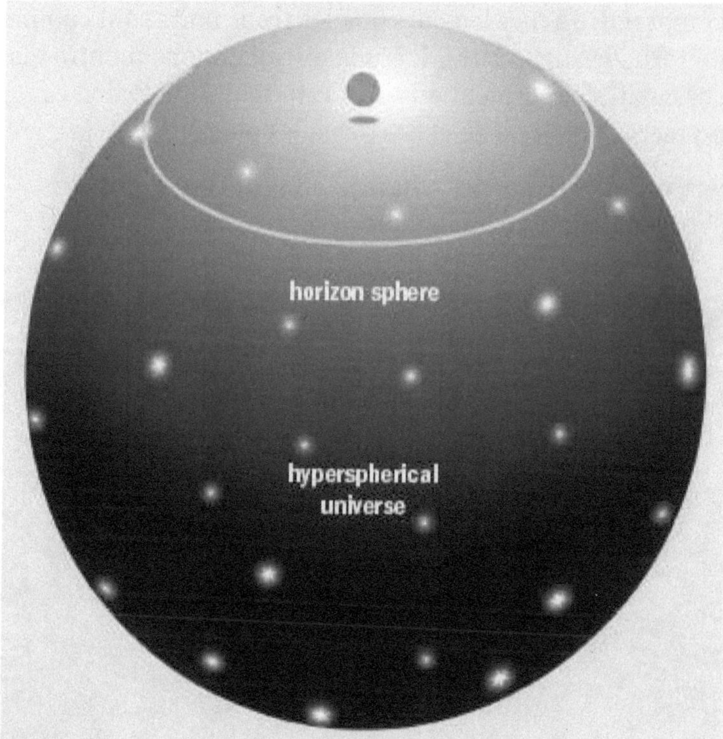

(Dans un Univers qui serait fini mais sans bord comme une hypersphère, l'Univers observable ne représente qu'un sous-ensemble délimité par un horizon cosmologique au-delà duquel on ne peut pas voir. © Domaine public). (Cf : *futura-sciences.com/buildsv6/images/mediumoriginal/d/e/7/de7da23f61_65821_Univers-jeanpierre-luminet.jpg).*

2.4. Les cavités dans le Soleil

J'ai aussi parlé des trous noirs créés par la rotation de l'Univers car généré par la différence des tours et des tensions à différentes échelles. Et puis, j'ai dit pour me faire comprendre à mes lecteurs que les trous noirs sont comme de tornade sur la terre. L'étude du soleil nous montre que ces cavités se forment aussi à l'intérieur du Soleil, à cause du même phénomène et des tornades plus gros que la terre.

Vue d'artiste du champ magnétique solaire. © Werner Heil, domaine public

(futurasciences.com/buildsv6/images/mediumoriginal/c/f/7/cf7b45f6_65457_soleil2fs.gif).

En effet, le corps solide ne se disloque pas lors de leur rotation. La différence de la vitesse de leur rotation à différentes altitudes est due à leur forme. Mais, les corps fluides, liquide ou gazeux, bien qu'ils soient maintenus unis par la gravitation, leur rotation est comme un courant d'eau à différentes échelles. Cela crée des frottements et généré des champs magnétiques. Et dans ces champs, il peut y avoir formation des bulles des gaz générant des phénomènes décrits ci-haut à savoir des tornades ou des tourbillons à l'intérieur. Ce sont ces bulles des gaz qui sont à la poussée des laves et qu'on constate, lors des éruptions volcaniques. Cela est confirmé par les observations à travers cette phrase :

« *Par ailleurs, l'intérieur du Soleil est en agitation constante : des bulles de gaz naissent à 200 000 kilomètres de profondeur et remontent à la surface ; quand elles éclatent, c'est comme si l'on écoutait la sortie de tuyaux d'orgue* ». (Cf : futurascience.com/10 questions essentielles sur l'Univers/ le 19/08/2019).

Dans le vide spatial, qui se comporte comme un fluide ou un plasma, cela génère des trous noirs, connu sous le nom des mini-trous noirs. **C'est la quatrième leçon** que nous pouvons tirer du Soleil.

2.5. Phénomènes électriques et autres dans le Soleil

Le soleil produit aussi les éruptions volcaniques se présentant sous forme de tempête solaire. C'est une projection de feu, provoquant l'éjection de la masse coronale et des éruptions solaires.

Les vagues terrestres, on le retrouve aussi dans la matière du Soleil appelé éjection de plasma. Et à l'intérieur du Soleil, on retrouve tous les phénomènes électriques naturels de l'Univers tel que la foudre et les éclairs, etc… Les astrophysiciens qui ont la connaissance des beaucoup des phénomènes mystérieux de l'Univers ont là un astre qui peut répondre à leurs attentes.

Étant composé des fluides, le Soleil a en lui les comportements de ce qui est visible comme un liquide et de ce qui invisible comme le vent (gaz). C'est ainsi Moïse à qualifier la matière originelle de l'eau, c'est-à-dire de fluide.

Donc, percer le mystère du Soleil, c'est faire son entrée dans le laboratoire naturel de l'Univers.

En conclusion, toutes les leçons tirées sur l'étude du Soleil font partie pour nous des causes qui expliquent toutes ces effets que nous venons de décrire. Et cela, à commencer par des lois de conservation jusqu'à la façon dont une zone de tourbillon peut se créer dans l'espace, et découvrir aussi comment l'espace devint un laboratoire à travers là où se créent des champs magnétiques.

Chapitre VIII
La physique de la création

Section 1
Le principe de la création

Le Principe de la création est une branche de l'enseignement du livre du Principe divin du Rév. Dr. Sun Myung Moon. Il constitue « le seul mode d'emploi de l'Univers » pour les hommes. Depuis la création, jusqu'à l'avènement du Rév. Dr. Sun Myung Moon, l'homme s'est retrouvé sans un vrai parent pouvant lui enseigner pourquoi l'Univers a été créé, quel était l'idéal de Dieu et pourquoi cet idéal n'a pas été atteint. En dehors du Principe de la création qui n'est exploité que dans cette collection, on retrouve dans le même livre du Principe divin, l'origine de la chute de l'homme et la providence de Dieu pour sa restauration. Nous exploiterons certains points dans d'autres livres

Donc, connaissant mieux l'Univers et ces principes, et pour pouvoir mieux l'expliquer aux savants sans utiliser des paraboles et des symbolismes, mais un langage scientifique approprié, le Rév. Dr. Sun Myung Moon était obligé de faire les études d'ingénierie au Japon. Ces déductions qui expliquent beaucoup mieux Dieu, l'origine de l'Univers et son éternité, se trouvent consignées dans le Principe de la création, chapitre du Principe Divin, ainsi que dans ses nombreuses œuvres. Et comme je l'ai dit, c'est sur base de ces œuvres que je suis arrivé à concevoir le Modèle Cosmologique Universel.

Tout comme la Bible et le Coran, le Principe de la Création, branche du Principe Divin est considéré par les adeptes de Rév. Dr. Sun Myung Moon comme étant une révélation de Dieu à leur maître. Nous devrons respecter leur point de vue et offrir aussi le même respect à leur message, que celui de la Bible et du Coran. Ainsi, plutôt que de parler de Principe de la création qui relève d'une connotation religieuse, nous avons sélectionné les points qui intéressent la physique théorique et l'avons baptisé la physique de la création. Cette dernière englobe aussi toutes les théories qui essayent de percer les mystères qui va du néant, du vide, jusqu'à la matière.

Dans le Principe de la création du Rév. Dr. Sun Myung Moon, nous avons trié quatre points qui feront partie de la « Physique de la Création », tout comme la physique quantique. Grâce à ces quatre points du Principe de la Création, plusieurs énigmes de l'Univers seront résolues par les scientifiques comme l'a dit Mme Moon dans un de ces récents discours :

« Si vous prenez ce qui est enseigné dans le Principe Divin et que vous commencez à l'appliquer dans les différents domaines, vous allez découvrir et être en mesure de pouvoir expliquer beaucoup des choses (mystères) ».

Il s'agit des points suivants :

– Les caractéristiques duelles de Dieu, qui explique le fonctionnement de l'Univers ;

– L'Énergie Première Universelle : qui décrit la source de l'énergie et son extension dans l'Univers ;

– La période de croissance des êtres créés, qui dévoile que les jours bibliques sont des périodes ;

– Le monde spirituel et le monde physique, dont le Rév. Dr. Sun Myung fut le seul à décrire les liens qui les unissent et qui forment les cosmos.

Tous ces contenus du Principe de la création sont synthétisés au Tome I et développés dans le livre du Principe divin. Je porte moi-même la responsabilité des jugements des écrits ou des versets sélectionnés. Ainsi, j'offre ces deux définitions :

– Le Modèle Cosmologique Universel est la restitution scientifique du récit de la création biblique. Son champ couvre à partir du moment où le récit de la création biblique parle d'une « terre informe et vide » signifiant l'Univers dès son origine, jusqu'à la dernière étape, qui est la création de l'homme et de la femme.

– La Physique de la Création, englobe toutes les branches de la physique ou toutes les pensées des physiciens, religieux ou philosophes qui ont raisonné sur le cheminement qui va du vide aux premières particules.

– La collection « Les Versets des Savants » quant à lui-même, étend son domaine d'action à partir d'un Univers vide jusqu'au second avènement du Christ.

Section 2
La mathématique céleste

La mathématique céleste provient de l'aboutissement de notre compréhension sur les Principes de la création, branche du livre du Principe Divin du Rév. Dr. Sun Myung Moon. Elle fait partie de la physique de la création, branche de la physique créée par moi et qui englobe tous les branches ou processus physiques se déroulant au moment où la terre était encore informe et vide selon la Bible, soit l'Univers primitif selon les termes scientifiques. Ces équations se résolvent différemment des équations mathématiques car, ici, il s'agit des entités et c'est ce qui est invisible en eux qui est mis en commun.

Par exemple :

– Dans les équations mathématiques normales : 1-1 = 0 ou nul

– Dans la mathématique céleste, 1-1 est inadéquat, parce que les entités ne contiennent pas le même nombre d'élément positif et négatif en leur sein. Par contre, leur soustraction crée un dysfonctionnement et non un anéantissement.

Ainsi, dans une union conjugale chrétienne, 1 + 1 doit aboutir à 1.

Étant donné que c'est une équation qui demande une part de responsabilité de la part des conjoints, ça se lit : delta 1 + delta 1 = 1

Dans cette équation, on vise ce qui est invisible à l'œil nu, comme les caractères. Les époux doivent s'efforcer d'unir leurs caractères afin que cela ne devienne pas la cause de séparation. Au contraire ils doivent tout le temps s'harmoniser pour garder 1 comme réponse. D'où la formule a + b = ab au lieu de a+b ; ce qui signifie 1+1=1.

Le verset de référence est : « *C'est pourquoi l'homme quittera son père et sa mère, et s'attachera à sa femme, et ils deviendront une seule chair* » (Ge. 2 :24).

– Dans le christianisme, on parle de Dieu le Père, Dieu le Fils et Dieu le Saint-Esprit. L'addition donne1 + 1 + 1 = 1.

La réponse 1 représente ce qui intérieure en eux à savoir Christ, d'où les versets « quiconque m'a vu, a vu le Père » (Jn 14 :9), « Moi et le Père, nous sommes un » (Jn 9 :10), « Je vous enverrai l'Esprit saint, il vous parlera de ce qui est à moi et vous dira des choses à venir » (Jn 14 :26).

Quand bien même leur addition donne 1, chacun est une individualité propre. D'où les versets bibliques : « *Jésus est assis à la droite du Père* » (Acte 7 : 56), « *mais afin que le monde sache que j'aime le Père, et que j'agis selon l'ordre que le Père m'a donné, levez-vous, partons d'ici* » (Jn 14 :31), « Mais *le consolateur, l'Esprit Saint, que le Père enverra en mon nom, vous enseignera toutes choses, et vous rappellera tout ce que je vous ai dit* » (Jn14 : 26). C'est pour dire que les gens ne doivent pas s'attendre à un consolateur à la physionomie de Jésus ou le Saint-Esprit qui inspire les pasteurs.

2.1. L'image de Dieu

La philosophie de la mathématique céleste nous donne **l'image de Dieu** assortie par la formule suivante :

<u>Dieu = Unité x Amour</u>

(Di = Un x Am)

Là où il y a l'unité avec un vrai amour constructif et noble, c'est là que Dieu se trouve.

Amour = Dieu/Unité

Selon la mathématique scientifique, elle se lit : Dieu divisé par l'Unité, mais dans la mathématique céleste, elle se lit « **Unité centrée sur Dieu** ».

Unité = Dieu/Amour

Selon la mathématique cela se lit Dieu divisé par l'Amour, mais dans la mathématique céleste, il se lit « **amour centré sur Dieu** ».

2.2. La forme extérieure de Dieu

Nous avons :
Divinité = In [(Ci .M) + (Po. Ne) + (Ms. Fe)]
In : Invisible
Ci : Caractéristique intérieure
M : masse
Po : positivité
Ne : négativité
Ms : Masculinité
Fe : féminité

Donc, toutes les formes extérieures et leurs attributs se trouvent contenus dans Dieu, mais d'une manière harmonieuse. L'harmonie ne peut être créée que par un tour parfait. Or, un tour parfait, est un tour dont la vitesse entre deux points est atteinte d'une manière presque simultanée. Cette vitesse, c'est le **In**. Cela est assorti par la phrase biblique « Dieu est partout et au même instant » (Mt 6 :18).

Or, pour être partout et au même instant dans l'Univers, il faut tourner à la vitesse de la dimension du cosmos par milliseconde. Telle est la valeur variante de **In**, étant donné qu'on ne connaît pas les limites de la dimension du cosmos.

Quelle est l'équivalence entre la vitesse de **In** et celle qui est assortie dans l'équation d'Albert Einstein de **E=mc2** ?

D'abord, ma compréhension d'**E=mc2** diffère de celle des physiciens. En lisant les différents manuels, j'ai découvert que la compréhension de cette formule est devenue comme un verset biblique, c'est-à-dire même si on connaît les composantes, il y a beaucoup d'interprétations pour sa compréhension par les physiciens théoriciens.

Dans le Modèle Cosmologique Universel, nous avons adopté cette formule comme étant la force transformatrice qui commence dans **In**, en passant par les énergies virtuelles dans un Univers vide (la terre était informe et vide) jusqu'à l'aboutissement de la masse. C'est cette dernière partie qui concerne le **E=mc2** qui est considéré comme la limite absolue en science.

Pour une illustration, nous avons dit dans la partie introductive que pour évaluer de grande distance, les astronomes ont pris comme référence la vitesse de la lumière dans le vide qui est d'environ 300,000 km/s soit 7 fois le tour de la terre en une seule seconde. C'est ainsi que l'apparition de la lumière nous semble toujours spontanée. D'après la relativité restreinte avons-nous dit, cette vitesse est une limite ne pouvant être dépassée par aucun objet possédant une masse.

Donc, si on plantait un piquet sans masse au centre de la terre en équateur, munie d'une aiguille de 6 380 km (qui est la moitié du diamètre équatoriale de la terre), et qu'on l'actionnait à la vitesse de la lumière, au bout d'une seconde, elle passera 7 fois sur chaque nation. Or, dans la formule « **Divinité=In [(Ci .M) + (Po.Ne) + (Ms.Fe)]** », c'est la valeur variante de **In** qui correspond à la vitesse simultanée pour atteindre le point le plus éloigné de l'Univers à partir de la terre.

La galaxie la plus éloignée de la terre découverte

jusqu'au moment où je rédigeais ce livre se nomme **GN-z11**. D'après le calcul fait par les astrophysiciens lors de sa découverte en mars 2016, sa lumière a voyagé 13,4 milliards d'années avant d'arriver jusqu'à nous. Sa distance réelle est estimée à 32 milliards d'années-lumière (**al**) de la Terre. (Cf : Wikipédia : GN-z11).

Or, **1 al =9.461** milliards de kilomètres. Ainsi, cette galaxie se trouve éloignée de la terre à 32 milliards x 9 461 milliards de kilomètres, ce qui donne **302.752 x 10^{18} km**.

Donc, pour le moment, c'est-à-dire pendant que nous écrivons ce livre, la valeur variante de « **In** » qui représente aussi la vitesse à laquelle Dieu tourne en tant qu'entité pour contrôler tout l'Univers **observable est de 302 752 x 10^{18}km/s**. Cette vitesse fait que Dieu soit omniprésent et en permanence sur tout l'univers

– Si la vitesse de 300,000 km/s représente 7 fois le tour de la terre et si nous la prenons comme référence, la vitesse **de 302.752x10^{18}** km/s représentera **302 752 x 10^{18}km/s x 7/300,000** km/s, ce qui donnera environ **7.064x10^{15}** fois le tour de la terre par seconde.

– Donc, en une journée, Dieu fait le tour en chacun de nous 7.064x10^{15} x 60 (1 minute) x 60 (1 heure) x 24 (1 jour) = **302.752x10^{18} tours par jour**.

C'est ainsi que Dieu est plus que présent en nous et rien ne lui échappe comme l'a confirmé Jésus-Christ par ces versets :

Mt 10 :29-30 « *Ne vend-on pas deux passereaux pour un sou ? Cependant, il n'en tombe pas un à Terre sans la volonté de votre Père. Et même vos cheveux sont tous comptés* ».

Entre **300.000 km/s** de la vitesse absolue de la lumière pour aboutir au résultat de **E=mc2** et **302.752 x 10^{18} km/s** pour aboutir à Dv = **In [(Ci .M) + (Po.Ne) + (Ms.Fe)]**, on peut voir le chemin parcouru pour passer du spirituel à un Univers vide. Au départ, moi-même, je ne savais pas qu'il y avait un grand gouffre en allant du spirituel au vide quantique.

Jusque-là, la science n'arrive même pas à atteindre la vitesse de 300.000 km/s dans le laboratoire d'accélération des particules pour comprendre l'Univers visible. Alors, au quantième siècle arrivera-t-elle à atteindre **302.752 x 10^{18} km/s** pour commencer à comprendre le passage des phénomènes spirituels aux phénomènes physiques ? Quelles sont les différentes étapes qui ont été traversées ? En plus, la valeur variante de **In** est évolutive au fur et à mesure que la vision de l'homme avance pour découvrir les frontières de l'Univers.

Nous avons dit que tout dans l'Univers a été engendré par un mouvement de **302.752 x 10^{18} km/s** selon la Bible version Jérusalem où est écrit « Un vent de Dieu se mouvait au-dessus des eaux » (Ge 1 :2). Scientifiquement parlant, ce mouvement fut plus tard caractérisé par la collision des particules, l'anéantissement et la fusion dégagèrent de plus en plus d'énergie, en créant des particules et antiparticules.

En effet, les scientifiques ont découvert qu'à toute particule est associé une antiparticule de même masse, mais de charge électrique opposée. Lorsqu'une particule entre en collision avec son antiparticule, leurs deux masses se transforment aussitôt en énergie qui se matérialisent en d'autres particules et antiparticules. Les cycles de collision continuent tout en créant des matières et des antimatières. Et au final la matière a fini par l'emporter.

Comme nous l'avons dit, la masse de la particule et son antiparticule, de la matière et son antimatière ne représente pas que des valeurs mathématiques peuvent s'anéantir, mais ce sont des entités dont ignorons comment ils se sont formés. Ainsi, dans leur collision, il se crée toujours quelque chose des différents qui a fait qu'au final à fait que la matière l'emporte sur l'antimatière. Cela explique ce que nous avons dit au début à savoir - Les équations des entités se résolvent différemment des équations mathématiques car, c'est ce qui est invisible en eux qui est mis en commun. Dans la mathématique céleste, 1-1 est inadéquat, parce que les entités ne contiennent pas le même nombre d'élément positif et négatif en leur sein. Par contre, leur soustraction crée un dysfonctionnement et non un anéantissement.

Actuellement la science cherche encore à comprendre comment les particules l'ont emporté sur les antiparticules et comment la matière l'a emporté sur l'antimatière. L'idéal de Dieu ou la volonté de Dieu n'exclut pas les explications scientifiques, et c'est à l'homme de le découvrir. Quant à nous, nous avons déjà apporté notre version littérale dans le point concernant les caractéristiques duales de Dieu au Tome I.

La collision étant toujours perpétuelle, provoquée par les propriétés inhérentes de la matière selon les caractéristiques duales de Dieu assorties dans la formule :

Divinité = **In [(Ci .M) + (Po.Ne) + (Ms.Fe)]**, a abouti à la formation énergétique qui a creusé la première déformation du tissu de l'espace-temps qualifiée d'abîme dans le schéma de la création biblique en Gé 1 :2 (il y avait les ténèbres dans la surface de l'abîme).

Le confinement de la matière originelle devenant de plus en plus dense dans ses mouvements perpétuels qualifiés bibliquement « *d'un vent de Dieu se mouvant au-dessus des eaux* », a occasionné de plus en plus le réchauffement. La chaleur dégagée a illuminé pour la première fois l'Univers d'avant big-bang, assortit par le verset biblique « *Et Dieu dit que la lumière soit et la lumière fut* » (Ge 1 :3). La densité devenant de plus en plus grande, empêchera même la lumière de s'échapper, et créa ce que la science appelle une déformation du tissu de l'espace-temps (abîme biblique).

Les partisans de la théorie des cordes parlent d'une étoile qui s'est effondrée dans un Univers tridimensionnel d'avant Big-Bang.

En effet, pour Albert Einstein dans la relativité générale, « toute *source d'énergie entraîne une déformation de l'espace-temps* » (Cf : Ir. MPANZU KIADI BABAKA et l'Ir. NIMI M., Travaux pratique de mécanique quantique : explication de la mécanique quantique, UPN – RDC- 2017, inédit).

Selon la relativité générale, l'espace est représenté non comme un gaz ou un vide mais plutôt comme un tissu en caoutchouc tendu. Ainsi, les objets dotés des masses sont comme des boules posées sur ce caoutchouc tout en le déformant.

Une partie de leur théorie rejoint néanmoins le schéma de la création biblique, restituée scientifiquement dans le Modèle Cosmologique Universel à savoir la formation d'une masse (eau biblique) qui se transformera, vue de loin, en une sorte d'étoile ou un brasier (et, la lumière fut), creusant un abîme dans le tissu de l'espace-temps appelé par les partisans d'un Univers avant Big-bang de trou noir.

Les trous noirs, que nous allons voir plus tard, sont comme des puits de l'espace-temps où tout ce qui s'en approche y tombe et ne peut en ressortir. Par ignorance de langage biblique, John Wheeler en 1967 le qualifia des trous noirs alors que c'est le mot abîme qui convient le mieux selon sa définition dans les glossaires bibliques à savoir : « un *Monde mystérieux de l'océan primitif, lieu des ténèbres et des puissances mauvaises, de la détresse et de la perdition.* »

L'Univers est-il issu du trou noir ? Pour certains savants, quand un trou noir est plein, il pourra soit expulsé son contenu, soit le vomir dans un trou de ver et, pour d'autres, l'Univers étant condensé à l'extrême, a connu une brusque expansion dénommée le Big-bang ou « la séparation des eaux d'avec les eaux » selon le schéma de la création biblique.

Le point commun pour tout le monde, c'est la reconnaissance du phénomène dénommé Big-bang par la science et la séparation des eaux d'avec les eaux dans la Bible. Les détails ont été décrits dans le Tome I.

2.3. La force intérieure de Dieu

La force intérieure de Dieu constitue la source de son éternité :

Dieu = Énergie Première Universelle

Le dynamisme de l'énergie au sein de Dieu crée à son sein la Force Première Universelle. La Force Première Universelle 'est la force fondamentale de Dieu, le Créateur. C'est aussi la force fondamentale de la création, la force dont Dieu dote chaque être ou chaque corps individuel de vérité lorsqu'il est créé comme objet substantiel de Dieu.

Ainsi, Dieu est à l'origine et la source de toutes les énergies. En provenant de Dieu, l'énergie possède déjà les caractères intérieurs divin.

Cela est appuyé par cette phrase du Principe de la création :

« *Selon la science moderne, toutes les particules constituant les atomes sont faites d'énergie. Pour que l'énergie forme des particules, elle doit posséder elle aussi une nature intérieure qui la conduit à prendre des formes spécifiques* ». (Cfr : Présentation du principe divin : éd. Culture et Paix, Paris, 2013, Pp 21-26).

Donc, La grande énigme scientifique n'est pas Dieu qui est une entité réelle, mais le passage de l'invisible (spirituel) ou du néant aux énergies virtuelles dans un Univers vide.

Nous avons dit au début qu'il y a une vitesse supérieure à la vitesse de la lumière, c'est la vitesse de la pensée. C'est pour cela que j'ai dit que pour les astrophysiciens, ce livre n'est pas à lire comme un roman car il s'agit des situations à partir desquelles on doit faire ressortir des bases mathématiques.

La formule d'Albert Einstein d'**E=mc2** (énergie = **mc** au carré) nous permet d'avoir les valeurs énergétiques. Cette formule explique déjà le comportement des éléments dans un Univers informe et vide. Mais pour qu'on en arrive là, on a comme formule de base originelle :

Divinité = **In [(Ci .M) + (Po.Ne) + (Ms.Fe)]**,

Cette formule explique l'addition des caractéristiques duelles de Dieu. En inversant chaque caractéristique duelle, on aboutit à la réponse qui fait que chaque couple s'est d'abord caractérisé entant qu'énergie sur base de la Force Première Universelle originelle qui est égale à la vitesse de rayonnement, ce dernier étant égal à la vitesse de la pensée.

La moindre diminution de cette vitesse permet la transformation de l'invisible à l'énergie visible (énergie virtuelle), ou ce que les religions ésotériques qualifient de charge. Donc, dans l'assertion : **Dieu = Énergie Première Universelle (EPU), c**ette force fut transmise au sein des entités par la phrase « Dieu souffla » dont l'homme a servi au sens figuré. Ainsi, au sein des entités, il se manifeste de la manière suivante :

Di = EPU
EPU = In(FPU)
In : Invisibilité
FPU : Force Première Universelle

Dans chaque entité ou être, on retrouve l'énergie de Dieu appelée l'énergie première Universelle. La Projection de ces entités les amène à s'unir selon l'origine et engendre ainsi entre eux une action de donner et recevoir. Celle-ci génère la force première Universelle. La force première Universelle, générée par l'action interne de donner et recevoir permettant à l'entité d'exister et d'être actif, tout en créant la diversification.

Tout ceci n'est qu'une partie des formules fondamentales, il appartient aux mathématiciens et aux physiciens de le développer et de l'enrichir après avoir compris le Principe de la Création, branche du chapitre du livre du Principe Divin du Rév. Dr. Sun Myung Moon.

2.4. La détermination des temps dans la période d'avant Big-bang

Comme nous l'avons dit, le point ultime marquant la séparation entre l'Univers d'avant Big-bang et d'après Big-bang fut le Big-bang. Pour calculer la durée des temps du Big-bang jusqu'à nos jours, les astrophysiciens se sont basés sur la distance qu'a parcourue la lumière de l'astre le plus éloigné jusqu'à nous, en prenant comme unité la vitesse de la lumière. Cela a donné comme résultat que le Big-bang ou « la séparation les eaux d'avec les eaux » selon les termes bibliques a eu lieu à environ 14 milliards d'années. Ce résultat semble être confirmé à ces jours par l'étude du rayonnement fossile.

Ainsi, on s'est servi d'une référence visible pour calculer la durée de l'Univers observable. Mais qu'en est-il pour la durer de temps de l'avant Big-bang, dont la science n'a pas encore approuvé son existence ?

Ici, le point le plus éloigné de l'Univers de l'avant Big-bang à l'Univers condensé à l'extrême, c'est le Big-bang. Pour l'Univers d'avant Big-bang, le Big-bang constitue l'instant final. Étant donné qu'il n'y a aucun point des références dans le commencement d'avant Big-bang selon qu'il écrit « *au commencement la terre était informe et vide* » (Ge 1 :1-2), c'est-à-dire un Univers où il n'y avait que le vide ou l'énergie, nous allons baser nos calculs sur le dernier phénomène que la science a découvert, à savoir le Big-bang témoignant l'existence de l'Univers condensé.

Selon la science, la température soupçonnée de l'Univers condensé frôlait les 10^{15} degrés. Celle-ci a été atteinte selon nous, pendant la déflation cosmique qui a commencé à partir du moment où l'Univers était encore informe et vide, jusqu'à sa condensation ou amenant ces énergies à se condenser. Ainsi, pour calculer la durée que ce temps a prise dans le Modèle Cosmologique Universel, je me suis basé sur les raisonnements ci-dessous, qui aux astrophysiciens d'y mettre les formules.

Notre inconnu, soit **X**, est le temps zéro caractérisé par une température initiale. La première valeur connue soit **Y**, c'est la température finale qui est d'environ 10^{15} degrés. La troisième valeur connue, c'est delta **Z** qui est la vitesse avec laquelle la déflation s'est déroulée pour condenser l'Univers, en l'amenant à atteindre la température maximale d'environ 10^{15} degrés.

Dans un Univers d'avant Big-bang informe et vide avons-nous dit, les choses se sont déroulées avec une vitesse décroissante en commençants par la vitesse divine de **302.752 x 10^{18}km/s**. Cette vitesse est tirée de notre formule ci-dessous représentant le In :

Divinité = In [(Ci .M) + (Po.Ne) + (Ms.Fe)]
In : Invisible
Ci : Caractéristique intérieur
M : masse
Po : positivité
Ne : négativité
Ms : Masculinité
Fe : féminité

Ainsi pour résoudre notre équation, nous avons les éléments suivants :

Y = 10^{15} degrés

ΔZ = 302.752 x 10 ^{18} km/s

X = ? Où temps des premières collisions énergétiques dans un Univers informe et vide.

La réponse de Moïse à cette équation est **1, c'est-à-dire** que cela a pris une journée biblique de **X à Y** (Ge 1 :5). À savoir qu'une journée biblique n'a rien à voir avec nos journées terrestres (2P 3 :8). Les astrophysiciens savent qu'il ne suffit pas seulement de prendre la calculatrice et de faire ressortir la réponse. Plusieurs facteurs doivent être pris en considération notamment, dans l'inflation cosmique, il y a eu une réduction des chaleurs causée par un Univers en expansion. Ici, connaissant **Y** qui est approximativement la valeur maximale, il y a une réduction des chaleurs en reculant de l'Univers condensé vers un Univers en déflation.

Dans la Bible il est écrit « Au commencement, Dieu créa les cieux et la terre » (Ge 1 :1). En effet, le cosmos a connu plusieurs cycles. Au départ, il n'y avait que la sphère céleste appelée cieux. Après plusieurs cycles, par la projection divine, caractérisée par des rayonnements, une partie des énergies spirituelles s'est mise à s'y densifier créant ainsi la sphère dénommée par Moïse « une terre informe et vide » ou l'Univers. La première collision ou fusion de ces énergies l'a rendu encore dense créa la première déformation du tissu de l'espace-temps ou l'axe sur laquelle tout se déverser. Moïse a qualifié cela de la mouvance d'un vent de Dieu sur les eaux dans l'abîme. Donc, la réponse à l'équation ci-dessus ne concerne pas le début de l'Univers mais le commencement des premières collisions dans la période d'avant Big-bang.

Jusque-là, c'est la science qui compliquait la Bible, mais,

qui savait qu'un jour la situation se retournerait contre les scientifiques ? Le schéma biblique de la création, rejeté jadis par la science, et restituait scientifiquement dans le Modèle Cosmologique Universel devint les cibles à atteindre par les savants pour la compréhension de l'Univers.

Pour le savant Italien Gabriele Veneziano, ce temps ne pourra être défini car l'univers nous vient d'un vide infini.

Section 3
Le monde quantique

Le monde quantique ou l'Univers quantique, c'est l'Univers de l'infiniment petit, non accessible aux communs de mortel, mais qui confirme aux savants les attributs de Dieu et cela à travers l'étude comportementale des particules. Les théories dites « quantiques » décrivent le comportement des atomes et des particules. Les scientifiques ont pu observer que le monde quantique (limité à *l'infiniment petit,* mais pouvant avoir des répercussions à une plus grande échelle) se comporte très différemment de l'environnement macroscopique auquel nous sommes habitués. C'est un monde milli-microscopique. Il fait l'objet de la mécanique quantique, branche de la physique quantique. Pour le Modèle Cosmologique Universel avons-nous dit, il fait partie avec les points tirés du Principe de la création, de la physique de la création.

3.1. Les caractéristiques duales de Dieu et la mécanique quantique

La mécanique quantique est la branche de la physique qui a pour objet d'étudier et de décrire les phénomènes fondamentaux à l'œuvre dans les systèmes physiques, plus particulièrement à l'échelle atomique et subatomique appelé communément échelle microscopique. Donc, elle est la théorie fondamentale des particules de matière constituant les objets de l'Univers et des champs de force animant ces objets. (Cfr : futura-sciences.com/sciences/definitions/physiquephysique-quantique-13197).

Le physicien américain Richard Feynman, disait à son propos : « *Si vous croyez comprendre la mécanique quantique, c'est que vous ne la comprenez pas* ». Et il n'hésitait pas à qualifier d'imbécile quiconque disait avoir maîtrisé cette science. Pour les savants, la mécanique quantique regorge de mystères, de surprises et de paradoxes qui les obligent à revoir la manière dont nous concevons la matière, et même la physique en général. Cela est dû au fait que la source de tout, « Dieu », a été négligée par la science.

En effet, plusieurs phénomènes étudiés et dévoilés par la mécanique quantique n'appartiennent pas à l'après Big-bang ; et là c'est moi qui le dis. La mécanique quantique constitue en fait la porte d'entrée de la transformation du spirituel en physique, c'est-à-dire dès que le mot terre fut prononcé pour la première fois dans la Bible à travers le verset « Au commencement, Dieu créa les cieux et la terre » (Ge 1 :1), une terre qui était encore informe et vide, c'est-à-dire l'Univers (Ge 1 : 2) a débuté. C'est à ce moment-là que les aspects de Dieu, rendus matériels dans l'Univers, ont commencé à revenir à l'unité selon l'aspect du Créateur, en créant ainsi la déflation cosmique qui a caractérisé l'Univers d'avant Big-bang.

C'est ainsi que les phénomènes étudiés dans la mécanique quantique, rendus possibles par un Univers en déflation et en condensation, ne collent pas avec celui étudié dans la relativité générale caractérisée par un Univers en inflation et en expansion.

Comme nous l'avons dit ci-haut, le prix Nobel Richard Feynman a eu l'honnêteté de déclarer que » *Tous ceux qui prétendent comprendre quelque chose à la théorie quantique – y compris les physiciens – sont des menteurs* ».

Le commentaire scientifique de cette citation est la suivante :

« *Cela signifie en clair que les mécanismes internes qui régissent le comportement des particules restent parfaitement inconnus. Même si l'approche statistique de la physique quantique permet des prévisions d'une précision extrême, elle ne reste qu'une manière extérieure et astucieuse de décrire les choses* ». *(Cf : zevengeur.wordpress.com/la-chromo-dynamique-quantique).*

Nous avons affirmé que ces mécanismes internes sont décrits dans le Principe de la création du Rév. Dr. Sun Myung Moon, mais non encore intégré en science parce que logé dans un livre religieux compte tenu de son statut. Les livres de la collection « Les Versets des Savants » sont les premiers à faire le pont entre les enseignements religieux et scientifiques et permettront désormais aux uns d'entrer et aux autres de sortir de l'ignorance.

Le Rév. Dr. Sun Myung Moon étant le premier à avoir fait ressortir ses caractéristiques physiques dans le Principe de la création, branche du livre du Principe divin, a rendu possible la compréhension des mystères de l'Univers, du moins pour les savants qui vont en maîtriser les explications. Dans son mouvement, le Principe de la création est enseigné à tous les membres, ce qui leur confère une compréhension plus vaste de l'Univers et du monde spirituel par rapport aux adeptes d'autres églises. Cela répond aux messages de Jésus Christ : « *si les invités ne viennent pas, appeler les passants pour qu'ils puissent bénéficier du festin* » (Mt 22 :8-10).

Moi je ne suis qu'un passant, les invités, ce sont les savants dans tous les domaines. Comme je l'ai dit, introduire une grande connaissance dans un livre sacré, c'est caché un trésor à l'humanité. Moi-même en tant que passant et membre de l'Église de l'Unification, je médite sur ce Principe depuis plus de trente ans, mais je n'ai pas encore acquis sa totale compréhension et c'est pour cela que je ne suis pas encore en mesure de l'exprimer parfaitement. Les physiciens théoriciens ont une avance pour sa compréhension par rapport aux théologiens et philosophes.

À travers l'enseignement du Rév. Dr. Sun Myung Moon, on comprend que plus les hommes avancent dans la compréhension de la vérité, plus cela permet encore à Dieu d'ouvrir le vase. À plusieurs reprises le Rév. Dr. Sun Myung Moon a réuni les savants en leur distribuant le livre du Principe divin, qui contient le Principe de la création. Mais ces derniers n'avaient jamais compris sa vraie intention. C'est comme les plus de cinq mille personnes que Jésus a nourries des pains (Mt 14 :21) ; ils ne le suivaient qu'à cause de cela (Jn 6 :26) au lieu de comprendre sa vraie mission.

À partir de la publication des livres de la collection « les Versets des savants », tous les livres dits sacrés, contenant la sagesse divine, seront maintenant lus d'une manière attentionnée même par les savants athées comme document de recherche, la foi n'intervenant que plus tard après la découverte de leur richesse.

Pour revenir à notre sujet, Dieu étant invisible, en physique, ses caractéristiques mathématiques ont été assorties par les penseurs de la mécanique quantique sans le savoir. Celle-ci se résume en plusieurs points qualifiés par D. Louapre des 7 merveilles de la mécanique quantique. (Cf :*sciencetonante.wordpress.com/2013/09/30/les-7-merveilles -de-la- mécanique-quantique*).

Tout ce qui est étudié dans la mécanique quantique trouve sa cause dans le prolongement de l'omniprésence de Dieu ; assortie par la formule :

Divinité = In [(Ci .M) + (Po.Ne) + (Ms.Fe)]

In = 302.752 x 10^{18}km/s : vitesse initiale à laquelle tout s'est déployé de Dieu.

La décomposition des éléments mis en évidence, pris d'une manière isolée, fait effectivement l'objet des découvertes en physique. Et leur comportement pour faire asseoir des théories constitue l'étude de la mécanique quantique. Avec tout ce qui est écrit ci-dessous, ce n'est pas que j'adapte la religion à la physique, mais c'est plutôt la découverte par la science physique de ce qui est dit en religion.

Voyons maintenant quelques grands points de la mécanique quantique qui témoignent de l'omniprésence de Dieu.

3.1.1. Le principe de superposition

Il est écrit dans la Bible que Dieu, étant invisible, sa perfection, sa puissance éternelle et sa divinité, se voient comme à l'œil nu, depuis la création du monde, quand on les considère dans ses ouvrages (Rm 1 :20). En d'autres termes, c'est dans l'étude de la création qu'on pouvait comprendre mathématiquement Dieu. Ainsi, dans le Principe de la création, le Rév. Dr. Sun Myung Moon a fait ressortir ces caractéristiques qui permettent désormais de comprendre les mystères de fonctionnement de l'Univers, puisque celui-ci fait partie de sa projection.

Nous avons dit que pour être simultanément partout dans l'Univers du centre à l'extrême, la vitesse divine (**In**) est d'environ **302.752 x 10^{18}km/s**. À cette vitesse, Dieu est présent partout et au même moment, et rien ne lui échappe. C'est n'est pas comme la vitesse de la lumière de 300.000 km/s qui, en provenance du soleil, met 8 minutes pour atteindre la terre et plusieurs milliards d'années si elle provient des étoiles très éloignées. Or, la vitesse divine rend simultanément Dieu présent partout dans l'Univers.

Quand on regarde les choses au quotidien, y compris les êtres vivants, chacun occupe une position précise même s'il est en mouvement. À un instant donné, on se retrouve dans un état bien défini. C'est de la mécanique dite « classique », c'est-à-dire celle des objets normaux.

Il n'en est pas de même avec les objets microscopiques qui subissent les caractéristiques duales de Dieu. Contrairement aux autres objets normaux, une particule microscopique peut être dans un mélange de plusieurs états. Par exemple, selon les observations, quand un électron tourne autour d'un proton, il est sur tous les points de son orbite à la fois.

Pour désigner le fait qu'en mécanique quantique, les objets peuvent être dans plusieurs états à la fois, on parle du principe de superposition. Cela reflète l'un des attributs divins appelé « l'omniprésence »; c'est-à-dire Dieu est doué de l'aptitude à se trouver partout en même temps. Il peut être actif pour l'un appelé état vivant et passif pour l'autre appelé état mort. Dieu étant invisible, c'est plutôt la personne séparée de lui qui se retrouve dans un état mort tout en étant vivant. D'où le verset biblique *« laisse les morts (ceux qui sont envie, mais séparé de Dieu ou mort spirituel) enterrer leur mort (mort naturelle) »* (Mt 8 :22). Cette caractéristique est reconnue dans la mécanique quantique à travers l'exemple du fameux **chat de Schrödinger**, ce chat « fictif » qui serait à la fois mort et vivant.

Ainsi la présence active de Dieu dans les individus faisant des uns des personnes vivantes et des autres des personnes mortes; principe qui peut être annoté dans l'astrothéologie par le symbolisme de :

|Individu> = | Mort > + | Vivant >

En effet pour décrire les deux états simultanément, c'est-à-dire qu'une personne peut se retrouver à la fois morte pour Dieu et vivante pour le monde, les physiciens ont inventé deux sortes de crochets comme celui-ci «

$| \rangle$

», et, pour superposer des états, ils les additionnent.

Pour parler un peu de l'astrothéologie, ce n'est pas seulement en mécanique quantique où le chat de Schrödinger peut être décrit comme étant simultanément mort et vivant. Etant donné que l'univers est encore sous l'emprise du mal, c'est toutes les créatures qui se retrouvent physiquement dans un état mort tout en étant vivant (Rm 8 :22-23).

Pour passer d'un état à l'autre, cela est décrit dans le Principe de la résurrection, branche du livre du Principe divin du Rév. Dr. Sun Myung Moon. Pour le paraphraser, la résurrection que les gens attendent à tort comme un retour physique à la vie et comme une montée dans les nuées, n'est que l'accomplissement du but de la création que tout individu est appelé à atteindre tel que décrit dans le Principe de la création, contenu dans le même livre. Lisons les versets mentionnés ci-dessus :

Mt 4 :8-9 « *Le diable transporta encore Jésus sur une montagne très élevée, lui montra tous les royaumes du monde et leur gloire, et lui dit : Je te donnerai toutes ces choses, si tu te prosternes et m'adores* »

Rm 8 : 22-23 « *Or, nous savons que, jusqu'à ce jour, la création tout entière soupire et souffre des douleurs de l'enfantement. Et ce n'est pas elle seulement mais nous aussi, qui avons les prémices de l'Esprit nous soupirons en nous-mêmes, en attendant l'adoption, la rédemption de notre corps »*.

Nous en reviendrons dans le Tome V pour plus d'amples explications, ce Tome étant réservé plutôt pour la science.

L'omniprésence de Dieu se reflétant dans le principe de la superposition des états en physique, caractérise toutes les étrangetés des phénomènes découvertes dans la mécanique quantique dont nous avons dit dans le Modèle Cosmologique Universel que ça fait partie de la Physique de la création, c'est-à-dire d'une physique d'avant Big-bang même si leurs auteurs n'en étaient pas conscients.

3.1.2. L'indéterminisme de la mesure

Jusque-là, nous avons parlé de la vitesse d'environ **302.752 x 10^{18}km/s** de l'énergie de Dieu, pour qu'Il soit permanent sur tout l'Univers. Toutefois, ce résultat de la mesure est probabiliste d'autant plus que nous nous sommes référés à l'astre le plus éloigné découvert jusque-là. Si un jour la science découvrait encore plus, cela serait de nature à changer la donne mais ne modifierait en rien nos formules. En plus, Dieu est spirituel et on ne peut lui donner des valeurs physiques avec précision ; c'est l'indéterminisme de la mesure.

Néanmoins, cela nous permet de comprendre ce qu'a été à l'origine, la vitesse des rayonnements des particules virtuelles provoquant des collisions énergétiques, jusqu'à aboutir aux particules réelles comme nous pouvons le lire : « *Au début, le rayonnement est si intense qu'il possède l'énergie nécessaire pour matérialiser tous les couples particule/antiparticules possibles, qui s'annihilent aussitôt, ou qu'il détruit immédiatement.* » écrit André Brahic dans « Sciences de la terre et de l'Univers ».

Cette déflation d'avant Big-bang, qui offrait de l'énergie aux particules virtuelles, a fini par engendrer suite au confinement des particules réelles, la première lumière. Ces trois grandes étapes d'avant Big-bang que nous avons expliqué en détail dans le Tome I sont contenues par ces versets bibliques : « *La terre était informe et vide... Un vent de Dieu se mouvant au-dessus des eaux... Et la lumière fut* ». (Ge 1 :2-3).

Cette vitesse initiale de déflation qui se dégradait au fur et à mesure de la condensation de l'Univers a connu un rebond lors du Big-bang. C'est ce que confirme la science avec des observations selon lesquelles l'inflation s'est faite avec une vitesse qui dépasse celle de la lumière. Et même certaines hypothèses affirment que la vitesse de l'expansion actuelle de l'Univers serait supérieure à la vitesse de la lumière.

Ainsi, commencé à **302.752 x 10^{18}km/s** lors de la déflation dans la période d'avant Big-bang, on comprend pourquoi la physique actuelle n'arrive pas à expliquer la différence de vitesse entre l'inflation au début et l'expansion actuelle de l'Univers, le jugeant trop rapide comme nous pouvons le lire :

« Cependant, depuis quelques années, un problème ennuie particulièrement les physiciens : l'accélération de l'expansion de l'Univers est bien plus rapide qu'elle ne devrait l'être ». (Cf : trustmyscience.com/expansion-Univers-acceleration-trop -rapide-pour-etre-expliquee-par-laphysique-actuelle, par Thomas Boisson, le 26/02/2018).

En revenant sur notre exemple de l'électron qui peut être présent partout autour du proton, les physiciens ont découvert que chaque fois qu'ils calculaient sa vitesse, cela changeait ou parfois se répétait. Cela est noté par le signe :

Électron> = |1000 km/h > + |2000 km/h >

Ce qui veut dire qu'en mesurant la vitesse de l'électron, on va trouver soit l'un (1000 km/h), soit l'autre (2000 km/h), mais qu'il n'existe aucun moyen de savoir à l'avance lequel.

D'après D. Louapre dans le documentaire scientifique **« les 7 merveilles de la mécanique quantique »**, ces résultats ont apporté une révolution conceptuelle incroyable en physique. Les Physiciens ont longtemps supposé que la nature était déterministe : si on refait deux fois exactement la même expérience (en principe), on retrouve deux fois le même résultat. Mais, en physique quantique qui est la porte d'entrée de la transformation du spirituel en physique, les résultats ne se comportent pas de la même manière.

Selon le physicien Danois Niels Bohr, il existe un indéterminisme fondamental qui fait que les résultats des mesures dépendent du hasard, d'une manière qu'il est impossible de prévoir. Sa réflexion n'a pas plu à Albert Einstein qui lui a répliqué que *« Dieu ne joue pas aux dés »* voulant dire par là selon nous, qu'à chaque chose de la création est assignée une valeur selon le but à atteindre. Mais la physique ne pouvant interroger l'âme, ne peut évoquer que le hasard.

Par exemple, un joueur qui tire le ballon dans le bois adverse a 30 m, ne déploiera pas la même énergie que s'il le remet à son gardien situé à la même distance ou qu'il le passe à son coéquipier. Nous voulons dire par là qu'il y a un but assigné à tout et confirmons le dicton d'Albert Einstein que *« Dieu ne joue pas au dès »*. Dans le Principe de la création du Rév. Dr. Sun Myung Moon, ceci est développé dans le point concernant l'action de donner et recevoir. (Cfr : Le Principe divin, niveau 4, Pp 19-21).

Bien sûr quand une particule se retrouve isolée pour une expérience, à la recherche de son but, ses résultats à mesurer se retrouveront aussi modifiés par rapport à une particule errant dans la nature. C'est pour cela qu'on parle de l'indéterminisme de la mesure pour les éléments quantiques.

3.1.3. La dualité onde-corpuscule

L'une des questions que je me posais est : « comment est-on parti du rayonnement divin à la matière? » Les physiciens ont raisonné à cela en tenant compte de la lumière, car pour eux tout a commencé par le Big-bang. Le Big-bang est reconnu bibliquement par la phrase « la séparation des eaux d'avec les eaux » (Gn 1 :6) qui a lieu au second jour ou à la seconde période, confirmant que ce n'était pas le commencement de l'univers. Donc, il y a eu effectivement un premier jour très mouvementé aussi résumé par le verset biblique « un vent de Dieu se mouvait au-dessus des eaux » (Ge 1 :2).

Nous avons dit que le coefficient de la vitesse divine que nous avons mis en nous basant sur les calculs, était relié à la probabilité de trouver Dieu à chaque endroit de l'Univers, connu sous le nom théologique de l'omniprésence de Dieu. Transmise au rayonnement, celle-ci s'est alourdie pour générer des particules ponctuelles avec les caractéristiques duales de Dieu, d'où elles sont émanées, et qui seront transmises plus tard à la matière. D'où les objets ponctuels selon David Louapre dans le documentaire « **la mécanique quantique en 7 idées** » se comportent au niveau microscopique comme des ondes c'est-à-dire qu'ils sont partout à la fois.

Cette idée que les ondes étaient déjà la matière avait été introduite au début du XXe siècle par plusieurs chercheurs, dont le physicien français Louis De Broglie. Ce dernier a notamment proposé l'idée de la dualité onde-corpuscule : les particules peuvent suivre les circonstances, et se comporter soit comme des particules, soit comme des ondes. Cette idée a permis de mettre un terme à la nature de la lumière, c'est-à-dire qu'elle est faite d'ondes électromagnétiques et de photons.

Comme je l'ai dit, les physiciens du XXe siècle ont pris la lumière comme référence, appliquant sans le savoir le verset biblique qui dit que « ce qui est invisible dans Dieu, peut être reconnu dans l'étude de ce qui est visible » (Rm 1 :20). Voilà pourquoi je prône l'astrothéologie qui fera entrer la science dans une nouvelle phase avec le Principe de la création du Rév. Dr. Sun Myung Moon comme coefficient de référence, car il n'a pas eu le temps mathématique de développer ses idées tout comme Moïse ; la providence de Dieu oblige.

Ces deux hommes de Dieu ont posé toutes les bases pour le développement de l'astrothéologie. Donc, les savants se sont basés sur l'étude de la lumière, mais nous, nous sommes basés sur l'origine en parlant des rayonnements.

3.1.4. L'effet tunnel

L'un des attributs de Dieu est qu'il n'a pas de barrières ; Il transcende le temps et l'espace. Nos barrières physiques ne sont rien pour Lui. Il sonde même nos pensées et nos cœurs (selon le sens religieux) comme en atteste ce verset :

Mt 6 :6 Mais *quand tu pries, entre dans ta chambre, ferme ta porte, et prie ton Père qui est là dans le lieu secret ; et ton Père, qui voit dans le secret, te le rendra.*

L'Univers étant la projection divine, cet attribut est conservé par certains rayonnements et éléments microscopiques, faisant l'objet d'étude en mécanique quantique. Si Dieu est global, mais à chaque individu, il devient un Dieu personnel connu sous le nom de Père.

Mt 23 :9 Et *n'appelez personne sur la terre votre père; car un seul est votre Père, celui qui est dans les cieux.*

Cette caractéristique acquise par certains éléments physiques microscopiques dont une tranche peut transcender une barrière et se retrouver de l'autre côté, est appelée effet tunnel. Il y a encore certains éléments qui nous transcendent à chaque seconde comme si nous n'existions même pas; c'est le cas de neutrino. Tout ceci fait encore de Dieu le créateur, le géniteur et le projecteur de toute chose. Chaque chose de l'Univers revêt au moins une de ces caractéristiques telles que décrites dans le Principe de la création du Rév. Dr. Sun Myung Moon.

L'effet tunnel fait partie des choses qui se produisent dans le monde quantique, mais pas dans le monde macroscopique. La science s'est servie de sa théorie par exemple pour faire des microscopes dits « microscopes à effet tunnel », qui permettent de voir et manipuler les atomes.

3.1.5. L'intégrale de chemin

Les croyants ont parfois les endroits spéciaux de méditation, or, Dieu transcende le temps et l'espace. Il ne suit pas un chemin précis pour nous atteindre et aucune barrière ne peut l'arrêter. Comme stipulé dans l'effet tunnel, il n'a aucune barrière.

Cette caractéristique acquise par les éléments microscopiques fait qu'en mécanique quantique, lorsqu'une particule quantique va d'un point à un autre, elle passe par tous les chemins possibles qui relient ces deux points. Cela est démontré par plusieurs diagrammes de Feynman que les astrophysiciens connaissent mieux. Cette approche est connue scientifiquement sous le terme d'intégrale de chemin.

3.1.6. La téléportation

La téléportation est l'échange d'information d'une manière presque instantanée sans l'utilisation de la voix, des gestes ou d'outils extérieurs. Ils ne se limitent pas aux pensées seulement, mais couvrent tous les domaines psychiques tels que sentiments, douleurs, appréhensions, etc.

À travers la mécanique quantique, les savants commencent à expliquer, en se basant sur le comportement des particules, ce qui auparavant faisait partie du psychisme. Cela les éloigne de la religion et de la philosophie, mais pour nous c'est le contraire, d'autant plus que c'est Dieu qui en est le créateur et a doté l'homme de toutes les capacités dès par sa création.

En effet, pour le physicien Français Claude Sarrailh, *« les particules élémentaires qui sont les vecteurs de l'action n'ont pas de problème avec le temps (le passé, le futur). Avant d'interagir elles sont partout dans l'espace-temps, et le temps pour elles, ne passe pas… Rappelons-nous que nous ne sommes faits que d'atomes où tournent autour des électrons dont on ne sait pas avant de les observer où ils sont (ils n'ont pas de réalité physique) ; Et ces électrons ont ce pouvoir d'aller dans le futur et de revenir instantanément dans l'instant présent, puisque avant de les observer ils étaient dans tout l'espace-temps, sans contrainte liée au temps terrestre car pour eux le temps n'est pas passé »*. (Cf : Claude Sarrailh, Le secret de la vie, édit LIBRINOVA, Paris 2018, Pp 95-100).

En plus, il a été observé par les savants que l'état des atomes intriqués (une notion très compliquée pour expliquer dans un livre de littérature) change plus vite que le temps qu'il faut aux rayons laser pour atteindre un objet, c'est-à-dire plus vite que la vitesse de la lumière. C'est ce qui justifie pour nous, du point de vie physique, cette caractéristique de la déportation instantanée.

Beaucoup ont déjà fait l'expérience de la téléportation. Par exemple, le fait d'être attiré ou concentré par une personne dans une assemblée fait que cette dernière se tourne vers toi ou te remarque aussi.

Souvent dans l'enfance, dès que j'ai pensé à une chanson en écoutant la radio, celle-ci se jouait dans les minutes qui suivent. Cela traduit l'expression populaire « *Quand on parle du loup, on en voit la queue* », qui se dit lorsqu'une personne surgit au moment où l'on parle d'elle. Dans certaines sectes ésotériques, on trouve ces exercices des téléportations. Et les adeptes de ces genres de sectes influencent de loin certains événements.

L'une des règles d'or de la filature est qu'on ne doit penser à la personne qu'on file, sinon il va commencer à se tourner de temps en temps vers vous et qu'il peut même se sentir filé. C'est ce qui se passe aussi quand on file une fille pour l'aborder, ou si on se concentre sur elle dans un café. Il y a fort probable qu'elle se tourne vers vous et vous remarque avant même que vous puissiez lui adresser la parole.

En effet, les filles possèdent en elles des sens intuitives très profond par rapport aux hommes. J'ai dû moi-même expérimenter tout ce que je viens de décrire, mais, à ce moment-là, je ne savais pas que cela s'appelait la téléportation. Je ne savais pas non plus que ces phénomènes sont expliqués dans la mécanique quantique.

La mécanique quantique empiétant sur la philosophie et la religion, un chercheur a écrit ceci :

« *On a l'impression que la mécanique quantique justifie des théories philosophiques considérées comme bizarres par la plupart des scientifiques, allant de formes radicales d'idéalisme jusqu'au mysticisme* ». (Cf; Jean Bricmon, La mécanique quantique pour non-physiciens, B-1348

Louvain-la-Neuve, Belgium).

Dans le point concernant la notion de temps au Tome I, j'avais dit qu'il y a des vitesses qui sont supérieures à la vitesse de la lumière et la mécanique quantique me donne raison. En plus, cela démontre aussi que la vitesse d'invisibilité divine **de 302.752 x 10^{18}km/s** n'est pas un leurre et j'ai démontré avec des calculs simples comment cela a été obtenu.

Comme on le voit, toutes les caractéristiques découvertes dans les objets faisant d'étude de la mécanique quantique, nous dévoile l'omniprésence de Dieu par leur comportement. D'où nous tirons les conclusions suivantes :

– La réalité quantique est différente de notre réalité. À l'échelle quantique, la nature fonctionne selon des règles mystérieuses, avec des particules reflétant les attributs de Dieu. C'est une réalité qui est issue d'avant Big-bang ou la période d'avant « la séparation des eaux d'avec les eaux » selon la Bible, quand l'Univers était en déflation. Cette réalité fait que la mécanique quantique ne peut s'unir avec la relativité générale dans une théorie de Tout sans la prise en compte de ce paramètre.

– En plus, le principe d'intrication, branche de la mécanique quantique confirme aux physiciens sans le savoir les écrits bibliques, coraniques et le Principe divin qui font de Dieu l'origine de tout. En effet à travers ce principe, les savants ont découvert que nous sommes tous unis et non séparés selon les apparences et cela contredit la théorie de l'évolution de Charles Darwin. (Cf : documentaire « **Physique quantique pour les nuls** »).

- Tout comme dans la Bible, beaucoup des phénomènes découverts dans le monde quantique font encore objet d'interprétation.

Dans Rm 1.20, on nous dit que « les *perfections invisibles de Dieu, sa puissance éternelle et sa divinité, se voient comme à l'œil nu, depuis la création du monde, quand on les considère dans ses ouvrages. Ils sont donc inexcusables ».* La science en entrant dans l'infiniment petit dans la branche de la physique, n'a cessé de découvrir des choses qui ne peuvent que confirmer les caractéristiques divines. Donc, chaque fois qu'un physicien découvre un des attributs divins à travers les créatures, il impose son nom en y émettant une théorie. Mais, il y a encore beaucoup à découvrir.

Ainsi, les objets quantiques qui font la conjonction entre Dieu et les objets macroscopiques gardent ces caractéristiques, même si c'est en décroissant comme quand on canalise un électron et qu'on l'observe.

3.1.7. L'intrication quantique

L'intrication quantique peut être comprise comme étant la téléportation au niveau microscopique. Selon la mécanique quantique, deux particules sont intriquées lorsqu'elles ont une histoire commune, ici, nous pouvons même dire que lorsqu'ils sont issus d'un même atome. L'intrication veut dire que, quelle que soit la distance qui les sépare, leur comportement se fait de manière identique. Une modification sur l'une d'elles, entraîne d'une manière simultanée, un changement sur l'autre.

Pour Blandine Pluchet, l'expérience constatée lors de la démonstration sur l'intrication à l'année 2000 a remis en cause le principe de causalité (qui dit que la cause précède toujours l'effet) car cette dernière est dépendante du temps qui s'écoule. (Cf : Blandine Plucher, la physique quantique pour les nuls, éd. First, Paris 2018, p. 139).

Comme on le voit, cette constatation confirme notre théorie de la vitesse d'invisibilité divine **de 302.752 x 10^{18}km/s**, qui fait que Dieu soit partout et au même instant. Et, comme nous l'avons aussi dit, les phénomènes quantiques ne confirment que les caractéristiques duales de Dieu.

Étant donné que tous les hommes viennent d'une source unique, qui est Dieu, selon qu'il est écrit « *Puis Dieu dit : Faisons l'homme à notre image, selon notre ressemblance* » (Ge 1 :26), il s'avère que les phénomènes d'intrication quantique que nous appelons la téléportation au niveau macroscopique sont beaucoup plus expérimentés au quotidien par les couples mariés.

Ge 1 : 27 *Dieu créa l'homme à son image, il le créa à l'image de Dieu, il créa l'homme et la femme.*

À travers ce verset, on voit que l'image d'un Dieu unique est formée par le couple marié homme femme et non les célibataires, quelle que soit la raison.

Chapitre IX
Les pensées classiques

Section 1
Généralités

Les termes pensés classiques nous viennent de l'histoire économique. C'est Karl Marx (1818-1883) qui inventa le terme *classique* en opposant les économistes classiques aux économistes vulgaires. Les classiques étant ceux qui ont cherché à déterminer l'origine de la valeur.

En cosmologie par contre, ce qui différencie les deux écoles, entre les vulgaires et les classiques, c'est l'introduction des instruments d'observation et de la mathématique qui permettent désormais de fonder ses pensées. Donc, c'est une démarcation entre ceux qui se sont basés seulement sur la philosophie jusqu'à l'introduction des instruments d'observation soit au XVIIe siècle par Galilée. Cela marqua désormais le début des pensées classiques quoiqu'on associe l'astronome polonais Nicolas Copernic (1473-1543) qui mit fin au XVIe siècle à la pensée qui définissait l'Univers comme un ensemble géocentrique dans lequel le point central est la Terre, stationnaire et sans mouvement, autour de laquelle tourne un certain nombre de sphères. (Cf : https ://www.astrofiles.net/astronomie-nicolascopernic).

En raisonnant en fonction de Système solaire, Nicolas Copernic émettra l'idée de l'héliocentrisme c'est-à-dire le Soleil est au centre, la terre et tous les astres tournant autour de lui. À noter qu'à ce moment-là, les raisonnements sur l'Univers s'arrêtaient autour des étoiles visibles à l'œil nu. Donc, selon la science, c'est cette pensée, qui mettant fin au géocentrisme qui est considéré comme le début des pensées classiques.

Donc, les théories se sont succédé au cours de l'histoire

pour tenter d'expliquer la formation et l'évolution de l'Univers. On les appelle les théories cosmologiques. Certaines théories, que l'on sait aujourd'hui fausses, sont restées en vigueur pendant plusieurs siècles. Aussi faut-il toujours garder à l'esprit qu'une théorie, aussi séduisante soit-elle, n'est qu'un modèle, qu'une possibilité parmi d'autres.

Il faut dire qu'à partir du XVIIe siècle, les astronomes ont commencé par ignorer les modèles philosophiques, en se basant sur les instruments. De l'astronome polonais Nicolas Copernic (1473-1543) au savant italien Galilée qui fut le premier a exploité la lunette astronomique en 1609, l'astronomie a pris un nouveau tournant mais sans s'affranchir des idées de l'Église. Le vrai élan fut pris au XXe siècle où des nouvelles disciplines au jugement réaliste commencèrent à s'intéresser à la cosmologie, dont la mathématique et la physique. Ceci donnant naissance à l'astrophysique où ceux qui l'étudient, détiennent à ces jours le monopole pour émettre les théories sur l'Univers.

Leurs théories et jugement donnant naissance à plusieurs branches de la physique classique pour expliquer l'Univers, c'est-à-dire des théories dont le jugement cosmologique et autres descriptions des phénomènes naturels sont bâtis non plus sur la philosophie, ni la théologie ou la métaphysique, mais, des théorèmes qu'on pourrait démontrer et des prédictions en remplacement des prophéties.

Parmi ces branches, nous avons la physique quantique qui est l'appellation générale d'un ensemble de théories physiques nées au XXe siècle qui, comme la théorie de la relativité, marque une rupture avec ce que l'on appelle maintenant la physique classique, qui regroupe par définition les théories et principes physiques connus au XIXe siècle. Ainsi toutes pensées cosmologiques sont désormais validées par la physique quantique.

La pluralité des pensées, des théories, et des théorèmes a donné naissance à plusieurs modèles cosmologiques.

Mais, pour nous le seul vrai modèle sur l'Univers est celle qui vient du Créateur qui est Dieu. Cette déclaration qui était une croyance au départ, est devenue réelle grâce au Modèle Cosmologique Universel. Jamais un astrophysicien ne créera quelque chose pour aller asperger dans l'Univers en vue de changer ses lois naturelles. Tout ce que les savants sont en train de découvrir, ce sont les effets de ce qui s'est passé dès le moment où le mouvement de l'Univers (rotation des particules originelles) a été amorcé dans l'avant Big-bang, qualifié de premier jour par la Bible. D'où, pour nous, les religieux ont aussi leur mot à dire à travers une science plus réaliste, combinant la foi et les mathématiques que nous appelons l'astrothéologie.

En finalité, nous pouvons dire que l'Univers n'a pas commencé par deux ou plusieurs modèles. La vérité est que l'Univers n'a commencé que par un seul modèle ; le Modèle biblique qui constitue le fondement du Modèle Cosmologique Universel.

Tous les modèles cosmologiques d'aujourd'hui et qui viendront après, ne sont que des balbutiements. Quand on voit un enfant macrocéphalie, les uns peuvent dire que sa mère l'a conçu par césarienne, d'autres diront que le médecin a pratiqué une grande épisiotomie. Mais qui peut réellement dire comment cet enfant est venu au monde avec une seule version ? Ce n'est que sa mère si elle est vivante ; dans le cas contraire c'est le médecin ou les témoins. Et, si ces derniers ne sont pas là, il y a les documents hospitaliers.

Pour un cas concret, un jour on a posé à ma mère la question « pourquoi ton enfant est toujours solitaire » ? Elle a répondu : « il ne voulait même pas naître, il a fait onze mois dans le ventre ». Les autres pouvaient spéculer, mais, elle avait sa propre explication.

Pour le cosmos dont DIEU est le géniteur, malgré notre séparation et ruptures de communication avec Lui à cause de nos péchés, nous avons néanmoins la chance d'avoir un document hospitalier qui nous parle de sa naissance et accessible à tous ; c'est la Bible. L'histoire de la création contenue dans la Bible n'est pas écrite par un prophète qui recevait des révélations comme nous, qu'on peut mettre en doute, mais par quelqu'un auquel il est écrit de lui :

Ge 33 : 11 « *L'Éternel parlait avec Moïse face à face, comme un homme parle à son ami* ».

Même Jésus-Christ fut cloué sur la croix pour avoir osé selon les Juifs, contredire les lois qu'à laisser Moïse. Ceux qui veulent comprendre plus sur Moïse n'ont qu'à lire le cinquième tome de la collection « Les versets des savants ». Donc, je disais que le cosmos n'est né que par un seul modèle qui est l'histoire de la création contenue dans les chapitres un et deux de la Genèse dans la Bible, écrit par Moïse et commenté par d'autres prophètes dans d'autres livres.

Quand Dieu m'est apparu en 2012, je ne sais pas si on pouvait appeler ça songe ou vision, mais il me réveilla pour me dire que je change la phrase que j'avais écrit la même nuit à savoir « désormais, le modèle biblique doit aussi être pris en considération comme tous les autres modèles scientifiques ». Dieu me donna l'injonction d'effacer cette phrase et de la remplacer par *« tout le monde doit s'inspirer du schéma de la création biblique ».* Ce fut un grand encouragement pour moi de voir le Dieu de huit milliards des personnes dans l'humanité selon les statistiques de 2020, m'apparaître personnellement pour me donner une injonction, bien que je doive me débrouiller moi-même pour le prouver aux savants.

Les découvertes que je faisais, me plongeaient dans la joie et parfois au désespoir si la science n'est pas encore aboutie à ces résultats. Ainsi, j'assume l'entière responsabilité de toutes les imperfections d'idées qui sont contenues dans cet ouvrage. Toutefois, je sais que mes lecteurs me lisent pour comprendre l'Univers et non pour me juger.

Étant donné que nul n'a le monopole de la vérité et de la science et que Dieu nous traite tous d'une manière égale, je considère de mon côté les autres modèles comme des fondements pour enrichir et expliquer le modèle biblique. Ma contribution à moi, c'est le Modèle Cosmologique Universel.

Ainsi, nous allons confronter plusieurs pensées classiques en cosmologie et modèles avec le Modèle Cosmologique Universel dans ce chapitre, pour que les astrophysiciens révolutionnaires puissent faire jaillir la lumière. Pourquoi les astrophysiciens révolutionnaires? Parce que pour les astrophysiciens classiques et les théologiens conservateurs, moi je ne suis qu'un hérétique.

1.1. Le développement des pensées classiques

1.1.1. Le modèle de l'Univers statique

En 1917, Albert Einstein a proposé un modèle de l'Univers fondé sur sa théorie de la relativité, qualifié de Modèle Statique. Il démontre que la gravitation est en réalité une force fictive provoquée par la courbure de l'espace-temps. Persuadé que l'Univers ne peut être que statique, Einstein suppose alors l'existence d'une force de répulsion entre les galaxies qui contrebalancerait la force d'attraction gravitationnelle. Il introduit pour cela une « constante cosmologique » dans ses équations - dont le rôle est de s'opposer à cette attraction gravitationnelle qui justifiait le mouvement des planètes, conduisant ainsi à un Univers statique.

1.1.2. La découverte d'Edwin Hubble et l'expansion de l'Univers

En 1920, Edwin Hubble fut le premier à découvrir qu'il y avait d'autres galaxies en dehors de la Voie Lactée. Il constata que certains s'éloignaient du lieu où il les avait photographiées en remarquant que leur lumière virée vers le rouge. Il conclut que les galaxies s'éloignaient les unes des autres. Il démontra ainsi que l'Univers est en expansion (et donc non statique). Le fait fut reconnu par Albert Einstein qui confiera plus tard que sa théorie cosmologique a été la plus grande erreur de sa vie. Ce fut aussi la confirmation du modèle d'Univers en expansion.

Hubble remarqua aussi que, plus qu'une galaxie est lointaine, plus sa vitesse est grande. Il conclut et ce qui est prouvé, que la vitesse d'éloignement d'une galaxie est proportionnelle à sa distance. Cette importante relation fut à l'origine de la loi des décalages vers le rouge ou loi de Hubble.

1.1.3. Le modèle de l'Univers en expansion

Le modèle d'un Univers statique ne faisait déjà pas l'unanimité et était rejeté par des savants tels que l'astronome néerlandais Willem de Sitter en 1917, le mathématicien russe Alexandre Friedmann en 1922, et l'abbé belge Georges Lemaître en 1927 qui professèrent des modèles non statiques de l'Univers.

L'abbé physicien belge Georges Lemaître se référant aux conclusions de Hubble, sans s'appuyer à la Bible, émit l'idée que si l'Univers est en expansion, c'est qu'il a commencé par un point. Il développa ainsi la théorie d'atome primitif. Selon cette théorie, les galaxies sont des fragments qui ont été projetés par l'explosion de cet atome, d'où l'expansion de l'Univers. Mais, sa théorie fut mal accueillie.

En effet, Lemaître avait déjà opté pour des modèles d'Univers à passer temporel fini et à singularité initiale. Certains l'ont pour cela accusé de concordisme, c'est-à-dire d'avoir subi l'influence de ses convictions religieuses. Comme on le voit, le modèle d'atome primitif suivit de l'expansion, décrit un Univers extrêmement chaud et dense dans sa phase initiale, et rempli de rayonnement. Cela rappellerait, déclaraient ses détracteurs, le « *fiat lux* » de la *Genèse*.

Einstein lui-même a réagi négativement à ce modèle en déclarant : « non, cela rappelle trop la création ». Le célèbre astrophysicien Arthur Eddington, ayant pris cette idée en horreur, proposa en 1930 un modèle où la valeur de la constante cosmologique était spécialement ajustée de manière à décrire un Univers sans « atome primitif suivit de l'expansion », infini dans le passé et dans le futur. (Cf : WWW Futurascience, JP LUMINET, Singularités et temps zéro).

En effet, quand un religieux dit une vérité même scientifique, on le traite toujours d'avoir fait intervenir la foi, d'où le mépris de la science. L'abbé physicien belge Georges Lemaître répondra à ses détracteurs que sa théorie n'avait rien à voir avec la foi et que c'était scientifique. Heureusement pour lui, en tant qu'astronome, sa théorie fut remarquée et soutenue par le Russe Friedmann. Et, sachant que les Russes n'avaient rien à voir avec la foi, sa théorie eut des soutiens.

En plus, la suite des événements donna raison à Lemaître : l'abondance observée des éléments légers, la découverte du rayonnement de fond cosmologique et de ses propriétés, les âges des étoiles, l'évolution de galaxies... Tous ces résultats militent en faveur d'une phase très chaude de l'Univers primordial, et donc des modèles de Big-bang qui sera retenu comme nom à la place du modèle d'Univers d'atome primitif suivi de l'expansion.

Donc, ce n'est pas étonnant que les écrits des hommes religieux tels que le Rév. Dr. Sun Myung Moon (1920-2012), qui a émis des lois naturelles de physique dans les « Principes de la Création » basés sur l'Univers, restent encore inconnus des astrophysiciens. Ayant fait les études d'ingénierie au Japon, s'il avait mis le chapitre du Principe de la création en dehors du livre du Principe divin et l'avoir intitulé les lois physiques de la création, à ces jours, il ferait déjà débat auprès des savants.

Pour les scientifiques actuellement, L'abbé G. Lemaître a émis la théorie de l'atome primitif en se basant sur les observations d'Edwin Hubble en 1920 où il a constaté que les galaxies s'éloignaient les unes des autres. Mais, en tant que religieux et astronome, il savait déjà que si c'est Dieu qui a créé l'Univers, elle ne pouvait commencer que par une boule qui a connu l'éclatement après. Mais, comme il n'y avait pas des preuves scientifiques pour étayer sa théorie, cela est demeuré dans ses pensées. Quand Hubble fut sa découverte, ce fut pour lui une occasion de faire ressortir sa théorie de l'atome originel et de la défendre avec toute son énergie.

La religion, derrière le Pape Pie XII a voulu lui soutenir, mais il refusa cela en disant qu'il n'y a rien d'inspiration religieuse à sa théorie et que son raisonnement était scientifiquement fondé. Mais, est-il qu'étant le premier à en parler de l'atome primitif, il aurait dû aussi être le premier à découvrir le Big-Bang dans la Bible s'il avait reconnu que sa source d'inspiration venait de Dieu.

1.1.4. Le modèle de l'Univers stationnaire

Les théories sur les origines de l'Univers faisant de plus en plus rage, en 1948, les astronomes anglais Hermann Bondi, Thomas Gold et Fred Hoyle présentent un autre modèle de l'Univers : le modèle de l'Univers stationnaire. Le fondement de ce modèle est d'abord philosophique, et postule que l'Univers ne peut être apparu soudainement. Leur modèle constitue une extension du « principe cosmologique » de Friedmann tout en introduisant le mot « parfait ». D'après le « principe cosmologique parfait » de Bondi, Gold et Hoyle, l'Univers a le même aspect à tout moment et en n'importe quel point. Malgré son expansion, il n'a pas de commencement et n'aura pas de fin, car les pertes des éléments subis sont compensées par la création d'autres éléments.

Comme je l'ai dit, ce modèle se disputa la place dans la science avec le modèle de l'Univers en expansion. La découverte de l'expansion de l'Univers a prouvé que celui-ci n'était pas statique. Dans un premier temps, c'est cette seconde hypothèse d'un Univers stationnaire qui fut la plus populaire.

L'une des raisons de ce succès est que dans ce modèle, appelé théorie de l'état stationnaire, l'Univers est éternel, car la disparition des matières est compensée par la création des nouvelles matières. À l'inverse, dans l'hypothèse du Big-bang, l'Univers a un âge fini si on évalue son taux d'expansion. Les modèles du type Big-bang étaient donc en difficulté vis-à-vis de telles observations. « *Ces difficultés ont disparu à la suite d'une réévaluation plus précise du taux d'expansion de l'Univers* ». (cfr : WWW.Wikipédia : BIG-BANG).

1.1.5. Le modèle standard

Le Modèle standard est issu de la théorie de Big-bang. Mais, revenons d'abord sur ce dernier nom.

Le Big-bang est une théorie scientifique expliquant les premiers instants de l'Univers. Il s'agit du commencement de l'expansion de l'Univers, il y a environ 13,7 milliards d'années, lorsque l'Univers était extrêmement dense et chaud. Ce n'est pas le début de l'Univers comme on le dit souvent, car la science ne spécifie pas ce qu'il y avait avant (ni même s'il y avait un avant). Il est devenu une théorie scientifique parce que c'est en partie confirmé par certaines observations astronomiques et de calcul mathématique. Aujourd'hui, la religion à travers ce livre dans le verset Ge 1 : 6-7 « *...Dieu sépara les eaux d'avec les eaux...* » confirme aussi cette théorie de Big-bang.

Par conséquent, il devient un phénomène naturel ayant caractérisé à un certain moment l'Univers à son début. Le concept général du Big-bang, à savoir que l'Univers est en expansion et a été plus dense et plus chaud par le passé, est attribué au Russe Alexandre Friedmann, qui l'avait proposé en 1922, cinq ans avant Lemaître d'après nos recherches.

Le terme *Big-bang* a été utilisé pour la première fois en 1950. Au début, avons-nous dit, ce fut le physicien Anglais Fred Hoyle qui a prononcé ce terme pour se moquer de cette nouvelle théorie cosmologique. Ce physicien croyait, comme beaucoup d'autres scientifiques de cette époque, que l'Univers avait toujours été le même et professait l'idée d'un Univers stationnaire.

La théorie du Big-bang fut confirmée en 1965 après la découverte du rayonnement fossile. En effet, selon l'étude du savant américain d'origine russe George Gamow (entre autres) vers les années 1950, l'Univers devait être empli d'un rayonnement qui devrait être émis lors du Big-bang et qui le perd au fur et à mesure de son expansion. Ce rayonnement est appelé aujourd'hui fond diffus cosmologique, ou parfois rayonnement fossile dont la température actuelle est de 2,7 kelvins, conformément aux prédictions de Gamow. Heureusement qu'il ne fut pas religieux, sinon aucun savant ne l'aurait cru, et la science n'aurait lancé aucunes recherches.

Depuis lors, tout le calcul des savants s'est concentré pour expliquer l'Univers à partir du Big-bang, ainsi que des phénomènes qu'on y découvre. Cela forme à ces jours le modèle standard, terme inspiré du modèle standard en physique des particules. (Cf : www. Wikimedia; Modèle Standard).

Il est aussi qualifié de standard parce qu'il est jugé comme étant suffisamment cohérent et stable pour faire l'objet d'un consensus parmi les spécialistes du domaine.

1.1.6. Le Modèle Cosmologique Universel

J'ai conçu ce modèle en 2010 en voulant satisfaire ma curiosité. Ma préoccupation était de savoir pourquoi le schéma de la création biblique n'était jamais cité dans les livres scientifiques. Même dans l'histoire de la cosmologie, on n'en parle pas.

Dans le souci de vérifier pourquoi ce schéma était rejeté par la science, j'ai tiré la chronologie scientifique et biblique pour ne comparer que les étapes de l'apparition des choses selon la Bible et selon la science. Au départ, le seul fait frappant est que tous les modèles reconnaissent que l'homme est la dernière créature comme classé aussi dans la Bible.

Mais, à ce qui concernait le début de l'Univers, il n'y avait aucun point commun. La science exhibait un nom qui m'était complétement inconnue : « le Big-bang ». Les scientifiques l'exhibaient même pour démontrer que l'Univers est le fruit du hasard. Le terme « Big-bang » fait beaucoup plus allusion à quelque chose d'accidentelle, de non programmer, alors que les croyants attribuent toutes manifestations sur la création de l'Univers à la volonté divine.

Deux ans durant, je fus des efforts pour mieux comprendre ce phénomène et toutes ces propriétés. Je découvrais après que le « Big-bang » est une réalité et est biblique.

Dans la Bible, il est connu par la phrase « la séparation des eaux d'avec les eaux » (Gn 1 :6) qui a eu lieu au second jour de la création. Donc, bibliquement, ce n'est qu'un phénomène transitoire et non le début de l'Univers. Ainsi, je déduis que le premier jour de la création concernait l'avant Big-bang. Ces découvertes historiques qui aligneront désormais le schéma de la création biblique dans la physique classique surprirent Dieu lui-même qui m'apparaîtra et me donnera l'injonction de faire comprendre cela au monde comme étant le seul schéma cosmologique auquel chacun devra s'en inspirer. Cette déclaration de foi ne pouvant pas être acceptée par les scientifiques

J'avais demandé un jour à un physicien français par e-mail s'il peut me dire quelque chose à propos des énergies qui agissaient avant le Big-bang. Il m'a répondu que l'avant Big-bang est une « aporie », un mot que je m'étais précipité d'aller voir au dictionnaire Grand Robert qui le définissait ainsi *« difficulté d'ordre rationnel paraissant sans issue, contradiction insoluble »*. J'ai compris directement que je ne devrais compter sur personne pour développer mes raisonnements sur l'avant Big-bang si je ne voulais pas me décourager dans mes recherches.

Pendant 10 ans je fus de recherche pour transposer le langage religieux en langage scientifique afin de convaincre les savants sur la véracité de cette déclaration divine. C'est ce que nous avons fait tout au long du Tome I.

Au fil de ces recherches tel que transcris dans le quatre premiers Tomes, je confirme que c'est réellement Dieu qui est le Créateur de l'Univers. L'histoire de la création biblique cachait un grand schéma scientifique restituée dans ce livre sous un nouveau modèle cosmologique dénommé « le Modèle Cosmologique Universel ».

C'est ce modèle qui fait désormais transiter le récit de la création biblique, de la cosmogonie à la cosmologie et fera désormais, l'objet d'étude approfondie par les scientifiques.

Pour résumer, le Modèle Cosmologique Universel qui restitue l'histoire de la création biblique, reconnait 3 étapes pour l'univers.

1) L'univers a commencé par le néant, le chaos et le vide défini bibliquement par la phrase « une terre informe et vide » (Ge 1 :2). Quelque chose qui est informe et vide, c'est tout simplement quelque chose qui est matériellement inexistant. C'est comme un gaz incolore et inodore dans le vide ou dans l'espace.

C'est dans cet univers qu'une énergie qualifiée de l'esprit de Dieu s'est mis à se mouvoir sur la matière originelle qualifiée de l'eau jusqu'à son échauffement (Et, la lumière fut) (Ge 1 :5). C'était pendant la période de l'avant Big-bang.

2) S'étant condensé à l'extrême par la déflation cosmique, il y eut une expansion qualifiée de Big-bang par la science et de la séparation des eaux d'avec les eaux par la Bible (Ge 1 :6-7). C'est le Big-bang.

3) Après vint l'après Big-bang reconnut bibliquement et scientifiquement depuis la création des astres jusqu'à nos jours. (Gé 1 :9-31).

Tels sont les grandes lignes du Modèle Cosmologique Universel. Donc, le Modèle Cosmologique Universel est le seul modèle qui vient de dévoiler la ligne de départ de l'Univers, en passant par le Big-bang jusqu'à ces jours.

Chapitre X
Le Modèle Cosmologique Universel face aux modèles classiques

Section 1
Le modèle standard

1.1. Introduction du modèle standard cosmologique

Avant d'aborder ce point, nous voulons tout d'abord voir ce que nous-mêmes, avons compris par le modèle standard Cosmologique et cela après compilation de plusieurs écrits scientifiques.

En effet le modèle ou la théorie du Big-bang et la théorie du modèle Standard cosmologique sont tellement liés que je ne peux l'aborder séparément dans ce livre. Les astrophysiciens le comprendront pour le motif suivant évoqué par un de leurs dans la citation suivante :

« Depuis le début il y a eu une ambiguïté, un malentendu, entre les scientifiques et le grand public concernant le modèle du Big-bang. Le grand public comprend « Big-bang » comme une description de l'origine de l'Univers. Les scientifiques au contraire appellent "Big-bang" la suite des étapes de l'évolution de l'Univers, depuis un état chaud, dense et très concentré jusqu'à aujourd'hui. Cet état est suffisamment proche de l'origine mais n'est pas l'origine. »

(CNRS : La saga du Big-bang, Jean Iliopoulos et StavrosKatsanevas).

Comme on le voit, moi je fais partie du grand public et je ne fais pas exception à la règle. Et du moment où on découvre des nouvelles particules et des théories pour expliquer cette évolution de l'Univers à partir du Big-bang jusqu'à ce jour, on entre dans le modèle standard Cosmologique. Nous le grand public, tant que nous ne sommes pas encore dans le FAC de physique, nous n'avons pas besoin de connaître les différents noms des parties d'une aiguille.

Pour nous le grand public, le modèle du Big-bang, nous explique comment l'Univers s'est construit et a évolué. Mais, à partir des années 1970, les physiciens sont arrivés à établir un scénario probable de son histoire appelé « Modèle standard de la cosmologie » renommé récemment modèle « ΛCDM » pour « Lambda Cold Dark Matter ». Ce modèle est basé sur les théories de la relativité générale, de la physique quantique et de la physique des particules. (Cfr : zevengeur.wordpress.com/2014/01/16/histoire-de-lUnivers -partie-4-le-modele-standard-de-laphysique).

En cosmologie, le modèle ΛCDM (prononcer « Lambda CDM ») désigne un modèle cosmologique représentant un Univers homogène et isotrope, dont la courbure spatiale est nulle, et qui contient de la matière noire et de l'énergie noire en plus de la matière ordinaire. La lettre grecque Λ est usuellement le symbole de la constante cosmologique, qui est la forme la plus simple d'énergie noire.

Le modèle standard de la cosmologie s'est donc penché sur la quasi-totalité de l'histoire de l'Univers durant une période de 14 milliards d'années, âge estimé de ce dernier. L'objectif du modèle est de décrire les phases ayant conduit à l'Univers d'aujourd'hui.

Ce modèle a été développé progressivement en effectuant de nombreux allers-retours entre l'expérience et la théorie. Donc, c'est un modèle évolutif où, non seulement des théories mais aussi de nouvelles particules élémentaires furent ajoutées au fur et à mesure des observations. Ceci est pour répondre à tous les cas observés. D'où le nom du modèle standard, qui recouvre tous les phénomènes rencontrés dans la nature sauf la gravitation pour des raisons qu'eux-mêmes les physiciens théoriciens peuvent expliquer.

1.2. Le point de vue du Modèle standard sur l'énergie noire et la matière noire

« *Selon le modèle ΛCDM, l'énergie sombre est présentée comme une propriété de l'espace lui-même, dont le début succède immédiatement à la période d'inflation comme le décrivent les équations d'état (en). Le modèle ΛCDM ne dit rien sur l'origine physique fondamentale de l'énergie sombre mais il représente la densité d'énergie d'un Univers plat. Des observations indiquent qu'elle existe depuis au moins 9 milliards d'années* ». (Cfr : Wikipédia : Histoire de l'Univers).

Quant à la matière noire, qui est une forme de matière invisible, car n'émettant pas de rayonnement électromagnétique, elle a aussi été intégrée dans le Modèle standard sous la version du modèle ΛCDM.

Dans une certaine littérature, on parle parfois de la matière noire et dans d'autres de la matière sombre. La différence est que la matière sombre désigne généralement la matière ordinaire mais trop froide ou trop peu lumineuse pour être détectée, tandis que la matière noire serait probablement constituée de particules électriquement neutres (différentes des protons et des électrons) n'engendrant pas d'interactions électromagnétiques (donc sans possibilité d'émettre ou d'absorber de la lumière).

1.3. Le modèle cosmologique Universel face au modèle standard

Sommes-nous en train de combattre le modèle standard dans ce livre ? Pas du tout, mais nous disons tout simplement que le Modèle Cosmologique Universel, qui explique l'Univers de l'avant Big-bang jusqu'à l'homme, vient de l'engloutir comme tous les autres modèles. Et c'est ce que nous tendons à démontrer dans ce chapitre pour que ça ne soit pas un slogan.

Le seul sujet que nous nous attachons à éclaircir dans ce point, c'est la genèse de l'Univers à partir de l'avant Big-bang. C'est pour dire que nous nous passons des théories mathématiques et physiques faisant partie de modèle Standard cosmologie, pour nous concentrer sur les points touchant les origines de l'Univers.

La théorie du Big-bang, avons-nous dit, traite du début de l'Univers, lorsque ce dernier était constitué de particules élémentaires et de rayonnements. Elle a comme fondement l'idée de l'abbé Lemaître d'atome primitif. Selon Lemaître, les galaxies sont des fragments qui ont été projetés par l'explosion de cet atome, créant l'expansion de l'Univers. Ce modèle, corrigé par G. GAMOW, est à l'origine de la théorie du Big-bang sur l'évolution de l'Univers. Il en constitue le cadre théorique d'ensemble, dans lequel prennent place tous les événements de l'Univers. Donc, c'est un modèle qui est fortement enrichi par d'autres théories qui ont suivi après, reconnut à ce jour sous le nom du modèle standard.

À la place de l'atome primitif, Gamow suppose que l'Univers est né d'une explosion gigantesque et que les différents éléments observés aujourd'hui ont été générés juste après cette explosion appelée Big-bang. C'est ce que la science a retenu finalement à la place de l'explosion de l'atome primitif de l'abbé Lemaître.

Selon la théorie de G. Gamow qui est acceptée par la science, tout devrait être analysé par rapport au Big-bang, c'est-à-dire ce dernier est pris comme le point de départ de l'Univers. D'où l'introduction du temps de Planck et de l'inflation où l'on devrait interpréter dans un espace très court, les événements dont la durée pour nous ne répond pas à leur temps de liaison, mais, tout simplement pour se conformer à cette théorie qui est devenue le modèle standard. Je ne suis pas le seul à émettre des pareils doutes. Lisons cette pensée scientifique :

« *De même nous sommes incapables de prouver les théories scientifiques expliquant l'origine de la planète ou la formation d'un atome – mais nous acceptons, sous le poids des témoignages, que ces théories sont exactes* ». (Cfr : Linda Gamlin, Les origines de la vie, éd. Artis-Historia, Bruxelles. 1989, P. 32).

Le temps de Planck est le plus souvent utilisé comme ordre de grandeur caractérisant des phénomènes encore mal décrits par la physique actuelle. On l'arrondit généralement à 10^{-43} secondes, comme étant le temps à laquelle nous puissions avoir accès. Au-delà de cette limite, les lois de la physique cessent d'être valides. Ce temps s'étale jusqu'au temps où les quatre forces fondamentales furent séparées, soit à 10^{-35} seconde, faisant entrer l'Univers au temps d'inflation. En deçà du temps de Planck, la description de ce qu'est l'Univers ne relève plus de la physique selon la science actuelle, dans le sens où ces phénomènes échappent par nature à l'observation.

Après cette limite pour la science, on entrait littéralement dans le domaine de la métaphysique. Pour les philosophes qui essayent d'y raisonner dessus, la métaphysique est quelque chose des vagues qui n'a pas des schémas détaillés ; chacun peut l'aborder là où il veut. Actuellement la mécanique quantique cherche à percer ces mystères.

Le Modèle Cosmologique Universel par contre, est la restitution scientifique de l'histoire de la création biblique. C'est pour dire qu'on est toujours dans la physique et non pas seulement dans la religion, car, Moïse a décrit non seulement tous les grands ensembles de ce qui s'est passé avant le Big-bang, mais les implications mathématiques aussi. Du moins, même si aujourd'hui on ne peut le quantifier dans le temps et dans l'espace, nous avons les versets comme « l'esprit de Dieu se mouvant sur les eaux... La lumière fut » (Ge 1 : 2-4). L'esprit de Dieu représentant les énergies quantiques originelles et les eaux représentant les particules quantiques originelles. Pris dans cet angle, aucun astrophysicien ne peut nier la portée scientifique de ces versets écrits 1500 ans av. J.-C.

Le moment énigmatique où l'Univers est entré en expansion est appelé « mur de Planck ». Comme je l'ai dit, cela parce que les lois connues de la physique actuelle s'arrêtent par là. Donc, le mur de Planck peut alors être simplement décrit comme étant l'instant à partir duquel les modèles standards cosmologiques actuels ne permettent plus de connaître ce qui précède.

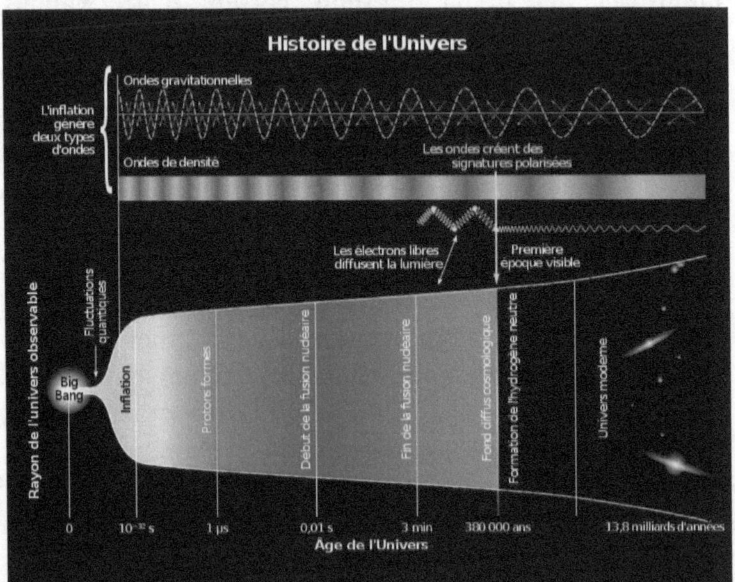

L'ère de Planck est située tout juste après le Big-bang *(à gauche) ou « la séparation des eaux d'avec les eaux », mais*

*avant l'*ère de l'inflation *(en beige).* (Source : Wikipédia ; l'ère de Planck).

Chercher à comprendre davantage les différentes ères de Big-bang jusqu'à l'ère hadronique (Entre 10^{-6} et 1 seconde après le Big-bang), c'est-à-dire l'ère de la formation du noyau de l'atome, est une chose qui donne des maux de tête que je ne voulais pas transmettre à mes lecteurs. Tout ce que nous pouvons conclure est qu'après le Big-bang selon la science, l'Univers connut dans la première fraction de seconde de son existence, une expansion extrêmement rapide et violente, une phase appelée l'inflation cosmique.

Cette théorie a été avancée initialement en 1979 par le physicien américain Alan Guth et confirmée selon certains articles par le télescope BICEPS2 en mai 2014. (Cf : www.tdg.ch/preuve-inflation-cosmique-big-bang-faite).

Mais, une année plus tard, cette confirmation fut rejetée par le CNRS en se basant sur Les résultats recueillis par le satellite européen Planck avec ce communiqué :

« *Dommage pour les astrophysiciens qui traquent le moindre indice pour confirmer cette phase d'inflation... Depuis l'annonce des résultats du* satellite Planck, *le statut de l'inflation est donc redevenu théorique* ». (Cfr : sciencesetavenir.fr/lapreuve-de-l-inflation-de-l-Univers-n-a -toujours-pas-ete-observee ; par Azar Khalatbari, le 02.02.2015).

Pour une bonne compréhension du temps de Planck et de l'inflation par mes lecteurs ; c'est une explication qui sert à justifier par exemple comment physiologiquement un être qui a 120 ans, alors que selon la logique, il est né seulement il y a cinq ans. Alors, on crée une formule pour expliquer sa croissance dans ce laps de temps afin de ne pas pénétrer en deçà de 5 ans qui marquent le temps de la création. Mais, arrivé à zéro second, on retrouve que cet être était déjà né.

On est maintenant en face de deux hypothèses ; soit on en entre dans les sous-multiples des secondes, soit l'être est né avant les cinq ans depuis la création de l'Univers.

Dans le cas du Big-bang, pour expliquer la création des éléments, dans le modèle standard, on a adopté la première hypothèse en entrant dans les sous-multiples de secondes et en choisissant 10^{-46} secondes comme étant l'instant zéro de l'Univers ou le Big-bang.

Comme je l'ai dit, plusieurs scientifiques l'acceptent seulement par convention comme l'a dit Avi Loeb, un physicien du Harvard-Smithsonian : « *la situation actuelle en matière d'inflation est qu'il s'agit d'une idée tellement flexible qu'elle ne peut être falsifiée à titre expérimental* ». Ce dernier mentionnait le fait de savoir si l'inflation cosmique a oui ou non eu lieu (ce qui fait également débat au sein de la communauté scientifique), mais cela est également valable quant au timing de l'événement, a conclu l'auteur de l'article. (Cfr : trustmyscience.com/nouvelle-etude-matiere-noire-plus-ancienne-que-big-bang, Stéphanie Schmidt, 9 août 2019).

Pour La Bible par contre à travers sa restitution scientifique dans le Modèle Cosmologique Universel, le Big-bang ne marque pas le début de la création et celle-ci a eu lieu le second jour caractérisé par la phrase « la séparation des eaux d'avec les eaux ». Lisons :

Ge 1 : 6 *Dieu dit : Qu'il y ait une étendue entre les eaux, et qu'elle sépare les eaux d'avec les eaux. 7 Et Dieu fit l'étendue, et il sépara les eaux qui sont au-dessous de l'étendue d'avec les eaux qui sont au-dessus de l'étendue. Et cela fut ainsi. 8 Dieu appela l'étendue ciel. Ainsi, il y eut un soir, et il y eut un matin : ce fut le second jour.*

Donc pour notre exemple précédent, en tenant compte du temps biblique, l'individu de cent vingt ans aura malgré sa croissance exponentielle une partie de ces années avant sa naissance dans le premier jour. On n'aura pas à créer pour lui un temps de Planck limité pour justifier son âge, vu qu'une journée biblique est une période évolutive qui a un début et une fin. Alors, entre la science et la Bible, qui se retrouve dans la logique pour cet exemple ?

Les savants nous disent qu'avant la création des luminaires (Ge 1 : 14), les choses se sont déroulées à des vitesses qui dépassent celle de la lumière pendant la période inflationnaire, cela veut dire que ces choses se sont faites simultanément à la Parole. Alors pourquoi rejeter les phrases telles que « Dieu dit et la chose fut » ? En acceptant la théorie de l'inflation, les savants confirment ce dicton biblique qui couvre les événements qui se sont déroulés avant le Big-bang où il n'y avait ni les notions mathématiques d'espace et de temps, et le Big-bang (séparation des eaux d'avec les eaux) qui s'est fait d'une manière spontanée.

Le physicien italien Gabriele Veneziano, créateur de la théorie des cordes a aussi mis en doute, pas le temps de Planck, mais la limite qu'on en a donnée. Dans uns une interview à Libre Belgique, il a dit ceci :

« La cosmologie traditionnelle du Big-bang se heurte à un sérieux nœud. Si on revient vers le passé, on remarque que l'Univers au temps de Planck, était notablement plus grand que ce qu'il devait être. L'Univers avait alors une taille globale de l'ordre du millimètre, soit 30 ordres de grandeur en trop (il était 100000000000000000000 0000000000 fois trop grand) par rapport à la longueur de Planck (qui est la distance parcourue par la lumière en un temps de Planck)...L'Univers était donc trop grand pour son âge. On a tenté de résoudre cela avec la théorie de l'inflation imaginée par Alan Guth et Andrei Linde, présents aussi au Conseil Solvay. Ils ont introduit l'idée d'une expansion ultra rapide de l'Univers,

juste après le Big-bang... Pour résoudre ce paradoxe, il faut donc, soit admettre l'inflation, soit imaginer que l'Univers est en réalité plus vieux qu'on ne le pense et cela pose la question du début du temps. » (Cfr : La Libre Belgique 2005. Guy Duplat).

Comme on le voit, quand il s'agit d'interpréter un événement pour se conformer à un autre, même la science entre dans l'illogique. Or, l'idée d'un atome primitif d'Abbé Lemaître supposait déjà un avant Big-bang, car ce premier est lui-même la combinaison d'autres particules originelles. La découverte des quarks, si la théorie de Lemaître était développée, aurait permis à la science d'aller en deçà du Big-bang. Mais le XXe siècle fut un siècle communiste où les idées matérielles et le rejet d'un Dieu créateur devraient primer. Et, tout fut développé en tenant compte de la théorie du savant américain d'origine russe G. Gamow, qui remplaça la notion de l'atome primitif par celui du Big-Bang.

Donc, le Modèle Cosmologique Universel est un modèle potentiel en cosmologie et non un modèle historique car, on n'a pas encore tout découvert. L'avant Big-bang qui est décrit dans le premier jour de la création biblique et restituer scientifiquement dans le Modèle Cosmologique Universel n'est pas encore attesté et validé par la science. Mais, ce n'est qu'une question des temps. Une relecture des différents résultats du fond diffus cosmologique s'impose. C'est la démarche qu'ont entreprise les physiciens théoriciens Roger Penrose et Vahe Gurzadyan dont j'ai développé les résultats dans le point concernant le Modèle Cosmologique Cyclique conforme.

En effet, quand on analyse un résultat en ayant à la tête qu'on doit tenir compte du temps du Big-bang, on crée déjà une limitation dans son interprétation.

Le Modèle Cosmologique Universel ne nie pas ce que la science dit à propos de l'après-Big-bang, c'est-à-dire en raison de l'expansion de l'Univers, la température et la densité extrêmement élevées ont diminué jusqu'à passer sous une certaine limite, et cela a permis aux particules subatomiques de se fusionner et d'y commencer la création des éléments chimiques les plus simples, tels que l'hydrogène, l'hélium, le deutérium ou le lithium. Le refroidissement progressif de l'Univers, dû à l'expansion, entraînant la formation des éléments légers, constitue la base de la théorie de Gamow. Aujourd'hui, c'est d'après la théorie du Big-bang que l'on spécifie les éléments constitutifs de l'Univers, ainsi que leurs transformations à partir de l'explosion initiale.

Donc, selon cette théorie, une explosion initiale survenue il y a une quinzaine de milliards d'années dans un Univers alors extrêmement dense et chaud est à l'origine de l'expansion et de la structure de l'Univers tel qu'il est observé aujourd'hui. La théorie du Big-bang est donc un modèle évolutif qui s'oppose aux modèles cosmologiques statiques et stationnaires et auquel le Modèle Cosmologique Universel souscrit aussi. C'est cette théorie de trio Lemaître, Friedmann et Gamow qui est devenue le modèle standard dans la cosmologie et accepté par la majorité des cosmologues.

Tous les autres questions non répondues dans le modèle standard devrait trouver des réponses si la science s'y pense au Modèle Cosmologique Universel. Ainsi, le Modèle Cosmologique Universel dont une partie de chaque modèle se retrouve à l'intérieur, n'est pas le prolongement du modèle Standard scientifique. C'est un ancien modèle, car contenu dans la Bible, mais devenu le nouveau modèle suite à sa restitution scientifique dénommée « le Modèle Cosmologique Universel ».

1.4 Le point de vue du Modèle Cosmologique Universel sur l'énergie noire et la matière noire

Le schéma biblique de la création ne dit aussi rien sur l'origine de l'énergie noire comme la science. Il le présente comme étant l'état de l'Univers à son début, c'est-à-dire avant le Big-bang et non après le Big-bang comme la science l'infirme. Notre argument est puisé dans le verset : *« La terre était informe et vide : il y avait des ténèbres à la surface de l'abîme » (Ge 1 h 2). Les* ténèbres ici n'ont rien à voir avec la nuit, mais ce fut plutôt une énergie au tout début de l'Univers. Donc, si sa réaction comme nous allons le voir remonte dans le Big-bang, il faisait déjà partie de l'état même de l'Univers avant le Big-bang.

Quant à la matière noire, nous nous sommes référés sur ce qui s'est passé quand il y a eu l'émergence de la première lumière biblique avant le Big-bang et ce qui a suivi après comme nous pouvons le lire :

Ge *1 :3 Dieu dit : Que la lumière soit ! Et la lumière fut. 4 Dieu vit que la lumière était bonne ; et Dieu sépara la lumière d'avec les ténèbres.*

Dieu étant invisible comme un héros dans l'ombre, ce nom couvre tous les processus physiques dont on ne peut décrire à l'époque, mais a eu lieu selon sa volonté. La lumière et les ténèbres étant immatérielles, s'il s'est séparé, ce qu'il y a eu une barrière immatérielle aussi pour le séparer. En science, on parle de l'interaction entre la lumière et les ténèbres. C'est par là que nous avons soupçonné la présence de la matière noire qui les a séparées et qui serait aussi une matière d'avant Big-Bang. Cette matière serait apparue juste avant le Big-bang et l'émergence de la première lumière au moment où un esprit de Dieu (une énergie inconnue : FPU) mouvait les eaux (Ge 1 :3). Les eaux représentant dans ce cadre les particules originelles.

Ça a été une grande surprise pour moi de voir que la science commence à m'emboîter le pas sans que certains savants puissent prendre connaissance de ce livre. Quelle est la conséquence si réellement la matière noire était apparue avant le Big-bang? La réponse nous vient de L'astronome et physicien Tommi Tenkanen de l'Université Johns Hopkins qui a déclaré :

« *Si la matière noire est composée de particules formées avant le Big Bang, ces dernières affectent la manière dont les galaxies sont distribuées dans le ciel et ce, de manière unique. Cette connexion peut également servir à révéler son identité et amener de nouveaux éléments quant à ce qui a précédé le Big-Bang... si la matière noire était vraiment un vestige du Big-Bang; dans de nombreux cas, les chercheurs auraient déjà vu un signal direct de la matière noire dans différentes expériences de physique des particules* ». (Cf : trustmyscience.com/nouvelle-etude-matiere-noire-plusancienne-que-big-bang/le 9/08/2019 par Stéphanie Schmidt).

Donc, même si les savants avaient des doutes de croire à mes arguments fondés sur les versets bibliques, l'astrophysicien Tommi Tenkanen vient de poser les hypothèses qui leur permettent de réfléchir d'une manière rationnelle.

1.5. La théorie de l'atome primitif face à la conception du Modèle Cosmologique Universel

Commençons par l'idée de l'atome primitif de l'abbé belge Georges Lemaître. Pour lui, cet atome a explosé à cause d'une instabilité. Cela démontre effectivement qu'il n'a pas fait le rapprochement avec l'histoire de la création pour découvrir si sa théorie est biblique. S'il l'avait fait, il n'aurait pas utilisé le mot scientifique « d'instable ». En plus, ses contemporains ont qualifié sa théorie d'être basés sur la foi, ce qu'il rejeta en bloc d'ailleurs, en disant que sa théorie est purement scientifique et qu'elle n'a rien à voir avec la religion. C'est ainsi qu'il rejeta même les félicitations du Pape Pie XII en lui faisant comprendre que sa théorie n'avait rien à voir avec la foi.

En effet, dans sa théorie, l'abbé belge Georges Lemaître supposa, que jadis, l'Univers était condensé en une masse énorme, qui devint instable et explosa (Cf : Damian Grint, les mystères de l'Univers, éd. Christophe Colomb, P. 146, Paris, 1985).

Or, on ne peut parler d'instabilité si cela faisait partie des résultats voulus par son auteur. Comme l'aboutissement final du Big-bang était l'émergence de l'homme, nous disons que l'Univers a explosé au moment où il a atteint son premier résultat voulut par Dieu et que cela n'était pas dû par un hasard de la nature ou par une instabilité comme G. Lemaître en a conclu.

Pour parler d'instabilité qui a occasionné le Big-bang, l'abbé G. Lemaître s'est sûrement inspiré du principe de ce qu'adviendra le fonctionnement de la bombe atomique. Dans ce principe, lorsqu'on bombarde le noyau d'uranium-235 avec des neutrons, elle devient instable et se scinde en deux, trois... créant des réactions en chaîne, libérant une quantité d'énergie phénoménale, tout en entraînant une forte explosion. Dans ces réactions, on est en face d'un noyau stable auquel on le bombarde par un neutron pour créer l'instabilité. Ces raisonnements peuvent être complétés par cette citation :

« On supposait qu'à l'origine toute la masse de l'Univers était concentrée dans une très petite sphère dont la

température atteignait plusieurs milliards de degrés. Quand cette « bombe atomique » explosa, ses morceaux furent éjectés avec des vitesses relatives parfois proches de celle de la lumière... la cinquième conséquence de ce modèle rarement explicitée, est que l'état de l'Univers au « point singulier » exige une création divine... » (Cf : http ://www.matierevolution.fr/spip.php ?article, Big bang ou pas Big Bang, le 15/05/2009 par Faber Sperber, Robert Paris)

L'Univers a connu un processus évolutif qui s'est clôturé avec la formation de l'homme. Donc on ne peut parler d'instabilité, aussi longtemps que le processus était transitoire et que cela a clôturé la seconde période biblique avant qu'on entame la troisième. C'est ainsi que Moïse dans la Bible a utilisé le verbe séparer (Dieu sépara les eaux d'avec les eaux) même s'il y a eu explosion ou expansion pour démontrer que ce n'était pas un phénomène accidentel, ni une instabilité comme l'abbé G. Lemaître le pensait.

La théorie G. Lemaître fut sous-entendue, partie du modèle standard qui commence la formation de l'Univers à partir du Big-bang quand cet atome a commencé à s'épanouir telles que nous pouvons le voir dans le schéma ci-après :

1.5.1. Scénario du big-bang

Avant 10^{-43} secondes : Superforce.

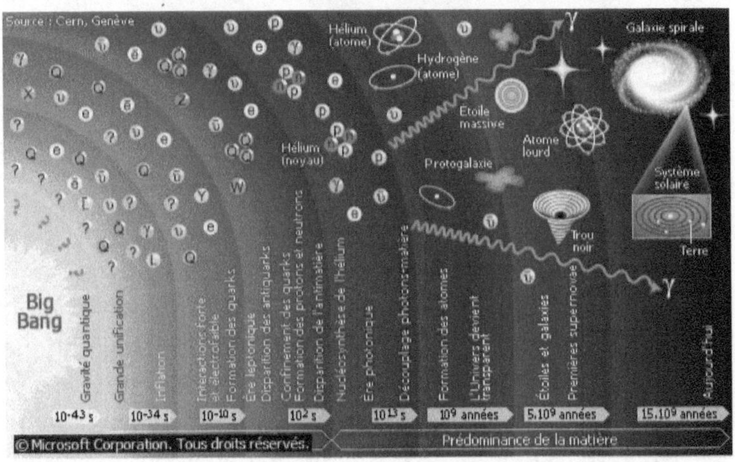

« Selon la théorie du Big-bang, théorie acceptée par la majorité des cosmologistes, l'Univers serait né il y a environ 15 milliards d'années dans une explosion inimaginable, appelée Big-bang. De ce qu'il y avait avant cette explosion et immédiatement après, très exactement 10^{-43} *s, les théories actuelles, nombreuses et controversées, ne permettent pas encore de le dire. Mais de cet instant (*10^{-43} *s) à nos jours, la théorie du Big-bang, confortée par les récentes observations, notamment celle du rayonnement de fond du ciel par le satellite COBE, permet de décrire les grandes étapes de l'évolution de l'Univers ».* **(Cfr :** Théorie du Big-bang : encarta© *Microsoft Corporation. Tous droits réservés).*

Dans ce schéma du modèle standard cosmologique, nous voyons la façon dont la science conçoit l'origine de l'Univers à partir du Big-bang. Nous avons dit dans le Modèle Cosmologique Universel que le Big-bang se retrouve dans la Bible en Genèse 1 : 6 « la séparation des eaux d'avec les eaux » et cela ne fut qu'un phénomène transitoire. Voilà pourquoi ceux qui lisent la Bible ne peuvent considérer le modèle standard actuel que comme un modèle transitoire. Le vrai schéma ne se retrouve que dans le Modèle Cosmologique Universel qui restitue le schéma biblique et qui comme je l'ai dit, n'est le prolongement d'aucun modèle mais les englobe tous. C'est un modèle qui vient originellement de la Bible et ne s'inspire d'aucun modèle scientifique.

Tout en prenant en compte les théories qui ont enrichi le modèle standard depuis Einstein jusqu'à ces jours, nous redemandons néanmoins une révision complète en tenant compte du Modèle Cosmologique Universel. Le Modèle Cosmologique Universel devient ainsi le fondement de tous les modèles cosmologiques, car les ayants tous engloutis.

Quand on engloutit quelque chose, l'organisme se charge de récupérer ce qui est bien pour en faire partie et expulse les débris par voies obligées. Pour notre cas, il s'agit de contrainte imposante dans certaines théories pour se conformer au modèle standard cosmologique actuel.

Dans l'image scientifique ci-dessus, on voit qu'après le Big-bang, il n'y a que les points d'interrogation qui suivent. La science ne veut pas que nous parlions de Dieu, mais ils veulent que nous acceptions le mot énigme ou point d'interrogation. Ces mots pour nous les croyants représentent aussi Dieu, bien qu'aujourd'hui dans le débat sur l'Univers, la place n'est plus réservée à la pensée pour publier une théorie. Il y a maintenant des laboratoires et des instruments très puissants où chaque théorie passe au peigne fin.

1.5.2. Scénario du Modèle Cosmologique Universel

Dans le Modèle Cosmologique Universel, en parlant des événements qui ont eu lieu avant le Big-bang, si nous nous en tenons seulement lors de la manifestation physique sans toucher là où la foi intervient ; la Bible version Jérusalem dit en Ge 1 : 2 « ... un vent de Dieu se mouvait au-dessus des eaux ».

N'importe qui, les astrophysiciens compris diront qu'un « vent de Dieu » est une énergie dont l'auteur attribue sa provenance à Dieu, mais, scientifiquement c'est une énergie. La physique quantique aussi le confirme en parlant des énergies du vide d'avant Big-bang. C'est comme quand on attribue la création à Dieu, d'accord ou pas, la création est là.

Donc, ici, nous avons déjà une énergie et une matière originelle dénommée « eaux » par la Bible et Univers par la science. Et, suite à la mouvance de cette énergie sur cette matière originelle en se basant sur ce même verset, il y eut d'abord émanation de la lumière ou des rayons (Ge 1 : 3). Là, nous voyons qu'on avait déjà affaire selon la science qui ne reconnaît pas cette période, à une force fondamentale qualifiée de vent de Dieu autour de cette matière dont le premier résultat fut l'émergence des rayonnements. Et ce rayonnement, selon la Bible, ne put dissiper les ténèbres c'est-à-dire l'énergie qui était déjà présente (Dieu sépara la lumière d'avec les ténèbres). J'en ai déjà parlé à plusieurs reprises. Cela clôtura l'ère moins un de l'Univers appelé le premier jour biblique.

Après ce fut le Big-bang qui survint lorsque la température fut extrêmement élevée et la densité a atteint un niveau extrême. Cette réflexion ne vint pas de nous-mêmes et n'est nullement une copie du modèle Standard scientifique. C'est plutôt l'émergence de la lumière avant le Big-bang qui le confirme (Dieu dit que la lumière soit et la lumière fut). La lumière n'apparaît dans la matière que s'il est chauffé à l'extrême. Cela fut suivi bibliquement par le verset «...*Dieu sépara les eaux d'avec les eaux* » (Ge 1.6). Ce phénomène que nous qualifions de l'instant zéro de l'Univers occupa bibliquement toute une ère dénommée le second jour comme on peut le lire :

Ge 1 : 8 *Dieu appela l'étendue ciel (espace vide créé par l'expansion de l'Univers). Ainsi, il y eut un soir, et il y eut un matin : ce fut le second jour.*

Comme on le voit, après la publication de ce livre, aucun astrophysicien, même athée, ne saura plus se tenir devant un auditoire et déclarer que l'histoire de la création biblique est un mythe ou une aporie.

Nous avons déjà expliqué que le nom Dieu intervient dans les phénomènes physiques de la Genèse pour démontrer que cela faisait partie de son plan. Quand on prépare une nourriture, on n'entre pas soi-même à la marmite, mais on surveille tout de l'extérieur et on malaxe au moment opportun. Aucun cuisinier ne peut dire à son patron que c'est le feu qui a calciné la nourriture. La responsabilité reviendra au cuisinier. C'est la même chose dans le schéma de la Genèse basé sur la création où Moïse reconnaît en Dieu le seul responsable des phénomènes physiques en parlant de « Dieu dit », « Dieu fit » où « Dieu créa ».

Nul n'ignore que les croyants attribuent tout à Dieu. Même Adam n'épargna pas Dieu en lui disant dans Ge 3 : 12 « c'est la femme que tu as mise auprès de moi qui viens de transformer l'idéal du royaume de cieux en enfer ». Mais sur le plan physique, les choses s'étaient passées d'une manière naturelle selon leurs volontés. Les chrétiens qui critiquent ce comportement d'Adam ne font pas mieux eux-mêmes en chargeant Dieu d'être responsables de la mort de Jésus, en l'attribuant à sa volonté. Or, du point de vue physique, Jésus fut crucifié conformément à la loi Juive pour s'être proclamé le Fils de Dieu (Jn 19 : 7). Par là nous comprenons que les phrases comme « Dieu dit » ou la « volonté de Dieu » sont des phénomènes intérieurs, mais dont l'accomplissement suit des processus physiques.

C'est à cause de ces processus physiques que le célèbre astrophysicien Stephen Hawking avait que dit que l'Univers n'avait pas besoin de Dieu pour que les phénomènes physiques se mettent en marche et que tous les résultats sont physiquement en train d'être prouvés. (Cf : Conférence-Documentaire « que pensez-vous de la déclaration de Stephen Hawking ? » d'Hubert Reeves).

C'est aussi comme les dirigeants Juifs de l'époque qui diront qu'on n'avait pas besoin de la permission de Dieu pour que Satan entre dans Judas (Lc 22 :3) pour la crucifixion de Jésus, car celle-ci est intervenue suite à ces déclarations. Ces deux exemples clarifient le concept « Dieu dit » ou la « volonté de Dieu » qui sont des concepts intérieurs que la science n'aime pas qu'on les brandisse. Heureusement que le Modèle Cosmologique Universel vient de clarifier les choses.

Revenons à la terre. Nous voyons que les ténèbres et la lumière, et la séparation des eaux bibliques ne furent pas des phénomènes dus aux miracles. Le schéma fut scientifiquement respecté. Moïse a parlé des eaux, des ténèbres, de l'esprit (du vent) suite au langage d'enseignement de son époque. Et, nous ne pouvons pas mettre un drap dessus tant que cela est vrai. Ce n'est pas le changement des couleurs ou des langages qui voile le fond. Ce n'est pas aussi le fait d'être noir qui fait de nous jusque-là les premiers habitants de l'humanité, mais c'est l'analyse du fond.

Nous savons que la science n'a pas encore atteint le niveau où il peut assimiler la naissance de l'Univers par un accélérateur des particules. Mais, du moins, elle dispose pour le moment des appareils très puissants pour faire reculer le temps et voir comment les événements ont pu évoluer. Alors, c'est le moment pour qu'on s'attaque à l'énigme qui a introduit beaucoup des faussetés dans le modèle Standard scientifique. C'est la conséquence de ce qui se passe quand on écarte Dieu, même par la science.

Certains astrophysiciens parlent d'une explosion d'énergie lors du Big-bang, mais dans le documentaire scientifique « Nouvelle Théorie du Champ Unifié (Explication de la Gravitation) », il est dit que l'énergie ne transmet que l'information et que la chaleur ne peut germer que s'il y a formation de la matière. Aux astrophysiciens d'en trancher eux-mêmes.

Pour ce qui est de la matière qui a explosé lors du Big-bang, L'abbé Georges Lemaître a parlé de l'atome primitif, mais, son idée a été balayée par Gamow qui parla d'une matière dense. La science et le modèle standard ne nous proposent rien et parlent d'énigme ou d'énergie ou d'Univers condensé. Le Modèle Cosmologique Universel s'en tient à la Bible c'est-à-dire qu'il y a eu bel et bien une matière originelle qualifiée des « eaux » par Moïse. Personnellement, ma balance se penche du côté de Georges Lemaître en attendant que la science réponde à notre question.

Suis-je le seul à mettre en doute le modèle standard ? Lisons ces écrits scientifiques :

« *Le modèle standard s'est révélé conforme à la quasi-totalité des tests expérimentaux effectués jusqu'ici, cependant, la plupart des physiciens des particules pensent que c'est une description incomplète de la Nature et qu'une théorie plus fondamentale attend d'être découverte. En particulier, on attend encore un modèle incorporant à la fois, sans contradiction, la gravitation à l'échelle microscopique et le modèle standard* ». (Cf : Wikipédia : Les particules subatomiques).

Pour nous, parler de la gravitation à l'échelle microscopique, c'est voir aussi au-delà de la Mur de

Planck, c'est-à-dire le processus qui a ramené l'Univers à pouvoir se condenser. Pour la science, on dit que le Big-bang marque le début de la dilatation et de l'expansion de l'Univers et que ce ne fut pas une explosion.

Par quelle théorie une dilatation ou une expansion peut-elle créer la matière s'il n'y avait pas des éléments (eaux bibliques) ? En fait la dilatation et l'expansion ne jouent que sur l'extérieur, alors que l'intérieur se remplit des énergies. Si le Big-bang n'était suivi que d'une expansion de l'Univers, il n'y aurait pas eu création des éléments, et les mêmes masses d'origine seraient les mêmes aujourd'hui mais en train de s'éloigner les unes des autres. Comme ce n'est pas le cas, alors, on retombe à la phrase biblique qui dit « de l'énergie (esprit de Dieu) sur la matière (eaux), il y a élévation de la température et production des rayonnements (lumières). Et de cette matière condensée (eaux), il y eut Big-bang (séparation des eaux d'avec les eaux). (Ge 1 : 2-7 ; restitués scientifiquement). (Cfr : « Quark. » Microsoft® Encarta® 2009 [DVD]. Microsoft Corporation, 2008)

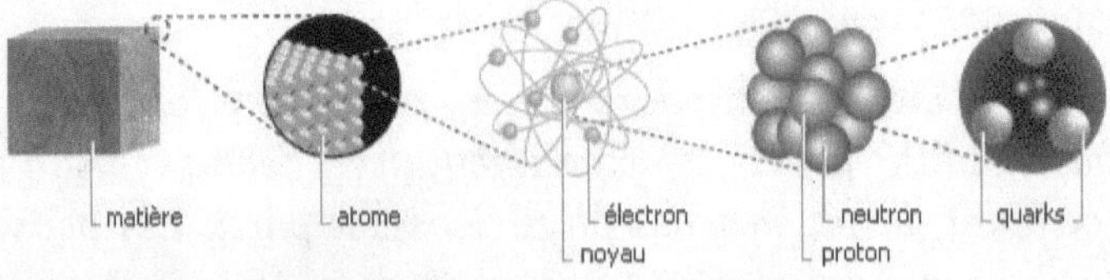

Dans ce schéma, les quarks se regroupent en triplets pour former les neutrons et les protons, lesquels à leur tour se regroupent pour former des noyaux ; ces derniers s'associent aux électrons pour constituer des atomes.

Si la matière originelle contenue dans la bulle d'avant Big-bang, n'a pas atteint l'une des composantes des particules élémentaires ci-dessus, ce qu'avant les quarks, il y a encore d'autres sous composantes de la matière. Selon la science, on parle d'une soupe de plasma qui a précédé les quarks. Il n'y a pas de soupes sans éléments. Donc, si les quarks sont les derniers composants et qu'ils furent formés après le Big-bang, c'est que la notion même du Big-bang ne devient pas énigmatique, mais imaginaire. Or, étant donné qu'il n'est pas imaginaire, il appartient à la science de résoudre cette question. D'autres disent que c'était une condensation énergétique.

C'est la recherche de la réponse à cette question qui va modifier le modèle Standard et le but à atteindre va devenir la découverte des phénomènes et des éléments cités dans la Bible. Quant à la constituante de ces éléments, avons dit, l'étude devra être faite dans la lumière survenue avant Big-Bang selon le Modèle Cosmologique Universel. Et, pour le moment, nous pensons qu'il s'agit du rayonnement fossile.

À la lumière de tout ce qui est écrit ici concernant la fragilité des théories du modèle standard, nous pouvons conclure par cette parole du Professeur Aurélien Barrau :

« Le modèle standard actuel est effectivement peu satisfaisant. La capacité prédictive est bonne mais les fondements sont fragiles… Il comporte beaucoup de paramètres libres dont la valeur est tout à fait arbitraire. Il repose sur de nombreuses hypothèses artificielles. Il n'unifie que deux des quatre interactions. Et, surtout, il n'inclut pas la gravitation ! Il est donc évidemment nécessaire d'aller « au-delà » de ce modèle ». (Cf : Les grands Entretiens d'Actu-Philosophia, Entretien avec Aurélien Barrau, 5 juin 2012, par Florian Forestier).

Il n'est pas le seul, c'est aussi les soucis de tous les astrophysiciens comme nous pouvons le lire :

« Mais le vrai souci vient du fait que le modèle standard n'est considéré par la majorité des physiciens que comme un modèle à basse énergie qui doit, à partir d'une certaine échelle, donner la main à un autre modèle qui inclut plus de phénomènes. » (Cf : Wikipédia : supersymétrie).

Cela peut aussi être confirmé par cette autre phrase :

« Cependant, en l'état actuel des connaissances, la gravitation n'est toujours pas incluse dans une théorie quantique des champs. Or une telle théorie serait nécessaire pour remonter le temps au-delà du temps de Planck ». (Cf : THÉORIE DU BIG-BANG : encarta).

Le seul modèle qui inclut plus de phénomènes n'est autre que le schéma de la création biblique, restitué d'abord littéralement dans le Modèle Cosmologique Universel afin de permettre aux savants de briser le mur de Planck, d'y pénétrer et de nous dire ce qu'ils vont trouver.

Section 2
L'inflation cosmique

https ://upload.wikimedia.org/wikipedia/commons/thumb /c/c2/Lambda-Big_Bang-Inflation.jpg/800px-

2.1. Introduction à la théorie de l'inflation cosmique

L'inflation cosmique est un modèle cosmologique du Big-bang lors duquel une région de l'Univers comprenant l'Univers observable a connu une phase d'expansion très violente après l'explosion primordiale, pour continuer d'augmenter par la suite à un taux beaucoup plus faible. Cette phase d'expansions se serait produite très tôt dans l'histoire de l'Univers, à l'issue de l'ère de Planck, ou relativement peu après (de l'ordre de 10^{-35} seconde).

Selon le modèle du Big-bang, la phase d'expansion de l'Univers fut extrêmement rapide dans les premières microsecondes. Ce phénomène a été baptisé du nom de l'inflation cosmique. La théorie de l'inflation a été proposée par le physicien américain Alan Guth dans les années 1980, et développée peu après par Paul Steinhardt, Andrei Linde et Andres Albrecht.

Cette théorie selon les scientifiques, qui n'est pas encore confirmée par les appareils d'observation, résout néanmoins divers problèmes cosmologiques dont celui de l'homogénéité, de l'isotropie, de platitude (l'Univers serait plat) et de l'inclinaison de l'Univers (euclidiens).

L'inflation a commencé à partir de 10^{-43} secondes après le Big-bang. Entre 10^{-46} secondes et 10^{-43} secondes, c'est l'ère de Planck où tout est soupe cosmique. Le temps de Planck pourrait donc désigner la période d'Univers qui s'étendrait jusqu'à 10^{-43} secondes à compter de l'hypothétique instant zéro. Puisque aucune théorie ne décrit l'Univers en deçà du temps de Planck, le Big-bang, proprement dit, reste inaccessible aux scientifiques. L'origine même de l'Univers demeure donc une énigme indéchiffrable. De plus, la théorie du Big-bang ne décrit pas les événements précédant immédiatement l'explosion primordiale.

Donc, en deçà de 10^{-43} secondes, c'est une zone sombre où les lois actuelles de la physique n'y répondent plus. C'est le domaine divin et que la science cherche à percer le mystère avec la mécanique quantique. Là aussi le Prix Nobel américain Richard Feynman a eu l'honnêteté de déclarer que tous ceux qui prétendent comprendre quelque chose à la théorie quantique – y compris les physiciens – sont des menteurs. Tout n'est que probabiliste. (Cf : Blogs zevenzeur ; Introduction à la physique fondamentale, publié le 18/02/2013).

Par là nous comprenons que même dans le domaine quantique, pour la science actuelle, tout n'est que probabilité. Quant à la théologie, comprendre ce concept fait partie du domaine de la folie.

2.1.1. Expérimentation de l'Inflation cosmique

Comme je l'ai dit, actuellement, les arguments ne peuvent plus être théoriques. L'homme dans son ingéniosité en tant que seigneur de la création arrive à créer des appareils qui lui permettent de tester ces prédictions. Toutefois, Tester certaines théories cosmologiques s'avère souvent difficile car cela demande de très hautes énergies que nos laboratoires actuels sont incapables de produire. L'un des moyens pour les scientifiques de contourner ce problème est de répliquer les phénomènes cosmologiques en utilisant des systèmes physiques se comportant de la même manière.

En effet, Une équipe américaine des physiciens à essayer de recréer, avons-nous lu, le phénomène de la dynamique de l'inflation de l'Univers primitif en laboratoire. Ils y sont parvenus à le recréer grâce à un condensat de Bose-Einstein. Leurs résultats ont été publiés dans le journal *Physical Review X.*

Cette expérience, lit-on dans ce journal, a révélé de nombreux points communs avec l'inflation de l'Univers primitif, toutefois, des différences persistent. Dans le modèle de l'inflation, l'énergie résiduelle de la désintégration de l'inflation donne lieu à la création des fermions et des bosons, ce qui n'a pas été le cas pendant l'expérience. En outre, les effets quantiques sont devenus dominants dans le CBE (condensat de Bose-Einstein), ce qui a entraîné sa rotation et modifié ses propriétés atomiques. Les physiciens comprennent ce que cela signifie. (Cf : *trustmyscience.com*/l'inflation cosmique recréée en laboratoire grâce à un condensat de Bose-Einstein, Thomas Boisson, 2/05/2018).

Ce qui est important pour nous, est que nous ne réfutons pas le phénomène de l'inflation cosmique, mais des temps qu'on attribue pour la création des éléments pendant la période inflationnaire.

Dans le cadre du modèle du Big-bang, une idée a été introduite récemment comme alternative à l'inflation cosmique pour décrire les tout premiers instants de l'histoire de l'Univers, le modèle ekpyrotique (Cf : *Théorie des cordes : Wikipédia)*

2.2. Le Modèle Cosmologique Universel face à la théorie de l'inflation cosmique

La théorie de l'inflation confirme à bien des égards le Modèle Cosmologique Universel, c'est-à-dire qu'au départ toute la matière s'est retrouvée rassemblée dans une bulle selon la physique et qualifié des « eaux » selon la Bible. Puis l'Univers a subi une expansion rapide et brutale à laquelle on a donné le nom d'inflation. Cette théorie ne confirme pas à forcement parlé du Big-bang comme nous l'avons dit, mais de l'expansion de la Bulle originelle jusqu'à atteindre une étape qualifiée de transition de phase.

Cette théorie d'une bulle originelle au départ où toute la matière s'est retrouvée unie, est confirmée par la température du fond diffus cosmologique qui est étrangement uniforme partout dans l'espace alors que les galaxies se retrouvent très éloignées les unes des autres. En effet, c'est cette température qui confirme qu'au départ toute la matière s'était rassemblée et confinée, selon les savants. Toutefois, la science était aussi en train de rechercher les reliquats de cette expansion dénommée les ondes gravitationnelles pour confirmer le Big-bang. Ces ondes viennent d'être détectées par le télescope BICEP2. Pour nous c'est une confirmation biblique du verset « Dieu sépara les eaux d'avec les eaux » qualifiées de « Big-bang » par la science.

Donc, la confirmation du Big-bang n'est plus discutable car, attestée par la religion, les modèles antiques, et la science à travers le modèle standard. Ce qui reste maintenant, c'est la confirmation de la lumière qui est apparue juste avant la « séparation des eaux par les eaux » et qui a clôturé la période pré-Big-bang.

Une fois cette lumière confirmée, qui pour nous serait le rayonnement fossile, on cherchera à répondre à la question : pourquoi à l'apparition de cette lumière, il est écrit « Dieu sépara la lumière d'avec les ténèbres » ? Scientifiquement nous pouvons dire, qu'est-ce qui sépara ce rayonnement d'une énergie déjà préexistant ? Cela nous conduira certainement à connaitre l'origine de l'énergie noire et de la matière noire.

Comme on le voit, le Modèle Cosmologique Universel n'est religion que parce que nous attribuons comme Moïse, la source de tout en Dieu, mais c'est un modèle scientifique qui a besoin de toutes les contributions pour aboutir à un schéma unique concernant l'origine de l'Univers, de l'avant Big-bang jusqu'aux vivants.

Suis-je pour la théorie inflationnaire? Du point de vue théorique oui. En effet, en suivant le documentaire scientifique « **au-delà du Big-bang** », j'ai conclu qu'Alan Guth aurait été le premier savant à pouvoir défendre ce que je suis en train de défendre aujourd'hui.

En effet, les savants ont constaté que la théorie de Big-bang n'arrivait pas à expliquer l'énigme de l'uniformité de la température dans l'espace. Le temps de Big-bang jusqu'à nos jours est très proche pour que la température puisse s'équilibrer. Faire les calculs, cela ramènera le temps jusqu'à l'avant Big-bang, c'est-à-dire le temps biblique.

Ainsi, vers les années 1980, le savant Alan Guth aurait

été le premier à dévoiler qu'il s'est réellement passé quelque chose avant le Big-bang, c'est-à-dire l'émergence de la lumière causée par une température intense.

Selon le documentaire « **au-delà du Big-bang** », le savant Alan Guth soutenait l'idée que l'Univers vient d'un volume si petit, qu'à l'intérieur de ce volume très petit, il y a eu assez de temps pour que les extrêmes se communiquent et que la température soit uniforme.

Pour nous, sachant qu'en se basant sur la vitesse de la lumière, cela remonterait le calcul en deçà du Big-bang, il introduisit la théorie de l'inflation pour se conformer au modèle standard, c'est-à-dire où tout devrait commencer après le Big-bang. L'argument fut que, à ce moment-là, on ne pouvait pas encore parler de la vitesse de la lumière, car, après le Big-bang, les événements se déroulèrent plus vite que cette vitesse. Et on le nomma l'inflation cosmique qui régna jusqu'à l'apparition des premières lumières.

Pour nous les événements qui se sont déroulés durant le temps de Planck sont à revoir. Par exemple, on nous dit que : « commencer à 10^{-43} seconde après le Big-bang dans la période inflationnaire, les 80 pourcent d'atomes contenus dans l'Univers se forma entre la première seconde à 3 minutes de celle-ci ». Tout ça, c'est pour justifier que tout fut créé après le Big-bang, et dont le Modèle Cosmologique Universel vient de remettre l'hypothèse sur la table pour étude.

En effet, la subdivision de temps pendant l'inflation est tellement théorique que beau nombre des personnes ne l'assimilent pas vraiment à la réalité. Le laps temps auquel la création des atomes s'est effectuée, c'est effectivement ça qui est assimilable au temps inflationnaire de 10^{-35} secondes à 3 minutes auquel selon l'auteur de la théorie, les 80 % de l'hydrogène contenue dans l'Univers se sont formés, favorisé par la baisse de la température due à son expansion exponentielle.

Il y a un autre couac dans le paragraphe ci-dessus. Selon les observations, les éléments ne se forment que, quand les processus de la gravitation s'amorcent. Cela ne pouvait être possible que dans l'Univers d'avant Big-bang qui était en déflation avec un confinement exponentiel, caractérisé par l'augmentation de la température comme cela se passe lors de la formation des étoiles. Ceci fut décrit par le verset biblique « *un vent de Dieu se mouvait dans l'eau* » selon la version Jérusalem (Ge 1 :2). Par vent de Dieu, il faut attendre un tourbillon dont Moïse l'attribue à Dieu et le phénomène répond effectivement au fonctionnement de l'Univers.

Comme on le voit, si l'inflation cosmique est logique, mais, la subdivision des temps dans cette théorie n'est pas logique. Ça répond plutôt à la définition de « Dieu dit et la chose se fut » divisée en temps. Heureusement qu'Alan Guth n'est pas reconnu comme un religieux, sinon personne n'aurait y foi à sa théorie.

2.2.1. Preuves réfutant le calcul des temps de la création des éléments pendant l'inflation

2.2.1.1. Le fond diffus cosmologique Si le fond diffus cosmologique plaide en faveur de l'inflation cosmique, mais il n'en confirme pas la subdivision de temps jusqu'à la création de l'atome.

En effet, si on revient au raisonnement exact, on découvrira que le fond diffus cosmologique à une origine en deçà du Big-bang et serait « la lumière » biblique évoquée par Moïse avant le Big-bang ou la séparation des eaux par les eaux et cela par la phrase « *Dieu dit que la lumière soit et la lumière fut* ». Et Dieu appela cette lumière Jour pour démontrer que ce rayonnement ne va plus jamais se dissiper.

Un autre argument qui vient de confirmer notre déduction que le rayonnement fossile serait une lumière d'avant Big-bang rapporté par la Bible dans Ge 1 : 3 et qui confirme aussi mon jugement sur la période inflationnaire est la recherche faite par trois astrophysiciens dont nous rapportons fidèlement une partie de l'article paru au site de Futura-Sciences :

*« Il existe un nombre très élevé de modèles capables de produire une période inflationnaire de l'Univers et l'étude du rayonnement fossile est un bon moyen de contraindre les théories. Or justement, Marc Kamionkowski, Adrienne Erickcek et Sean Carroll, viennent de publier un article à ce sujet. Les observations du télescope WMap indiquent un fait assez curieux qui, sans réfuter l'inflation, est un peu gênant pour cette théorie. De fait, on parle généralement assez peu de ces mesures révélant qu'en moyenne, l'une des moitiés de la sphère céleste présente des fluctuations thermiques plus importantes que dans l'autre hémisphère. Les auteurs de l'étude ont tenté de rendre compte de ce fait en imaginant qu'au tout début de l'inflation, le champ scalaire - l'inflation -, présentait des différences de valeurs plus importantes que l'on ne l'imaginait dans les régions de l'espace aujourd'hui visibles et qui ont été dilatées par son expansion. Mais malheureusement cela ne fonctionne pas ! Marc Kamionkowski et Adrienne Erickcek n'hésitent pas cependant à évoquer une autre conséquence de cette bizarre asymétrie dans le rayonnement de fond diffus, peut-être en relation avec le curvaton. Il pourrait s'agir d'une fenêtre sur ce qui s'est passé non pas seulement pendant l'inflation mais même... avant le Big-Bang ». (Cf : futurascience/*La bizarre asymétrie du rayonnement fossile : une énigme résolue ? le 02/01/2009 par Laurent Sacco).

Donc, en étudiant la disparité qu'ils ont constatée dans ce rayonnement selon l'article ci-dessus, ils en sont arrivés à la conclusion que pour une explication logique, la situation devrait avoir commencée avant le Big-bang. Pareille découverte ne peut pas faire objet d'actualité auprès des savants jusqu'à la publication de ce livre. Et, c'est maintenant que tous les savants vont courir pour rechercher leur travail.

Section 3
Les théories des multivers

3.1. La théorie des cordes

Faire ressortir une explication de la théorie des cordes dans un livre littéraire n'est pas facile, car les points de vue des savants eux-mêmes se trouvent partager. Actuellement, il existe en fait plusieurs théories des cordes ayant en commun un Univers à 10 dimensions (neuf d'espace et un de temps), voire 11 dimensions. Toutefois, nous pouvons offrir une synthèse pour les lecteurs.

Dans cette théorie, les particules fondamentales sont considérées non comme des billes dures mais comme des ondes sur une corde. Jusque-là, les astronomes s'accordent pour dire que dans notre Univers, il y a 4 dimensions dont 3 pour l'espace et 1 pour le temps. Pour les théoriciens des cordes, il y en a d'autres dimensions que nous ne voyons pas et que cela vibre dans d'autres Univers.

3.1.1. La théorie des cordes et les multivers

En effet, en dehors de notre Univers, les savants pensent qu'il y a encore d'autres Univers ; ce qui remet en doute, le schéma de la création biblique d'un Univers unique créé par Dieu. Et, si nous n'en parlons pas, la conception d'un Univers unique sera léguée à l'antiquité. Ceux qui émettent de tels arguments, ne sont pas des simples philosophes, mais la majorité des savants astrophysiciens, de grandes sommités intellectuelles prêtes à démontrer cela par des théories.

Certains savants disent même que nous pouvons être connectés avec ces Univers par la sortie d'un trou noir dont on ne voit jamais le fond appelé trou de ver et d'autres soutiennent l'existence des Univers parallèles. Ils vont même jusqu'à dire qu'à chaque Univers nous avons nos correspondants, c'est-à-dire en étant ici, il y a encore un autre moi dans un autre Univers (Cf : Wikipédia, Multivers).

Les multivers signifient les Univers multiples ou parallèles à notre Univers. L'existence de ces multivers, s'explique mieux par la théorie des cordes. Dans ce modèle, la naissance de l'Univers et son expansion initiale sont dues à la collision (par une sorte) d'une brane et d'une antibrane, ce qui libère l'énergie nécessaire à l'expansion de l'Univers. Ce modèle prédit la possibilité d'autres collisions ; ce qui entraînerait la création d'autres Univers.

Pour ce qui est de l'explication de ces deux noms, lisons ce qui suit dans la théorie des cordes :

« *Une brane, ou p-brane, est un objet étendu, dynamique, possédant une énergie sous forme de tension sur son volume d'Univers, qui est une charge source pour certaines interactions de la même façon qu'une particule chargée, telle l'électron par exemple, est une source pour l'interaction électromagnétique* ». (Cf : Wikipédia : Brane).

Pour éclairer mes lecteurs en langage courant ; par objet étendu, nous pouvons prendre le cas d'une corde de guitare qui, en la jouant d'une manière continuelle émet des vibrations qui s'ensuivent dans l'espace, créant un rythme cadencé des musiques qui s'enchaînent. Pour le cas de la théorie des cordes dont les savants commencent déjà par dire que c'est la meilleure théorie pour expliquer l'origine de l'Univers, ce rythme endiablé crée d'autres Univers qui s'ensuivent comme dans les fréquences du schéma ci-dessous.

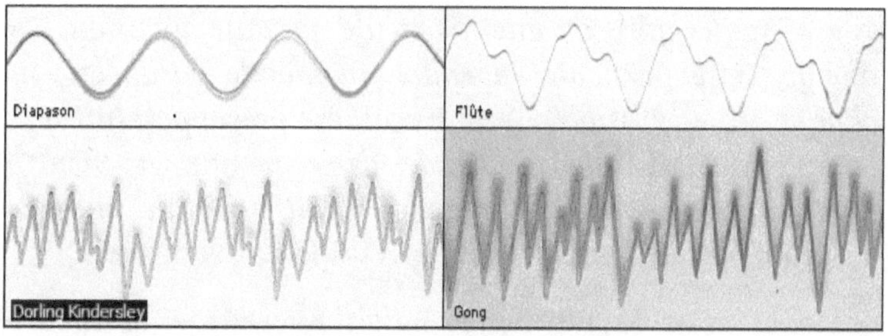

Ondes sonores d'instruments de musique

Les ondes correspondant au violon, à la flûte et au diapason présentent la même distance de crête à crête lorsque ces trois instruments jouent la même note. Dorling Kindersley. Microsoft ® Encarta ® 2009. © 1993-2008 Microsoft Corporation. Tous droits réservés.

Cette notion d'ondes est issue d'Albert Einstein qui parla des ondes gravitationnelles. L'existence d'ondes gravitationnelles est prédite par la théorie de la relativité générale : des masses en mouvement les unes par rapport aux autres pourraient perdre une partie de leur énergie, qui serait émise dans l'espace sous la forme d'ondes avec une vitesse proche de celle de la lumière. (Cf : gravitationnelles, ondes." Microsoft® Encarta® 2009 [DVD]. Microsoft Corporation, 2008).

Pour les partisans des multivers ou Univers multiples, par la collision d'une sorte de brane et d'antibrane, les Univers se créent et s'ensuivent, sans que les uns empiètent sur les autres comme démontrer dans le schéma des ondes sonores ci-dessus. Ces ondes, émanant des cordes cosmiques, furent même évoquées comme source possible des grandes structures de l'Univers.

Cette philosophie est soutenue par les partisans des Univers parallèles comme on peut lire son interprétation selon le Prof. Everett HUGH :

« *Chaque fois qu'une particule produit une fonction d'onde, cette particule engendre un monde parallèle pour chaque trajet possible. Cette hypothèse présupposerait qu'à chaque instant une multitude de « mondes » vient à l'existence, et que ces mondes prolifèrent de manière absolument incalculable* ». (Cf : Wikipédia : Multivers).

Donc, pour le physicien Hugh Everett, « la théorie des mondes multiples » présentée et développée en 1957 par lui-même, suppose que notre monde coexiste avec de nombreux autres Univers, qui se divisent continuellement en Univers divergents, différents et inaccessibles entre eux. D'après Everett, chaque monde contient une version unique de chaque personne (chaque observateur) qui vit une situation différente au même moment du temps.

3.2. La théorie d'Univers auto-reproducteur et auto-accélérateur

Un autre physicien, Andreï Linde, en développant les formules du physicien américain Alan Guth, à propos de l'inflation cosmique, ses recherches lui ont amené à supposer l'existence d'une « inflation éternelle », qui n'a ni début ni fin.

Selon cette théorie, il se peut qu'il y ait un nombre infini « d'Univers bulle » produits de cette manière, sans connexions les uns avec les autres, ou de façon très marginale. Dans ce cas, il n'y a aucune raison de penser que les lois de la physique soient les mêmes dans chaque Univers, et il existerait ainsi bien plus d'Univers que d'Univers concevables par nous.

Enseignant à l'Université de Stanford, le cosmologiste Andrei Linde a découvert que la théorie de Big-bang posait problème. Il a ainsi formulé en 1982 une nouvelle théorie de l'Univers qui se veut une « amélioration » du modèle du Big Bang.

Linde critique la théorie du Big Bang pour les nombreux problèmes dont le plus crucial est la taille de l'Univers qui serait trop grande. C'est pourquoi, il propose la théorie d'un Univers auto-reproducteur et à très forte croissance (self reproducing inflationary Universe).

Selon sa vision, à la place de l'inflation cosmique, il faut plutôt parler de l'inflation chaotique selon laquelle, la croissance de l'Univers à son origine aurait été extrêmement rapide. Alors que la théorie classique du Big Bang décrit un Univers semblable à une bulle de savon se gonflant graduellement, la théorie de Linde décrit un Univers semblable à une bulle qui produirait des bulles identiques, et ainsi de suite. L'Univers décrit par Linde enfanterait de nouveaux Univers par auto-reproduction.

Toujours pour le physicien russe Andrei Linde, il faudrait imaginer l'Univers comme un ensemble de bulles inter-reliées qui se développent de manière fractale (chaque partie du tout ressemble au tout). Il y aurait donc eu création d'un Univers à partir duquel plusieurs bulles se seraient formées de façon indépendante. Ces nouvelles bulles seraient en fait des points de l'Univers qui seraient entrés en expansion en eux-mêmes, sans affecter l'Univers originel. Chacun de ces Univers aurait ses propres lois de la physique et pourrait donner naissance à d'autres Univers, et ainsi de suite. Ce mécanisme donnerait lieu à un Univers auto-reproducteur éternel et infini dans le temps et dans l'espace.

Toujours dans le modèle de Linde, notre Univers ne serait donc qu'une infime partie d'un "multivers" qui n'aurait ni commencement, ni fin et serait éternel. Pour certains physiciens, ce nouveau cadre, appelé « quintessence », est fascinant car il ouvre la possibilité mathématique et physique d'une création ex nihilo, à partir de fluctuations du vide quantique.

3.2.1. Le Modèle Cosmologique Universel face à la théorie des cordes, des multivers et des Univers auto-reproducteur

Selon l'astrophysique avons-nous dit, la théorie des cordes est considérée actuellement comme étant la meilleure pour expliquer la naissance de l'Univers. Elle cherche à unir la mécanique quantique en prenant en compte la gravité quantique et la théorie de la relativité générale. La principale particularité de la théorie des cordes est que son ambition ne s'arrête pas à cette réconciliation, mais qu'elle prétend réussir à unifier les quatre interactions élémentaires connues dans une théorie du tout.

Les théories des cordes et des multivers sont prises aussi au sérieux par nous et nous ne les citons pas dans un but péjoratif. Ils rejoignent les commentaires qui sont faits dans le Modèle Cosmologique Universel concernant l'émergence des éléments d'avant Big-bang. Il en est de même de la théorie des Univers auto-reproducteur et auto-accélérateur de Andreï Linde.

Tout d'abord, cette théorie de Andreï Linde vient de confirmer le verset biblique qui dit qu'au « commencement la terre était informe et vide », et j'ai dit que c'était une façon de définir l'Univers par Moïse. C'est dans ce vide qu'a eu lieu tout ce qu'il a décrit pour la formation de l'Univers.

Dans le Modèle Cosmologique Universel, on parle de l'esprit de Dieu ou Yang (brane) et des ténèbres ou Yin (anti-brane) dont l'interaction produit effectivement des ondes et des vibrations. Seulement, nous disons que ces collisions qui entraînent d'autres vibrations, voire d'autres fonctions d'onde même après le Big-bang, auraient été sources de création d'autres Univers n'y été ce qui s'est passé quand « le Big-bang » a eu lieu, venant perturber la création d'autres Univers, selon les théories précitées.

Donc, il s'est passé un événement très important comme nous l'avons dit, que les physiciens devraient rechercher et qui a stoppé l'émergence des autres Univers. C'est le Big-bang lui-même. En déversant les éléments qui plus tard ont formé de grandes masses dans l'Univers, l'énergie qui devrait former d'autres Univers, n'aurait plus de puissance pour entamer d'autres processus de création et ne se limitera qu'au niveau des ondes. Il pourrait aussi faire partie de l'énergie noire qui contribue à l'accélération de l'Univers.

Ce que nous voulons dire est que le Big-bang se présente plutôt comme un ballon troué et tout ce qui devrait générer d'autres Univers selon les théories des multivers, est déversé plutôt dans notre Univers à partir de son axe qui demeure inconnu, provoquant son expansion éternelle. C'est ce qui explique aussi la non-localisation de la provenance de plusieurs rayons cosmiques et y compris des ondes. Et cet axe nous est inconnu à cause de l'isotropie et de l'homogénéité de l'Univers.

. Par la collision selon la théorie des cordes d'une énergie qualifiée de l'esprit de Dieu par la Bible Louis Second et des vents de Dieu par la Bible de Jérusalem sur les particules primitives qualifiées de l'eau, il eut y production d'une autre énergie ou rayonnement qualifié des lumières. Cette réaction devrait être répétitive étant donné que c'est une action naturelle qui ne pourra plus s'arrêter. D'où l'idée de l'inflation éternelle et des multivers qui ont pris de l'ampleur chez les astrophysiciens.

. À l'issue de l'inflation, c'est-à-dire après le Big-bang, l'Univers était encore extrêmement dense et chaud, et a connu une phase d'expansion très violente qui lui aurait permis de grossir. (Wikipédia : inflation Cosmique).

En plus, le Big-bang comme nous avons dit, a produit des grands ensembles qui empêchent aux particules et aux autres forces de se concentrer à un point donné de l'espace comme à l'origine où on a parlé de l'abîme. Parmi ces ensembles nous avons les galaxies et les trous noirs qui canalisent et dispersent les particules ainsi engendrées et d'autres forces.

Donc, plutôt que de créer des Univers parallèles, la théorie des cordes pouvait mieux contribuer à la théorie de l'expansion de l'Univers car nous avons dit, dès le départ, que l'Univers lui-même est dynamique. Donc, notre acceptation de la théorie des cordes, de l'inflation cosmique et de l'inflation éternelle rejette celles des multivers, mais plutôt d'entretien des phénomènes d'avant et d'après Big-Bang.

En plus, les théories sur l'existence des multivers pouvaient être confirmées quand on considère que l'Univers à commencer par un Big-bang. Ce qui n'est pas vrai, car dans le Modèle Cosmologique Universel, le Big-bang ou « la séparation des eaux d'avec les eaux » fut une étape transitoire, suivit de l'inflation pour l'émergence des autres éléments. Par conséquent, la bulle d'avant Big-bang fut un élément dans l'Univers et non le début de l'Univers, même si on utilise le terme scientifique que l'Univers s'est retrouvé à un moment condensé avant de connaître une brusque expansion.

Donc, avec les théories des multivers, les Univers devraient se chevaucher, les uns repoussant les autres, mais la distance ne restera jamais uniforme vu la dimension que chacun peut acquérir. À la longue, il devrait avoir une collision ou un malaxage tel qu'on en voit les vibrations ou les ondes dans une rivière à cause non seulement de leur masse différente, mais aussi à cause de leur rotation et translation.

Pour un exemple, prenons deux choses de même masse, voire de même poids pour une bonne compréhension par mes lecteurs. Posez-les dans un ruisseau avec un écart de distance. Quelques minutes après, on remarquera que la distance qui le séparait quand on les a posés ne sera plus le même. On n'assistera soit à des écarts, soit à des rapprochements dus au courant ou au vent. C'est pour dire que s'il y a des Univers parallèles, cela ne peut rester indéfiniment séparé les uns des autres.

En plus, l'idée des Univers multiples doit aller de pair avec celle des Univers fermés ou finis, chacun évoluant avec ses propriétés. Or, cette idée n'est soutenue que par une minorité des savants et l'expansion de l'Univers tend à le contredire. L'Univers n'est fini que par sa force gravitationnelle, tout comme les bordures d'un tourbillon comme dans le dessin ci-dessous :

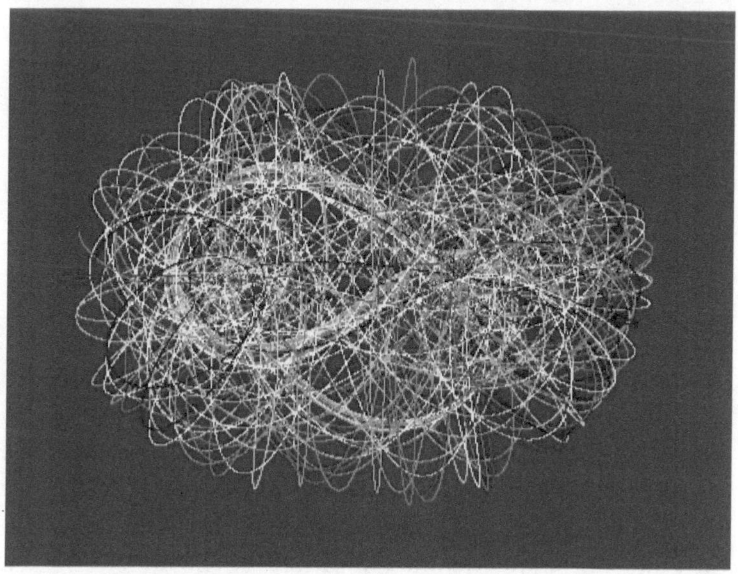

http://supersymetrie.s.u.pic.centerblog.net/e720465c.png

Comme nous l'avons dit, pour la genèse de l'Univers, on

a premièrement affaire à des masses et ces derniers ont engendré des formules. Là, je parle en étant du côté des humains qui sont des êtres résultants. Pour Dieu, c'était d'abord des formules comme en témoigne l'expression « Dieu dit », mais des formules créatrices, puis les masses s'en sont suivies. Cela répond aux formules de la physique de la création à savoir :

- Divinité = In [(Ci .M) + (Po.Ne) + (Ms.Fe)],
- E=mc2.

Cela veut dire que nous ne pouvons pas créer l'Univers par nos formules. Une formule mathématique se crée sur la base des observations des phénomènes constants ou répétitifs avec une marge d'erreur négligeable. Or, on ne peut pas assimiler la création de l'Univers car celle-ci a germé à partir des projections des forces qui ont émané de Dieu. Et si pour les savants, en deçà du Mur de Planck, on entre dans une zone où les lois de la physique n'y répondent plus, mais, pour le Modèle Cosmologique Universel, le mysticisme a pris fin dès que le nom « Terre » fut mentionné pour la première fois dans la Bible. En le mentionnant, Moïse précisa qu'il était « informe et vide ». Attendait par-là l'Univers primitif.

Ge 1 :1-2 *« Au commencement, Dieu créa les cieux et la terre. La terre était informe et vide... »*.

Dans la théorie des cordes, on parle des dimensions que l'Univers occupe et que les autres pourraient engendrer des Univers parallèles. Les partisans de la théorie de Multivers comme je l'ai dit, ont oublié dans leur formule la notion de l'axe qui doit être au conditionnel. L'Univers par sa dynamique et son isotropie ne laisse aucun endroit pour un autre de se former et on ne peut même pas entrevoir son axe, son équateur et ces pôles.

En physique, un système est isotrope si sa description est identique dans toutes les directions de l'espace. À cela lisons cette réflexion scientifique :

« *Ce qu'on peut d'ores et déjà dire sur la singularité, c'est qu'il est inutile de la chercher dans un point précis de l'Univers. L'Univers n'a pas grandi autour de ce point, mais c'est le point lui-même qui s'est dilaté et qui englobe aujourd'hui tout l'espace, le temps et la matière. Donc, même si on parle de point, il faut comprendre que le Big-bang ne s'est pas fait en un point précis de l'espace, mais partout à la fois. Par ailleurs, on peut considérer que n'importe quel point de l'Univers est fixe, et que c'est le reste de l'Univers qui se déplace par rapport à lui. Dans ce cas, n'importe qui peut considérer qu'il se trouve fixe par rapport à la singularité initiale, et que l'Univers se meut par rapport à lui. C'est la relativité restreinte qui nous dit, pour résumer, que nous sommes tous au centre de l'Univers. (*Cf : astropolis.fr/Le Big-bang : Instant zéro ou "singularité initiale).

L'expansion de l'Univers est présentée aujourd'hui comme un ballon dont au fur et à mesure qu'on le pompe, le dessin inscrit au-dessus s'écarte de plus en plus. Ces dessins représentent les galaxies. Donc, le « principe cosmologique » pose comme pilier que nous ne sommes pas dans une région particulière de l'espace et qu'à suffisamment grande échelle, le cosmos observable est homogène comme le démontrent les images ci-dessous prises par les télescopes :

*En haut, la carte des fluctuations de températures du rayonnement fossile. En bas, une simulation montrant l'influence d'une forte rotation de l'Univers, ce que l'on n'observe pas © ESA, Planck Collaboration, D. Saadeh et al. (Cfr : Luigi Bianchi, Nous serions perdus dans un Univers isotrope, in*www.futura-sciences.com*)*

Vouloir créer un axe et un équateur, c'est revenir à un Univers statique auquel Albert Einstein qui le défendait a déjà jeté cette feuille à la poubelle. Donc, les Univers parallèle ou mathématique n'existent pas.

Section 4
Le concept d'Andreï-Sakharov

4.1. Présentation du concept d'Andreï Sakharov

Dans les années 1960, Andreï Sakharov a proposé un modèle d'Univers double dit « jumeaux ». Le premier est bien entendu le nôtre et le second est inversé en partant à rebrousse temps (rétrochrone) à partir de la fameuse singularité ou « Instant « zéro. Dans ce modèle, les deux Univers sont disjoints et symétriques (on dit en mathématiques « énantiomorphes ») et les temps s'écoulent à l'envers dans le second.

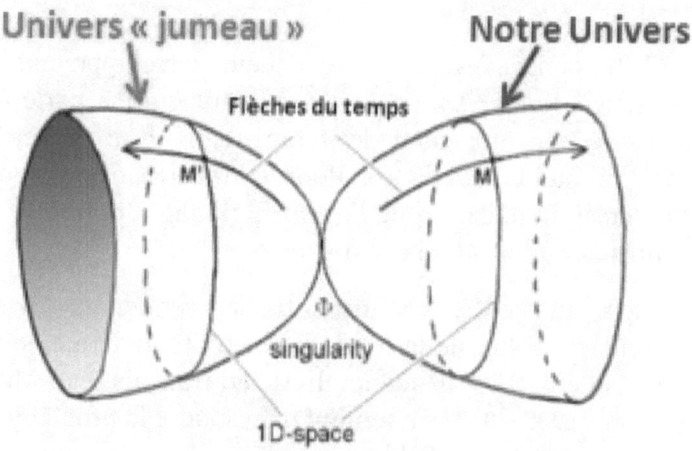

Univers double de Sakharov

(https ://zevengeur.files.wordpress.com/2018/01/sakharov-mode03.png ?w=300&h=187)

4.2. Le Modèle Cosmologique Universel face au concept d'Andreï-Sakharov

Nous avons introduit cette section pour appuyer une idée qui nous a effleurés. Enfin si le Big-bang fut précédé d'une inflation cosmique, cela veut dire que l'avant Big-bang était caractérisé par la déflation cosmique et cela par la condensation des eaux (des particules quantiques originelles) par un vent de Dieu (Ge 1 :2). Ainsi, les lois de la relativité s'exerçaient dans le sens contraire.

Dans la mathématique céleste, nous avons pu ressortir le chiffre de

In = 302.752 x 10^{18}km/s et cela est allé en décélération.

Cette pensée est similaire à ceux développé par Le physicien Russe Andreï Sakharov sauf qu'il a parlé des Univers jumeaux dont le temps dans l'un s'exerçait contrairement dans l'autre. Pour le Modèle Cosmologique Universel, la déflation de l'avant Big-bang a donné lieu à l'après-Big-bang et à l'expansion.

Alors que je croyais aussi être le premier en parlant de sens contraire de la loi de la relativité générale, je fus surpris de découvrir que le physicien français Jean-Marie Souriau (1922-2012), en tentant de résoudre le problème de l'Univers double de Sakharov, a démontré que l'inversion du temps est équivalente à l'inversion du signe de l'énergie. Et, il proposa comme solution l'inversion de l'Univers jumeau sur notre Univers un peu comme une chaussette de la manière suivante :

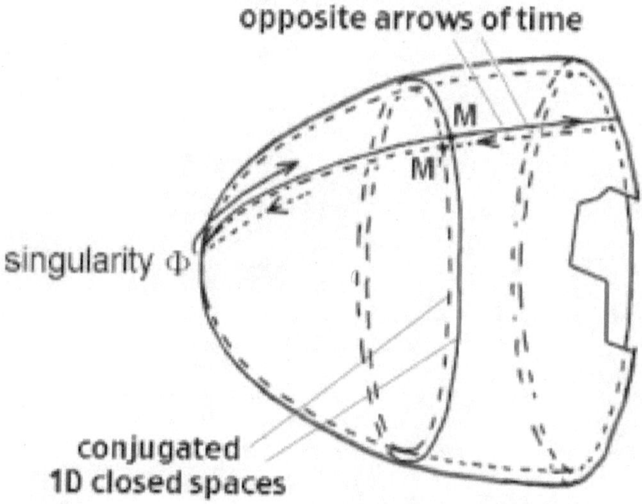

https ://zevengeur.files.wordpress.com/2018/01/sakharov-model-janus-01.png

« Les deux Univers n'en font alors plus qu'un avec un premier sous-ensemble constitué de particules à énergie positive et un second sous-ensemble avec des particules à énergie négative, ces deux sous-ensembles interagissent entre eux à travers la gravitation jusqu'à aujourd'hui. » (Cfr : Zevengeur, www.blogs, *zevengeur, Modèle Janus, le futur de la cosmologie, le*12/01/ 2018)

Or dans le Modèle Cosmologique Universel qui éclaircit tous les points d'interrogation des modèles cités ou non dans ce livre, nous avons dit que le Big-bang n'a pas que déversait la matière mais aussi des lois issues d'avant Big-bang. J'ai parlé des lois et non de la théorie. Une théorie est une traduction scientifique de loi. En partant des Univers jumeaux de Sakharov et de l'explication du physicien Jean-Marie Souriau, on retombe inexorablement dans l'existence d'un avant Big-bang dynamique soit au Modèle Cosmologique Universel.

Section 5
Le Modèle Cosmologie Cyclique Conforme

5.1. Présentation du Modèle Cosmologie Cyclique Conforme

Pour comprendre ce Modèle, commençons par introduire la notion de “cosmologie cyclique”, ou “d’Univers cycliques”. La cosmologie cyclique conforme (CCC) est un modèle cosmologique dans le cadre de la relativité générale, avancée par les physiciens théoriciens Roger Penrose et Vahe Gurzadyan.

L’idée des Univers cycliques est basée sur la théorie selon laquelle notre Univers traverse des cycles constants incluant Big-bang et compressions cosmiques, à la différence du modèle standard de la cosmologie, où il n’y aurait eu qu’un seul et même commencement (Big-bang). En d’autres termes, cette théorie postule que la fin de l’Univers est le début d’une nouvelle. Ainsi, notre Univers aurait déjà été précédé par d’autres et qui cédera aussi après un temps sa place à un autre. L’Univers actuel serait l’un de l’infini ”éons d’une durée de 10^{100}, soit 1 suivi de 100 zéros. Le mot « éon », tiré de Penrose, est la traduction du terme religieux de l’Est *Kalpa*, indiquant dans ces traditions une période allant jusqu’à 1,28 an Katherine. (Cf : *boowiki.info/art/cosmologie/cosmologie-conforme-cyclique).*

En combinant ainsi plusieurs Univers, le Modèle CCC tente de concilier les lois relativistes avec la mécanique quantique. Ainsi, Penrose affirme que sa théorie est le seul qui peut faire coïncider toutes les données recueillies et les formulations théoriques telles que le rayonnement de Hawking, contrairement aux autres, dont les théories sont jugées incomplètes, d’où, le terme « conforme ».

Penrose, qui est un savant mathématicien et physicien ne se base pas sur ces pensées ou sa philosophie seulement. Pour lui, un test de son modèle serait contenu dans le rayonnement de fond diffus cosmologique et les flots découverts en elle seraient les déchets d'Univers précédents, en particulier des collisions et des explosions des trous noirs super-massifs antérieures qui libéraient d'énormes « rafales d'énergie ». (Cf : *boowiki.info/art/cosmologie/cosmologie-conforme-cyclique.html)*

Toute au long de notre livre, nous avons dit que l'image du fonds diffus cosmologique doit être réexaminée par les scientifiques pour découvrir les traces de l'Avant Big-bang. M. Penrose et son équipe des chercheurs l'ont fait et l'ont découvert. Malheureusement, personne n'était là pour leur enseigner que dans le premier Modèle cosmologique contenu dans la Bible, on parlait déjà de l'abîme ou trou noir avant le Big-bang (la séparation des eaux d'avec les eaux selon la Bible). Ce n'est qu'une parenthèse pour tous les membres de son équipe qui me lisent.

Donc, En regardant la carte du rayonnement cosmique, Penrose et Gurzadyan ont noté la présence d'une série de cercles concentriques à l'intérieur de l'image (résidus d'énormes noirs), dans lequel la variation de température est beaucoup plus faible que prévu. L'aspect unique de ces cercles est que, selon les calculs des chercheurs, certains des cercles plus larges devraient être formés avant le Big-Bang. Ce sont les « points Hawking » qui seraient visibles dans le rayonnement fossile, témoignant de l'évaporation de trous noirs supermassifs survenue avant le Big-bang, dans un monde qui aurait précédé le nôtre.

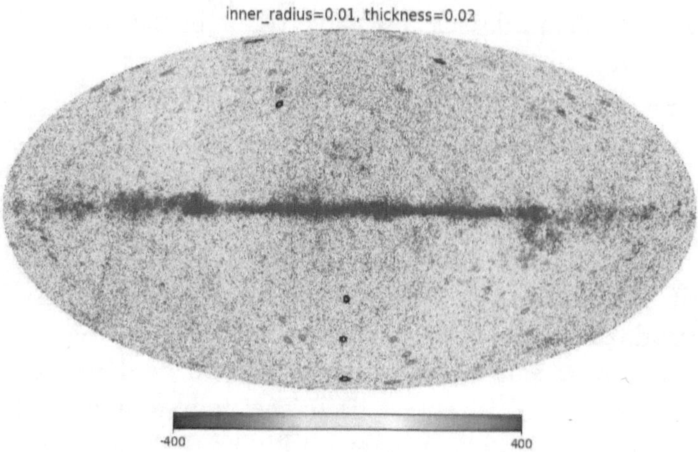

Les points de Hawking que les chercheurs pensent avoir trouvés sont indiqués par des cercles sur cette carte du rayonnement fossile. © Daniel An, Krzysztof A. Meissner et Roger Penrose. (Cfr : futura-sciences.com/sciences/actualites/cosmologie-preuve-avant-big-bang-roger-penrose).

Ceci confirme ce que nous ne cessons de dire, à savoir que l'image du fonds diffus cosmologique a encore beaucoup des secrets à nous livrer, à commencer par l'avant Big-bang.

5.2. Le Modèle Cosmologique Universel face Modèle Cosmologie Cyclique Conforme

Comme on le voit, le Physicien Roger Penrose s'acharne pour que les scientifiques acceptent son Modèle. Il a beaucoup écrit et continue d'exhiber les preuves d'un Avant Big-bang. Nous lui encourageons car l'existence de l'avant Big-bang avec des phénomènes dynamiques tels que décrit bibliquement comme « Un vent de Dieu se mouvait au-dessus des eaux » fait partie du Modèle cosmologique Universel.

En quoi la vision de l'avant Big-bang du Modèle Cosmologie Cyclique Conforme de Roger Penrose et des autres Modèles diffère-t-elle du Modèle Cosmologique Universel ?

Pour Roger Penrose, avons-nous dit, l'Univers est éternellement en expansion - compression et, paradoxalement, avec un nombre infini de Big-bang. D'où, on ne sait pas où se situe le point de départ ou le commencement. Il en est de même pour tous les autres modèles qui défendent un avant Big-bang. Ils ont presque tous, selon la vision reçue dans leur esprit sans le savoir et auquel ils n'ont pas su interpréter, qu'il y a eu un effondrement (abîme) avant le Big-bang.

Ne connaissant pas le schéma biblique de la création, ils se sont dit s'il y a eu effondrement, ce qu'il y a eu un trou noir. Et, s'il y a eu un trou noir, ce qu'il y a eu une étoile qui s'est explosée dans un Univers à plusieurs dimensions. Et, où a émergé cet Univers à plusieurs dimensions ? Leurs conclusions aboutirent à l'existence des Univers successifs ou des multivers.

La Bible qui se trouve à la portée de tout le monde a offert la réponse la plus logique dans leur questionnement. Pour le Modèle Cosmologique Universel, restituant scientifiquement le schéma biblique de la création, l'Univers a bel et bien un point de départ assortit bibliquement par le verset : « Au commencement, Dieu créa les cieux et la terre. La terre était informe et vide » (Ge 1 :1-2). C'est dans cette espace vide, qu'a eu lieu les premières manifestations des éléments tel qu'étudier dans la mécanique quantique dont la combinaison après des myriades des collusions et fusions a abouti à une première masse énergétique creusant l'espace-temps dénommé

« abîme » dans la Bible. Vu au loin selon la description biblique à savoir « il y avait des ténèbres à la surface de l'abîme, et l'Esprit de Dieu se mouvait au-dessus des eaux » (Ge 1 2), nous avons là l'image d'un trou noir.

J'avais déjà dit que dans le dictionnaire, l'abîme est défini comme un trou où se déroulent des phénomènes mystérieux. Cette définition ne vient pas de moi, je l'ai tiré dans le glossaire de free Bible et moi-même j'ai crié des joies en le lisant car cela confirme l'existence d'un trou noir ou quelque chose de pareil avant le Big-bang telle que je l'avais restitué avant de la lire.

En plus, concernant le fonds diffus cosmologique, pour le Modèle Cosmologique Universel, ce rayonnement pourrait être le même que ce qui est apparu dans la Bible à la fin de la première période (Ge 1 :3), mais, dans un Univers condensé, elle ne réapparaîtra que 380 000 ans plus tard après le Big-bang selon les observations.

L'étude doit se baser non sur sa réapparition mais sur la façon dont il peut apparaître et subsister jusqu'à ces jours. En outre, les Univers successifs de Roger Penrose ne pouvaient pas laisser des places à plusieurs lois de la mécanique quantique de transiter des énergies en passant par des particules-antiparticules, matières-antimatières, etc. Jusqu'à ce qu'on aboutisse à la formation des éléments.

A part ces raisonnements littérales, cette question des univers successifs étaient déjà débattus dans les passées comme nous pouvons la lire dans la citation suivante : « *Dans les années 1930, des physiciens notables tels qu'Albert Einstein et Richard Tolman, ont envisagé la possibilité d'un modèle cyclique de l'univers comme une alternative éternelle au modèle d'un univers en expansion. Cependant, les travaux de Tolman en 1934 ont montré que ces idées semblaient échouer en raison du deuxième principe de la thermodynamique : il stipule que l'entropie ne peut*

qu'augmenter dans un système fermé ».
(Cf : https ://fr.wikipedia.org/wiki/Mod%C3%A8le_cyclique)

Il faut dire que pour contourner ces remarques de Richard Tolmann, pour Roger Penrose dans sa théorie du modèle Cosmologie Cyclique Conforme, l'univers ne traverse pas une phase de contraction et que ce que nous pensons être une inflation est simplement l'expansion accélérée d'un éon antérieur.

Pour les croyants qui ne maîtrisent pas ce que veulent dire les Univers successifs, en termes religieux cela veut dire qu'il y a eu plusieurs fins du monde avant qu'on arrive à notre monde. Et, après la fin du monde de notre monde, il y aura encore l'apparition d'un autre monde physique ou des autres mondes physiques qui connaîtront aussi après plusieurs éons, leur fin du monde. Voilà où conduisent les raisonnements des grands savants quand ils raisonnent sans la religion.

Les domaines de la physique et de la mathématique étant bien maîtrisés par Roger Penrose, je lui invite seulement à raisonner sur ces versets écrits il y a de cela 1.500 av. J.-C. et à faire reporter tout ce qu'il a écrit pour les autres Univers au seul Univers d'Avant notre Big-bang. Que ça soit les multivers, les Univers multidimensionnels, et les Univers successifs, rien ne peut apparaître simultanément avec toutes ces structures comme dans le modèle stationnaire de Fred Hoyle. Il devrait toujours avoir un commencement quelque part dans un vide. Et c'est ce que la Bible confirme dans le verset « La terre était informe et vide ». Quelque chose qui est informe et vide, avons-nous dit, c'est quelque chose qui n'a pas d'existence matérielle, sauf l'énergie. Lisons :

Ge 1 : 1 *Au commencement, Dieu créa les cieux et la terre. 2 La **terre** était **informe** et **vide,** il y avait des **ténèbres à la surface de l'abîme**, et **l'Esprit (un***

***vent)** de Dieu se **mouvait** au-dessus des **eaux**.*
*3 Dieu dit : Que la lumière soit! Et **la lumière fut** . 4 Dieu vit que la lumière était bonne; et Dieu **sépara** la **lumière** d'avec les **ténèbres**. 5 Dieu appela la lumière jour, et il appela les ténèbres nuit. Ainsi, il y eut un soir, et il y eut un matin : **ce fut le premier jour** .*

Tout ce qui est écrit en gras, a été restitué scientifiquement au Tome I. Personne ne pouvait penser qu'un jour la compréhension du schéma biblique de la création deviendra un objectif à atteindre par les savants pour la compréhension de l'Univers. Auparavant, moi aussi je lisais ces versets d'une manière littérale et méditative. Je ne savais pas ce schéma cachait le plus grand secret scientifique du début de l'Univers.

Sur le plan scientifique, c'est plutôt le savant Italien Gabriele Veneziano, créateur en 1968 de la théorie des cordes, qui sans le savoir, a rejoint la Bible avec son modèle des cordes qui stipule que l'Univers nous vient d'un vide infini. (cf : lalibre.be.qu'avait-il avant le big-bang ? le 15/12/2005 par Guy DUPLAT).

Section 6
L'Univers électrique

6.1. Présentation de la théorie de l'Univers électrique

La théorie de l'Univers électrique fut raffinée par WALLACE Thornhill et David Talbott. Selon cette théorie, L'électricité peut expliquer l'ensemble des phénomènes cosmiques d'une manière bien plus satisfaisante que les théories que nous possédons déjà. Ainsi, dans notre Univers, l'électricité gouverne tous les phénomènes. Le plasma imprègne tout l'Univers de ses filaments. Ces filaments, à leur tour, conduisent le courant électrique, et le courant électrique dirige le cosmos. Par conséquent, les phénomènes électromagnétiques, la gravité, les mouvements des atomes sont des manifestations de la force électrique à des échelles différentes.

Le courant électrique qui circule le long des filaments de plasma forme et anime les galaxies. Ce courant passe dans les étoiles, les faisant briller comme des ampoules électriques. L'électricité est à l'origine de la formation des planètes. Les cratères que l'on trouve parfois à leur surface proviennent des arcs électriques qui, comme des éclairs, impriment des formes variées sur les sols.

En plus, selon toujours la théorie de l'Univers électrique, les trous noirs n'existent pas, pas plus que la matière noire et L'énergie noire. Le Big-bang ne s'est jamais produit et la théorie de la relativité générale d'Einstein n'est qu'une vaste plaisanterie. (*Cf : motherboard.vice.com/a-la-rencontre-des-partisans-de-la -theorie-de-l-Univers-electrique par Sarah Scoles févr. 22 2016*).

Le titre de cette théorie me fait penser au premier rêve que je fais quand Dieu m'a montré comme les éléments se transformaient de l'invisible au visible et j'en ai déjà parlé.

6.2. Le Modèle Cosmologique Universel face à la théorie de l'Univers électrique

La théorie de l'Univers électrique, tant critiquée, ne cesse de gagner des partisans dans tous les coins du monde. Mais, en rejetant ce qui est acquis, c'est-à-dire l'existence du Big-bang reconnut par le Modèle Cosmologique Universel, elle s'inscrit en faux.

Après cette petite ébauche de présentation, je dirais que les auteurs de la théorie, critiqués par l'ensemble des astrophysiciens n'ont pas tort de raisonner ainsi. Ce que je voulais corriger ici, va au-delà ce que ces théories disent.

En effet, l'électricité dérive du mot échange ou déplacement des électrons. Sans échange des particules par leurs propriétés intrinsèques, l'Univers ne sera pas ce qu'il est aujourd'hui. Cet échange crée en premier lieu l'électricité (ex : électrisé par frottement).

Selon les Principes de la création, branche du livre du Principe divin du Rév. Dr. S.M. Moon, les propriétés intrinsèques des particules proviennent des caractéristiques duales de Dieu qui est la cause. Ces propriétés qui tendent à unifier les énergies projetées en créant une rotation, expliquées bibliquement par la phrase « ...un vent de Dieu se mouvait au-dessus des eaux » (Ge 1 :2), crée des phénomènes électriques, d'où le fondement de la théorie selon le Modèle Cosmologique Universel.

Donc, avant même qu'on puisse parler de l'électricité tel qu'on en connaît aujourd'hui, au niveau de la nature, il y avait déjà des phénomènes électriques caractérisés créés par des croisements des rayons. Au niveau de l'Univers profond, les astrophysiciens constatent les mêmes phénomènes électriques auxquels ils n'arrivent pas à expliquer, malgré ceux déroulant dans l'atmosphère terrestre est expliqué par le schéma suivant :

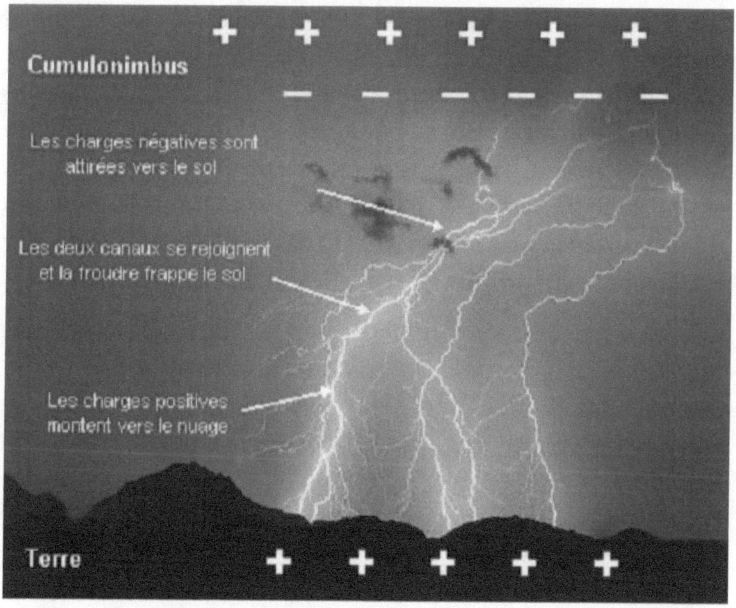

Illustration expliquant la formation d'éclairs au sein d'un orage. Crédits : Astrosurf

https ://trustmyscience.com/wp-content/uploads/2019/05/formation-eclair-orage.jpeg

Le Modèle Cosmologique Universel qui tend à unifier et à corriger tous les Modèles, n'exclut pas les explications avant de les analyser.

Pour le Modèle Cosmologique Universel, la théorie de l'Univers électrique doit se limiter autour de contacts des particules virtuelles et leurs effets. Étant donné que ces contacts ont précédé le Big-bang, leurs auteurs doivent plutôt se joindre au Modèle Cosmologique Universel qui explique la continuité des premières énergies jusqu'à l'homme en reconnaissant les acquis scientifiques du Modèle standard. Tout ceci peut être compris scientifiquement avec cette analyse de la physicienne J. Baker concernant la réionisation :

« *Quand les photons qui composent le fonds diffus cosmologique ont été libérés, l'Univers est passé d'un état électriquement chargé et opaque (électrons et protons pouvaient disperser les photons) à un état neutre et transparent... Mais l'Univers que nous voyons aujourd'hui est presque entièrement ionisé. L'espace intergalactique est rempli de particules chargées...* ». (Cf : J. Baker : 50 clés pour comprendre l'astronomie, éd. Dunod, Paris 2016, p. 145).

L'idée de l'Univers électrique n'a fait que confirmé tout ce que j'ai dit concernant la création des zones électromagnétiques générant des charges différentes et des rayonnements à cause d'une vitesse de rotation non uniforme à différentes échelles de l'Univers. J'ai donné comme cas de figure l'étude du soleil. Le phénomène est semblable à ce qui se passe dans l'espace terrestre concernant les ouragans. En effet, les vents puissants, les fortes pluies et les nuages tournoyants d'un ouragan produisent de l'électricité dans les nuages qui se manifeste par des éclairs, voire les foudres.

Pour appuyer tout ce que je viens de dire dans ce point, je vous recommande le documentaire scientifique ***« Nouvelle théorie du champ unifié : explication de l'Univers Dynamique »*** qui confirme que c'est le Mouvement en provenance de la cause sur les premières particules virtuelles, selon la loi d'incertitude, qui est à la base de toute création et cela confirme le verset « ...un vent de Dieu se mouvait au-dessus des eaux » (Ge 1 :2) avant le Big-bang.

Donc, nous appuyons les théories de l'Univers électrique tout en rappelant à leurs auteurs que le Modèle Cosmologique Universel inclut le Big-bang.

Pour résumer, le Modèle Cosmologique Universel qui restitue l'histoire de la création biblique, reconnait 3 étapes pour l'univers.

1) L'univers a commencé par le néant, le chaos et le vide défini bibliquement par la phrase « une terre informe et vide » (Ge 1 :2). Quelque chose qui est informe et vide, c'est tout simplement quelque chose qui est matériellement inexistant. C'est comme un gaz incolore et inodore dans le vide ou dans l'espace, avons-nous dit.

C'est dans cet univers qu'une énergie qualifiée de l'esprit de Dieu s'est mis à se mouvoir sur la matière originelle qualifiée de l'eau jusqu'à son échauffement (Et, la lumière fut) (Ge 1 :5). C'était pendant la période de l'avant Big-bang.

2) S'étant condensé à l'extrême par la déflation cosmique, il y eut une expansion qualifiée de Big-bang par la science et de la séparation des eaux d'avec les eaux par la Bible (Ge 1 :6-7). C'est le Big-bang.

3) Après vint l'après Big-bang reconnut bibliquement et scientifiquement depuis la création des astres jusqu'à nos jours. (Gé 1 :9-31).

Tels sont les grandes lignes du Modèle Cosmologique Universel. Donc, le Modèle Cosmologique Universel est le seul modèle qui vient de dévoiler la ligne de départ de l'Univers, en passant par le Big-bang jusqu'à ces jours

Chapitre XI
Le champ de Higgs

La conception du champ de Higgs est encore sujette à des interprétations. Certains le situent au tout début de l'Univers primitif, d'autres le placent à l'Univers même qui nous englobe. Avec cette dernière conception, nous pouvons dire que l'Univers lui-même est un champ de Higgs.

Le champ de Higgs peut être défini comme un lieu où les particules des matières acquièrent de la masse et cela par l'intermédiaire d'un boson appelé le boson de Higgs (du nom de physicien qui a prédit son existence).

Section 1
Le boson de Higgs

1.1. Présentation du boson de Higgs

Le modèle standard de physique implique l'existence du boson de Higgs, permettant aux autres particules d'acquérir leur masse. Le champ qui permet aux particules d'acquérir cette masse est appelé le champ de Higgs.

À l'origine, selon le modèle standard de la physique des particules, toutes les particules élémentaires auraient dû avoir une masse nulle, ce qui n'est pas conforme à l'observation : les scientifiques ont pu établir expérimentalement les masses de plusieurs particules avec de bonnes précisions. Seuls le photon et les gluons seraient de masse nulle. (Cf : wikipédia.fr, le Champ de Higgs)

Pour corriger ce modèle, le physicien Peter Higgs a proposé, vers la fin des années 1960, d'y ajouter une autre particule : un boson conférant les masses à toutes les autres particules. L'idée de base était que les particules acquièrent une masse en interagissant avec un champ appelé champ de Higgs, porté par ce boson de Higgs. Ce mécanisme est maintenant considéré comme une partie essentielle du modèle standard.

Au départ je m'étais dit, voici une notion de physique qui éloigne les savants vers Dieu car, selon moi, cela est contraire au Principe de la création du Rév. Dr. Sun Myung Moon. Je ne m'étais pas fait d'illusion car effectivement j'ai découvert que plusieurs savants mettent en parallélisme la notion de champ de Higgs avec Dieu comme nous allons le voir.

Considérer au départ comme une prédiction par les savants, Le boson de Higgs semble avoir finalement été découvert en 2012 au CERN avec le LHC. Ce boson qui défie Dieu fut qualifié de "particule de Dieu". Elle doit ce surnom à Léon Lederman, prix Nobel de physique en 1988.

Dans la notion de champ de Higgs, Peter Higgs a prédit que les particules ne peuvent se mettre en action qu'en acquérant une certaine masse lors de leurs déplacements. La construction du grand collisionneur des hadrons a permis aux savants de découvrir un boson qu'ils qualifièrent de boson de Higgs. La découverte de ce boson était prédite comme « la trouvaille scientifique qui devait éclipser Dieu ». L'astrophysicien français Etienne Klein a lancé un défi à la religion sous forme d'anagramme en disant :

« *"L'accélérateur de particules" — qui aura permis cette découverte — "éclipsera l'éclat du créateur"...* » (Cf : lemondedesreligions.fr/actualite/le-boson-de-Higgs-a-t-il -revele-l-existence-de-dieu-10-07-2012, Fabien Trécourt).

Pour la science, dans le site ci-dessus, les plus petits éléments qui composent l'Univers, les quarks, n'avaient pas de masse à l'origine. Quand ils se déplacent, on suppose qu'ils traversent un "champ de Higgs", omniprésent, qu'on peut assimiler à un champ de neige dont les bosons seraient les flocons. Les quarks se couvrent de bosons comme on se couvrirait de neige. Ils acquièrent ainsi une masse et peuvent se lier pour former de nouvelles particules. Celles-ci, à terme, donneront de la matière.

La théorie du champ de Higgs n'explique pas d'où vienne cette masse. Par conséquent, nous pouvons déduire que celle-ci devrait se retrouvait dans ce champ. Elle se colle aux particules quand ces derniers la traversent, maintenue par un boson leur servant de glu qu'on appelle boson de Higgs. Le laboratoire LHC a dû fêter l'événement en le découvrant qui pour eux confirme cette théorie.

1.2. Le champ de Higgs face au Modèle Cosmologique Universel

Pour le Modèle Cosmologique Universel, le champ de Higgs prédite par les savants n'existe pas, à moins qu'on l'assimile à l'Univers même. Selon le Modèle Cosmologique Universel, chaque particule porte le germe de sa masse dès sa formation. Une particule, est une sommation d'énergie. Entendez par là, collision et fusion. Or, à toute énergie, il y a déjà soit une masse latente, soit une masse dispersive. Donc, la masse n'est pas acquise au cours d'un vagabondage des particules dans un champ. Je sais que les savants me diront que les photons n'ont pas de masse. C'est parce que ce sont des projections énergétiques dont les masses se trouvent déjà briser, donc dispersive.

Pour mieux comprendre la relation masse particule, la situation est plus profonde que même le Grand collisionneur d'Hadron ne peut y apporter la réponse. Mais, qu'il continue dans leur recherche car ce sont les résultats qu'ils trouvent qui ramènent la science vers Dieu. Toutefois j'offre une explication tout en me forçant de ne pas être trop spirituel.

Donc, les particules actives sont liées à la matière qui contient de l'énergie et ils se meuvent selon une nature intérieure qu'on ne peut pas voir, ni prédire. Même la mécanique quantique parle de la probabilité.

C'est la matière ou la masse qui donne à ces particules les propriétés de gravité qui est le pouvoir de se combiner et d'inertie qui est le pouvoir de résister. Les propriétés d'une particule et de sa masse proviennent des caractéristiques duales de Dieu. Sur la base de ses caractéristiques, deux ou plusieurs particules entretiennent des relations réciproques jusqu'à former des atomes.

Ceci répond à la loi de Higgs selon laquelle les particules ne s'unissent qu'une fois acquit la masse. Pour le Modèle

Cosmologique Universel, ce n'est pas une fois acquit la masse, mais c'est à travers sa masse. C'est dans cette action de donner et recevoir entre les particules massives que sont engendrées les forces nécessaires pour l'unification, créant l'activité.

Donc, dès leur création toute particule porte déjà en elle la masse.

En conclusion, nous n'avons pas mis en doute l'assertion de Peter Higgs selon laquelle les particules n'entrent en interaction qu'à travers leur masse. Mais, c'est l'existence d'un champ de Higgs dans l'Univers que nous rejetons. Un champ que les particules ont traversé pour acquérir la masse.

– La masse des particules leur confère les propriétés gravitationnelles comme l'a bien souligné Peter Higgs.

– Que le LHC a découvert un boson qu'il a attribué comme étant le boson de Higgs, n'est pas aussi notre problème. Après tout, il écrit dans la Bible que c'est l'homme qui a le pouvoir de donner le nom (Ge 2 :19). Aucune chose ne se nomine elle-même. Donc, un boson ne peut pas se désigner seul comme étant le boson de Higgs.

Lors des collisions des protons, il y a des milliers des particules qui se désintègrent et dont on n'a même pas le temps de les isoler. Mais, parmi ce qu'on a isolé, on a vu que l'un a les propriétés prédites pour le boson de Higgs. Mais, jusque-là, on ne l'a pas encore expérimenté à l'état naturel.

En conclusion, nous nous inscrivons en faux concernant l'existence du champ de Higgs. Mon argument est basé par ma fameuse formule mathématique céleste :

Divinité = In [(Ci. Ma) + (P.N) + (M.F)] où on voit que dans l'invisibilité **In**, la masse existe déjà **(Ma)**.

Donc, pour le Modèle Cosmologique Universel, la masse fait partie des propriétés intrinsèques pour les particules massives. D'ailleurs, en physique, la masse est considérée comme étant une grandeur physique intrinsèque d'un corps. Par intrinsèque, il faut attendre ce qui est naturel et indépendant des facteurs extérieurs.

Pour le Modèle Cosmologique Universel, le boson de Higgs reste néanmoins un boson d'interaction masse-particule comme le gluon l'est pour les quarks.

Ainsi, nous voulons aussi apporter notre contribution en répondant aux arguments présentés après la découverte du boson de Higgs. Il s'agit des extraits de la conférence de la physicienne Sandrine Laplace, tenue le 06/06/2014 dans la « Nuit des Sciences » à Paris à travers le documentaire intitulé **« Le boson de Higgs »**.

1.2.1. Le boson de Higgs, le champ de Higgs et notre point de vue

Les propos de Sandrine Laplace, chercheuse au CNRS, font partie de ce qu'on appelle les observations. Et quand on s'attaque à l'observation, cela veut dire qu'on ne s'attaque pas à son présentateur.

Donc, ceux qui n'étaient pas les témoins directs de la découverte de ce boson peuvent aussi émettre leur conclusion en se basant sur ces observations. Il ne s'agit donc pas d'une critique; mais d'une analyse scientifique qui peut être différente du point de vue des commentateurs. C'est comme ça que le fonds diffus cosmologique a été découvert. Alors que leurs observateurs pensaient à une panne technique de leurs antennes, ceux qui les écoutèrent leurs ont fait comprendre qu'ils venaient de découvrir le rayonnement fossile. Et, cela leur a valu le Prix Nobel de la Physique.

Donc, en science un son de cloche différente n'est pas une critique, mais doit plutôt amener leurs auteurs à plus de recherche. C'est dans ce cadre que nous aussi, qui ne sommes pas encore convaincu de l'existence d'un champ de Higgs et non du boson de Higgs, à une certaine période de l'Univers après le Big-Bang, nous offrons nos points de vue sur les propos tenus lors de la présentation du boson de Higgs.

01. « *Le boson de Higgs n'existe pas à l'Univers de façon naturelle* » . (CNRS)

R/ Certains phénomènes physiques et chimiques ne se déroulent que des façons artificielles pour découvrir les composantes et les interactions qui s'y cachent. Par exemple, pour les noyaux, on recourt à la fission. Ainsi, pour découvrir les composantes atomiques, le LHC recourt aux collisions des éléments en les soumettant les uns aux autres dans le sens opposé à la vitesse proche de la lumière et de les faire percuter.

Ainsi pour découvrir ce qu'on a qualifié de boson de Higgs, le travail fut plus difficile que ce qu'on pensait. Lisons les propos de Sandrine Laplace dans le documentaire le boson de Higgs :

« *1 boson de Higgs est produit après tous les 5 milliards de collisions des constituants des protons (gluons, quarks...). Leur production est un processus rare car on a besoin de grande énergie et de beaucoup de collisions. Il faut 2808 paquets de 100.000 millions de protons chacun avec environ 20 collisions (croisement : 600 millions de collisions par seconde)* ».

Voilà pourquoi la découverte de ce boson qui est venu confirmer selon les astrophysiciens la théorie sur l'existence de champ de Higgs est historique. Même nous, nous saluons cette découverte, mais cela ne confirme pas l'existence d'un Champ de Higgs en se référant au Modèle Standard.

02. « ***Aux premiers instants de l'Univers (avant la brisure de symétrie électrofaible), le champ de Higgs emplissait tout l'espace, mais n'avait aucun effet sur les autres particules. Les particules se déplaçaient à la vitesse de la lumière car elles n'avaient pas de masse*** ». **(CNRS)**

R/Pour ne pas revenir aux explications très compliquées des astrophysiciens, nous pouvons dire qu'il y a brisure de symétrie en physique quand ce qui est prévu mathématiquement ou théoriquement connaît un changement brusque suite à une circonstance non prévue et dont le résultat final ne peut être prédit.

Ainsi, selon les astrophysiciens, de nouvelles propriétés ont pu subitement émerger dans l'Univers à mesure qu'il se refroidissait et cela suite à son expansion exponentielle après le Big-bang. Ce phénomène fut baptisé de la brisure spontanée de symétrie.

Selon nous, les mesures de temps dans l'ère inflationnaire et la brisure de symétrie sont des théories, certes justes, mais montées pour sauver le Modèle Standard, c'est-à-dire pour justifier que tout à commencer à partir du Big-bang. Dans le Modèle Cosmologique Universel par exemple, la mécanique quantique et même ces notions de champ de Higgs font partie de la physique de la création quand l'Univers, à partir du vide a commencé sa déflation. Les éléments ne se forment et ne s'unir que quand le processus de la condensation s'amorce comme à l'intérieur des étoiles. L'inflation, comme une supernova, ne vient que pour révéler ce qui a été formé.

03. « ***Quand l'Univers est âgé de 10^{-10} Secondes (lors de la brisure de symétrie électrofaible), le champ de Higgs emplit tout l'espace et acquiert une valeur dans le vide non nul. Certaines particules interagissent alors avec ce champ, ce qui les ralentit et elles***

***acquièrent la masse. En effet, Le champ de Higgs a une forte viscosité et transparent et les particules en passant à travers, acquiert la viscosité. C'est le même mécanisme qui rend un aimant supraconducteur » .* (CNRS)**

R/- Donc, on pense que c'est entre 10^{-12} et 10^{-6} secondes après le Big-bang à l'Ère des quarks qu'il y a eu la brisure de symétrie, à la fin de l'ère électrofaible. C'est à ce moment-là que toutes les particules fondamentales ont acquis une masse par le mécanisme de Higgs dans lequel le boson de Higgs à lui-même acquit une valeur d'espérance dans le vide. (Cf : Wikipédia : histoire de l'Univers).

En découvrant plus tard les propriétés que doit avoir le champ de Higgs, on voit que tout au début de l'Univers, on n'avait pas un tel milieu naturel avec une précision mathématique pour tout ce qui est écrit ci-dessous concernant la liaison particule-masse. Lisons :

« *Pour que les bosons W et Z acquièrent de la masse, on va les mettre dans une sorte de mélasse. La masse, c'est quelque chose qui s'oppose au changement dans le mouvement, et pour donner une illusion de masse à une particule, on peut la faire interagir avec un nouveau champ, qui va jouer le rôle de la mélasse. En pratique dans la théorie, cette mélasse est fournie par un champ, qu'on appelle le champ de Higgs. Toute la difficulté, c'est de faire en sorte que ce champ crée bien une mélasse à basse température, mais pas à haute température... Comment faire pour avoir un champ avec toutes ces propriétés ?* (Cf : sciencetonnante.wordpress.com/2011/11/21/le-boson-de-Higgs-explique-a-ma-fille/ David Louapre).

La citation ci-dessus nous montre que pour que les particules acquièrent la masse il faut des températures précises. La physique, qui est une science de la nature expérimentale, en étudiant les phénomènes naturels et leurs évolutions ne peuvent créer une propriété pour l'attribuer à un champ de l'Univers que sous forme de prédiction. Or, aux premiers instants du Big-Bang, soit durant la période inflationnaire, l'Univers n'avait pas une alternance des températures telles que décrit ci-dessus. De $10^{15°}$ C, cette température ne faisait que décroître pendant l'inflation suite à l'expansion de l'Univers.

Pour revenir à la notion de la brisure de symétrie, après 10^{-10} s et qui a permis à l'Univers d'acquérir les propriétés d'un champ de Higgs à un certain moment et aux matières d'acquérir parfois des nouvelles propriétés inattendues, tout cela devrait aussi entraîner la modification des constantes fondamentales qui sont associées aux masses des particules élémentaires, ou aux caractéristiques des interactions fondamentales (qu'on appelle aussi constantes de couplage). Or les physiciens sont perplexes car si ces constantes fondamentales avaient été différentes de leur valeur actuelle, le monde qui nous entoure n'aurait pas eu la moindre chance de se créer. (Cf : webinet.cafe-sciences.org/cosmologie-fastoche-33par Xochiplli, le 29/05/2011).

04. « La masse de particules élémentaires n'est pas une propriété intrinsèque des particules, mais résulte d'une interaction avec le champ de Higgs qui emplit le vide ». **(CNRS)**

R/ Dans le documentaire scientifique « l'intrication quantique » de David Louapre sur

sciencétonnante.com, l'auteur nous dévoile que l'électron qui est l'un des constituants fondamentaux de la matière a une masse d'environ $9{,}11 \times 10^{-31}$ kg. Cette masse selon l'auteur, ne vient pas d'une formule, ni d'un champ, mais fait partie de sa propriété intrinsèque. Et déjà, au niveau de sa masse, on découvre des propriétés que confèrent les caractéristiques duales de Dieu selon le

Principe de la Création. C'est-à-dire que l'électron, en plus de tourner autour du noyau, tourne aussi sur lui-même.

Pour ne pas parler de la rotation, au niveau de particule, on parle de Spin qui est le mouvement qu'anime la particule en étant isolé.

05. « La masse de boson de Higgs est d'environ 125 GeV. Cette masse devrait valoir l'échelle de Planck, ce qui n'est pas le cas. Il faut un nouveau Modèle pour expliquer le problème lié à la masse du boson de Higgs ». **(CNRS)**

R/ Dans l'article « Le boson de Higgs a-t-il révélé l'existence de Dieu ? » nous lisons :

« Néanmoins, cette découverte "pose autant de questions qu'elle apporte de réponses, précise le bulletin du CERN. Par exemple, qu'est-ce qui détermine la masse du boson du Higgs"? On serait tenté de reformuler : quelle est l'origine de l'origine? Tant que les scientifiques ne seront pas remontés au big-bang lui-même voire à ce qui l'aurait précédé, il est à parier que les religions se satisferont de leurs propres explications sur la création de l'Univers ». (Cf : lemondedesreligions.fr/actualite/le-boson-de-Higgs-a-t-il -revele-l-existence-de-dieu-10-07-2012, Fabien Trécourt).

En d'autres termes, si le champ de Higgs confère leur masse aux autres bosons, mais le boson de Higgs lui-même, qui lui a conféré la masse ?

Comme quoi, nous nous satisfaisons de nos explications dans le cadre du Modèle Cosmologique Universel.

06. « Les bosons de Higgs, ni le Modèle Standard n'expliquent pas pourquoi les particules élémentaires ont des masses aussi différentes ». **(CNRS)**

R/ L'argument scientifique est que, quand les particules traversent le champ de Higgs, ils acquièrent de la masse dont la vitesse de chacun détermine le facteur de la quantité. Le plus lent acquiert de grande masse car ayant passé trop de temps dans le champ de Higgs par rapport au plus rapide. Cet argument scientifique reste une supposition dont on ne peut démontrer.

07. ***« Si le Modèle standard est la bonne théorie pour tout expliquer jusqu'à l'échelle de Planck, alors le vide serait « métastable ». En effet, le boson de Higgs possède une masse particulière (à la limite de la métastabilité du vide si le Modèle Standard devait être valide jusqu'à l'échelle de Planck) »*** **. (CNRS)**

R/La métastabilité c'est l'état de quelque chose dont le changement est si lent qu'il paraît être stable. Ainsi, à l'échelle de Planck, l'Univers a paru être stable. Cet état de la métastabilité de l'Univers est reconnu aussi dans le Modèle Cosmologique Universel.

En effet, après la mouvance d'un vent de Dieu sur l'eau (matière originelle), l'Univers s'est fortement réchauffé jusqu'à dégager la première lumière exprimée par le verset « Et la lumière fut ». Puis, vint ce temps de la métastabilité caractériser par la phrase biblique « *Ainsi, il y eut un soir, et il y eut un matin : ce fut le premier jour* ». Ce fut le temps où les extrêmes ont pu se rencontrer et c'est ce qui explique l'homogénéité de l'Univers. C'est après ce laps temps de la métastabilité que surviendra le Big-bang suivit de l'inflation exprimée bibliquement par le verset « *Et Dieu fit l'étendue, et il sépara les eaux qui sont au-dessous de l'étendue d'avec les eaux qui sont au-dessus de l'étendue* » (Ge 1 :7).

Comme on le voit, là où les astrophysiciens parlent de la brisure spontanée de symétrie, Moïse aussi était conscient de ces phénomènes mais sachant qu'il y avait un objectif à atteindre, a utilisé les phrases comme « Dieu dit, Dieu fit, Dieu créa ». C'est aussi dans le même ordre d'idée que l'astrophysicien B. Millikan, cité dans la conférence de

David Elbaz « **À la recherche de l'Univers invisible** », parlait de la recherche du « cri de Dieu » pour la découverte des traces de la première lumière et qui pour lui était aussi la signature divine de la formation des atomes.

Comme on le voit, le schéma biblique de la création, en attribuant un temps à chaque grand événement par le mot jour, ne peut plus être classé dans la cosmogonie, mais plutôt dans la cosmologie.

Enfin pour revenir sur le parallélisme entre l'échelle de Planck et le boson de Higgs, ce dernier devrait avoir des coefficients quantiques. En effet *entre* 10^{-43} *et* 10^{-36} *secondes après le Big-bang* à l'ère de grande unification, l'unification de l'interaction forte et de la force électrofaible conduit à ce que la seule particule à laquelle on puisse s'attendre à cette période est le boson de Higgs. (Cf : Wikipédia, Histoire de l'Univers). L'appréciation appartient aux astrophysiciens.

08. « La somme de la masse de 3 quarks composant les protons ne fait que 1 % de sa masse totale. Le boson de Higgs ne donne la masse qu'aux particules élémentaires. Les autres, c'est la masse de force ». **(CNRS)**

R/Cette notion de champ de Higgs créé deux lois sur l'origine de la masse. Cela est incompatible pour la physique de la création. Quand on dit que toutes les créatures vivantes sont issues de la poussière, il n'y a aucun qui fait exception. Donc, l'origine de la masse aussi, qui est intrinsèque à chaque créature ne devrait obéir aussi qu'à une seule loi ou principe et c'est ce qui est expliqué dans le Principe de la création du Rév. Dr. Sun Myung Moon sur l'origine de hyung sung (masse) qui dit ceci :

« *Le Hyung Sang originel représente les attributs extérieurs de Dieu et est l'origine de la substance et de la forme de tous les êtres créés : le corps de l'homme, le corps des animaux et des plantes et la substance et la forme de la matière inorganique »*.

Le langage est un peu religieux, mais, je laisse à chacun de faire ses propres recherches et d'en tirer les conclusions. Donc, ce hyung sang qui est un terme coréen, mais qu'on peut aussi qualifier de masse en physique, n'a résidé nulle part dans l'espace créant un champ de Higgs. Elle s'est acheminée dans le rayonnement à travers l'énergie fondamentale et fait donc parti de la propriété intrinsèque des particules.

09. Complément d'un autre chercheur dont l'argument n'a pas convaincu l'auditoire : « *Il y a une autre source de masse qui n'a rien à voir avec le boson de Higgs. Il existe dans l'histoire de l'Univers plusieurs transitions de phase et à chaque fois le comportement de la matière changeait* » .

R/ Cela appelle pour nous aucun commentaire, sauf la confirmation de tout ce que nous venons de dire.

Aujourd'hui, plusieurs lois de physique qui s'avère être vraie, ne trouvent pas leur vraie place dans le Modèle standard. On se retrouve comme dans un jeu de puzzle.

Dans le cadre du Modèle Cosmologique Universel, toutes les températures extrêmes atteintes après le Big-bang pendant l'inflation et l'expansion exponentielle de l'Univers, ont été aussi atteintes avant le Big-bang pendant la déflation cosmique au moment où l'Univers se condensait. Cela a abouti après un réchauffement extrême, par l'apparition de la première lumière caractérisée par le verset biblique « *Dieu dit que la lumière soit et la lumière fut* » (Ge 1 :3) et confirmé par la découverte du fonds diffus cosmologique. Ceci permet déjà d'arranger plusieurs lois.

Voyons encore ce tableau :

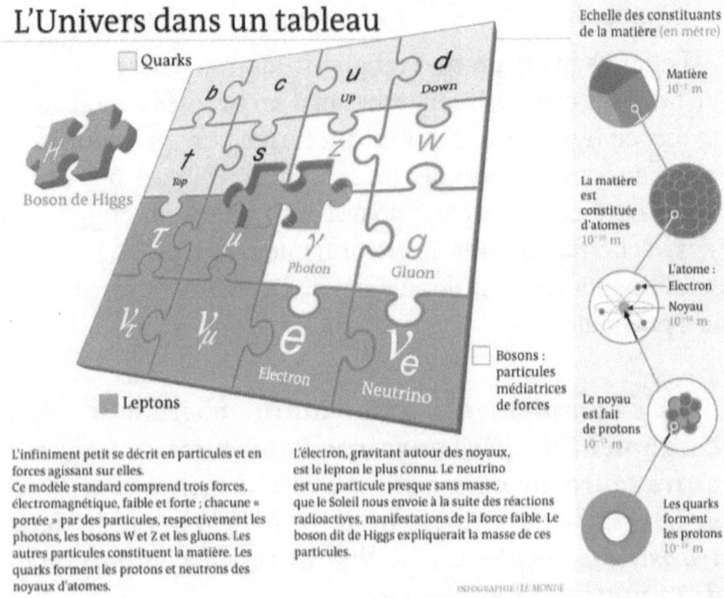

(https ://img.lemde.fr/2012/07/04/0/0/900/712/688/0/60/0 /ill_1729129_f207_boson-de-higgs.gif)

Les bosons sont décrits comme des glus. Dans la vie courante, l'existence d'une colle dans un corps fait que les composés contiennent 3 éléments en provenance des endroits différents. 2 éléments à part et la colle qui les soude. Cette colle c'est ce que les scientifiques appellent le boson. En effet, selon le Physicien et Philosophe Français Etienne Klein, « une interaction ne s'exerce entre deux particules que par l'échange d'une troisième, qu'en termes savants on appelle le boson de jauge de l'interaction ». (Cfr : klein, Etienne, les secrets de la matière, éd. Plon, Paris 2008, p.51).

Dans la théorie de Brout-Englert-Higgs (BEH), qui sont tous des grands savants et je n'en discute pas, cela crée plusieurs équations qui la remettent en cause. La théorie dit que les particules acquièrent la masse en traversant un champ, entendez par là, le champ de Higgs, qui à cause de sa forte viscosité et transparent font que les particules en passant à travers, acquièrent la viscosité. Les particules avaient-elles déjà leurs bosons auquel la masse est venue se coller ? Ou les bosons se retrouvaient dans le champ de la masse visqueuse ? Ou, c'est cette viscosité qui constitue le boson ? Car, dans cette théorie nous avons : particule – boson – masse. Si le champ était visqueux et que c'est cette viscosité qui constitue le boson de Higgs, alors celle-ci devrait demeurait invisible à jamais. Je ne suis pas le seul à me poser cette question. Lisons le raisonnement de l'auteur du tableau ci-dessus :

« *Le boson BEH leur a donné leur masse* (aux particules). *Mais qui a donné la masse au boson* » ?

Il faut pour cela construire une machine plus puissante ou attendre que le salut nous vienne du ciel qui abrite des accélérateurs naturels de particules bien plus puissants que tous ceux construits sur Terre, a conclu l'auteur de la question. (Cf : lemonde.fr/sciences/article/2012/07/04, le boson de Higgs découvert avec 99,9999 de certitude, par David Larousserie).

Il faut aussi noter que l'existence d'un boson dans un composé ne veut pas dire absolument que ces éléments sont venus dans des endroits différents. Ils peuvent aussi être intrinsèquement liés.

Section 2
L'origine de la masse et du boson

2.1. L'origine de la masse

Dieu = Énergie Première Universelle

Vu sous cet angle, nous pouvons déduire, dans le Modèle Cosmologique Universel, que même la notion de Champ de Higgs tombe en désuétude car la masse n'est pas acquise dans un champ, mais elle s'achemine déjà de l'énergie invisible aux particules au cours de leur évolution. Cela est appuyé par cette phrase du Principe de la création :

« *Selon la science moderne, toutes les particules constituant les atomes sont faites d'énergie. Pour que l'énergie forme des particules, elle doit posséder elle aussi une nature intérieure qui la conduit à prendre des formes spécifiques* ». (Cfr : Présentation du principe divin : éd. Culture et Paix, Paris, 2013, Pp 21-26).

Par la forme, nous entendons la masse. Selon la science actuelle, les particules acquièrent cette masse en traversant le champ de Higgs. Plus elles sont lentes, plus elles acquièrent plus de masse ; ce qui est qualifié dans la citation ci-dessus « des formes spécifiques ».

Pour le Modèle Cosmologique Universel, toute particule identifiable a déjà une masse, mais, qu'elle peut perdre à la suite des réactions chimiques ou physiques. Par-là, nous pouvons dire que le champ de Higgs où les particules acquièrent des masses demeurera toujours invisible, voire inexistant. Certains disent que c'est l'univers même. Toutefois, nous ne nions pas l'existence des particules que les savants ont qualifiées des bosons de Higgs, qui servent parfois des liens de liaisons appelait interaction.

En effet, selon la théorie quantique des champs (TQC), la matière est constituée de particules appelées fermions, tandis que les forces sont transmises par l'interaction ou l'échange d'autres particules appelées bosons.

Notre assertion, à savoir que la masse est intrinsèque aux particules, résout en fait cette énigme. Pour nous, le champ de Higgs n'existe sur aucune échelle de l'Univers d'après Big-bang que les particules ont traversé en un super éclair de millésime de seconde. Ceci peut être confirmé par un récent article scientifique qui s'articule ainsi :

« Les quarks composant les hadrons sont appelés des « quarks de valence ». La quasi-totalité de la masse des hadrons ne provient pas des quarks de valence qui les constituent. En effet, les physiciens s'en sont rendu compte pour la première fois avec le proton, lorsqu'ils ont calculé que la somme des masses des quarks de valence – acquises par leur couplage avec le champ de Higgs – était très inférieure à la masse mesurée du proton. La majorité de la masse provient en réalité des gluons virtuels, du fait de l'équivalence masse-énergie ». (Cfr : trustmyscience.com/hadron/ par Thomas Boisson, le 3 août 2018).

Donc, La grande énigme scientifique n'est pas Dieu qui est une entité réelle, mais le passage de l'invisible (spirituel) ou du néant aux énergies virtuelles dans un Univers vide.

2.2. La Formation d'un boson

Parler de la formation d'un boson, c'est interprété la formation de quelque chose de naturel. Toutefois, certains scientifiques l'on fait, mais nous résumons ici leurs idées.

Nous avons dit dans le point concernant l'Univers électrique que dans une zone aussi petite soit-elle, dans une particule quelle qu'elle soit, il y a une zone positive et une zone négative électriquement, conséquence des caractéristiques duelle de Dieu de la positivité et de la négativité. Ceci est dans le but de revenir en harmonie, en recréant l'image divine et de déclencher le processus de la création. Cette dualité crée parfois une contradiction permanente à la base de toute la matière, même celle qui est électriquement neutre.

En effet, il est reconnu scientifiquement que deux particules de même signe se repoussent électriquement et deux particules de signe contraire s'attirent. Mais, selon Faber Sperber, entre deux particules qui s'attirent, il vient toujours s'intercaler d'autres couples particule/antiparticules qui les obligent à se repousser. Donc particules et antiparticules s'assemblent sans cesse et se séparent sans cesse. Et, comme conséquence, Quand deux particules opposées s'assemblent, elles forment un boson qui se dissocie en un couple particule/antiparticule. (Cf ://www.matierevolution.fr/spip.php ?article, La construction de l'espace-temps par lamatière/lumière, 25/09/2010, par FaberSperber, Robert Paris)

Selon toujours le même scientifique, ce qui matérialise une particule virtuelle, c'est effectivement le boson de Higgs.

En conclusion pour nous, les particules massives acquièrent la masse lors de leur évolution et non lorsqu'il traverse un champ. Donc, ils sont intrinsèquement liés avec la masse.

Chapitre XII
L'univers des athées

L'Univers des athées fait partie de la vision de l'Univers selon les astrophysiciens non croyants et dont les arguments, non démontrable scientifiquement, tendent à exclure Dieu en tant que Créateur. Les différentes déclarations des savants recensées ici, n'avaient qu'un seul but : écarter Dieu en tant que créateur de l'Univers. Voilà pourquoi cela ne pouvait pas nous laisser indifférent.

Quand j'ai écrit ce chapitre, le savant STEPHEN HAWKING à qui nous avons tiré beaucoup plus de citations, était encore vivant et mon grand souhait était qu'il le lise. À l'attente d'être édité, j'appris sa mort par les médias. Je sais que les débats entre savants ne concernent que les théories et personne ne met en doute l'intelligence d'un confrère. Certains ont dû accepter leurs erreurs, mais cela n'a terni en rien leurs images. Ce que j'écris ici ne sont que mes réactions par rapport à ces idées.

D'ailleurs en astrophysique, accepter une erreur permet son propre d'avancement. Donc, je reconnais personnellement en Stephen HAWKING, les qualités d'un grand savant car, il m'a amené à raisonner au-delà de ce que je pouvais penser.

Mon œuvre aussi n'est pas parfait, et je dirai même que c'est un essai auquel je porte l'entière responsabilité de mes erreurs. Le physicien Niels Bohr a dit :

« *Le contraire d'une affirmation vraie est une affirmation fausse. Mais, le contraire d'une vérité profonde peut très bien être une autre vérité profonde.* » (Cfr : J.Baker : 50 clés pour comprendre l'astronomie, éd. Dunod, p.70)

Nous avons tiré dans ce chapitre, la plupart des citations dans le documentaire scientifique « **L'Univers de STEPHEN HAWKING** » où ce grand savant Anglais a exposé ces propos, de ce qu'il pense de Big-bang à l'homme. Nous précisons que les déductions de Stephen HAWKING ne constituent pas un modèle, mais influencent les penseurs du modèle standard cosmologique.

En plus, pour répondre aux préoccupations du savant Stephen HAWKING, je ne pouvais faire autrement que pénétrer dans l'Univers de la cause, car ces préoccupations sont beaucoup plus de nature à expulser Dieu en tant que Créateur. J'en fais tout un chapitre, parce que ces idées me permettent de répondre à ceux qui partagent les mêmes idées que lui.

La plupart de mes arguments contenus dans ce chapitre ont été déjà développés dans les pages antérieures. Les titres des différentes sections constituent les réponses réservées aux déductions des athées en général et des déclarations du savant Stephen HAWKING en particulier. Je tiens aussi à préciser qu'un grand penseur qui a laissé des traces ne meurt jamais, mais parle toujours à travers ces écrits. Donc, la mort d'un grand penseur ne clôt jamais le débat sur ce qu'il l'a laissé comme pensée et ça lui permet de ne jamais être enterré.

(http ://www.astrosurf.com/luxorion/hawking-hommage5.htm)

Section 1 Le but de l'existence de l'Univers

1.1. Pourquoi l'Univers fut créé ?

« *Mon but est de comprendre pourquoi l'Univers existe* » (Stephen HAWKING)

Le Pr. Stephen HAWKING a mentionné qu'il insiste beaucoup sur cette question qui en principe ne fait pas partie d'un modèle.

Pour répondre à cette question, il faut se référer à l'origine, et l'origine n'est autre que Dieu le créateur. Un chien peut-il dire pourquoi on l'a acheté ? Il ne sera important pour son propriétaire que s'il répond au but qu'on lui attribue.

En effet, beaucoup des personnes, y compris les croyants se posent la même question concernant l'existence de l'Univers et de l'homme. Il n'y a que Dieu qui pouvait répondre à cela.

Si j'achète ou je fabrique un couteau, il n'y a que moi seul qui sais pourquoi je l'ai fait ou acheté. Tous ceux qui sont en dehors de moi ne feront que spéculer. Ainsi, pour cette réponse, il n'y a que le Christ, qui étant témoins de la création de l'Univers (Jn 1 : 2) peut répondre à cela et c'est par l'intermédiaire du corps qui l'incarne (Jn 1 : 14), comme en attestent ces deux versets :

Jn 1 :2 « *La parole était au commencement avec Dieu* ».

Jn 1 :14 « *Et la parole a été faite chair, et elle a habité parmi nous, pleine de grâce et de vérité ; et nous avons contemplé sa gloire, une gloire comme la gloire du Fils unique venu du Père* ».

Or, tout au long de six mille ans de l'histoire religieuse, il n'y a eu que deux personnes à qui le Christ s'est incarné parfaitement. Il y a eu d'abord Jésus-Christ et 2 000 ans plus tard, ce fut le couple Moon comme Seigneur du second avènement. Inutile de bouder car le choix de Dieu n'a jamais été un choix démocratique. Ça ne dépend ni de celui qui veut, ni de celui qui court, mais de lui seul (Rm 9 :16). N'est-il pas aussi écrit qu'il n'avait aucune beauté, ni éclat pour attirer nos regards (Es 52 :2) ou que le royaume des cieux ne vient pas de manière à frapper le regard (Lc 17 :20) et que seul ceux qui iront l'écouter qui découvriront la vérité (Ap 2 :17) ? Ainsi, ce n'est qu'à ces deux fils de Dieu que nous pouvons avoir la réponse à la question « pourquoi l'Univers a été créé ».

Comme je l'ai dit au départ, Jésus a jugé moindre l'intelligence et le niveau de la compréhension des gens de sa génération (Jn 3 : 12) et a promis que le Paraclet viendra tout dire. Ainsi, c'est dans le Principe Divin du Rév. Dr. Sun Myung Moon, vivant dans une génération où le niveau spirituel et l'intellectuel des hommes étant grandement évolué, que nous trouvons les réponses dans ces extraits :

« *Le but pour lequel on existe n'est pas déterminé par l'être créé lui-même; son vrai but est déterminé par son créateur. Nous devons donc connaître le but de Dieu pour la création pour être en mesure de comprendre le vrai but de l'homme et du cosmos... Il est de la nature du cœur de chercher un objet à aimer. Cette nature du cœur est le mobile pour lequel Dieu réalisa la création. Ce qui signifie que Dieu dont l'essence est le cœur, éprouve de la joie lorsqu'Il peut aimer un objet, un objet qu'Il a créé. Sans objet, Dieu ne peut satisfaire Son impulsion visant à exprimer Son attention et Son amour, qui jaillit comme une source inépuisable. Dieu fit la création pour qu'elle soit l'objet de Son amour... La joie est ressentie par la stimulation qu'un sujet éprouve lorsque sa propre nature se reflète dans un objet, que l'objet soit visible ou invisible... Ainsi, nous comprenons que Dieu éprouve de la joie lorsqu'Il sent que Son Sung Sang originel et Son Hyung Sang originel (sa nature intérieure et extérieure) se reflètent dans Sa création ».* (Le Principe Divin niveau 4, P. 26).

Donc, dans cette citation, nous retenons 3 réponses.

– Le but pour lequel nous existons, est déterminé tout d'abord par le créateur lui-même, c'est-à-dire Dieu.

– Ce but est atteint quand la créature (objet) reflète ce que le créateur (sujet) attend de lui, dont le plus important est de rendre au créateur son image ou de refléter son image (Mt 5 :48).

– D'où, l'Univers fut créé pour devenir le royaume des cieux.

Pour cela l'unité entre la science et la religion s'avère nécessaire et cela à travers la nouvelle branche que nous baptisons « l'astrothéologie » ; Une branche complémentaire à toutes les disciplines.

1.2. De quoi est fait l'homme ?

Dans tous les documentaires scientifiques, on nous apprend que l'homme est la poussière des étoiles. Qu'est-ce que cela veut dire ? Voyons d'abord les différentes hypothèses :

« Nous sommes faits de l'écume du Big-bang » (Stephen HAWKING)

« Nous sommes faits des débris de matière stellaire ayant refroidi par accident, des débris d'étoiles ratées » (Sir Arthur Eddington).

« Nous sommes faits de la poussière des étoiles » (astrophysique)

« Nous sommes faits de la poussière de la terre » (Bible)

« Nous sommes faits de la boue » (Coran)

« Nous sommes les microcosmes du cosmos » (Dr. Sun Myung Moon dans le Principe divin)

L'écume est définie dans le Grand Larousse Robert comme « une *Mousse blanchâtre, chargée ou non d'impuretés, qui se forme à la surface des liquides agités, chauffés ou en fermentation* ».

Pour Stephen HAWKING, nous sommes formés de **l'écume du Big-bang**. Je ne sais pas s'il parle en tant que Prophète ou astrophysicien. Ses collègues disent que nous sommes faits de la poussière des étoiles et Le Coran parle de la boue. Comme on le voit, tout le point de vue ne tourne qu'autour du mot poussière, que ça soit l'écume, soit des débris de matière stellaire. Moïse a complété « terre » parce qu'après tout elle fut la destination finale où l'homme fut formé.

La Bible et le Coran présentant la situation en aval, développe les mêmes points de vue. Moïse a parlé de la poussière de la terre, c'est-à-dire toutes les matières de l'Univers tel qu'expliqué dans le Principe de la création du Rév. Dr. Sun Myung Moon. La science a ajouté que sans l'eau à l'état liquide, la vie ne peut apparaître. Quand on prend la poussière de la terre selon la Bible et qu'on y ajoute de l'eau, on obtient la boue tel que prédite par le Coran. N'est-il pas écrit « Dieu forma l'homme de la poussière de la terre ? » (Ge 2 :7). Mais avant cela, Moïse a dû évoquer la problématique de l'eau (Ge 2 :5-6), rejoignant ainsi le Coran et la science. En d'autres termes la science a confirmé le Coran et la Bible.

*Gn 2 :**5**aucun arbuste des champs n'était encore sur la terre, et aucune herbe des champs ne germait encore : car l'Éternel Dieu n'avait pas fait pleuvoir sur la terre, et il n'y avait point d'homme pour cultiver le sol. **6**Mais une vapeur s'éleva de la terre, et arrosa toute la surface du sol*

Toutes les affirmations ci-dessus sont basées sur des réflexions scientifiques et non sur la foi, même celles de la Bible et du Coran. Pour répondre à cette question, les scientifiques se sont referaient sur l'origine du système solaire. Selon la science, toutes les planètes du système solaire ont été projeté par l'explosion d'une étoile, dont une partie des poussières et des gaz, ayant formés les nuages moléculaires, s'est effondré gravitationnellement. 99% des matières contenues dans le centre ont formés le Soleil. Les autres matières épars représentant 1 % ont formés les planètes dont la Terre.

La formation d'une étoile se fait à partir de nuage moléculaire appelé aussi nébuleuse qui est composé en grande partie de molécule d'hydrogène. Par la contraction gravitationnelle d'une nébuleuse, les processus chimiques et physiques s'enclenchent. On entame La nucléosynthèse qui est l'ensemble des réactions nucléaires qui se produisent à l'intérieur des étoiles. L'hydrogène est le carburant majeur des étoiles et sa fusion est le premier maillon de la chaîne de nucléosynthèse.

Par effondrement gravitationnel, l'hydrogène se met à se contracter. Du fait de cette contraction rapprochant les protons et augmentant donc leurs collisions, la température augmente progressivement ce qui entrainera leur fusion, aboutissant à la formation de l'hélium. La contraction continuant son cycle, entrainant davantage plus l'augmentation de la température et la libération de l'énergie, celle-ci abouti par la fusion d'hydrogène et de l'hélium, et par la création des différents éléments d'une manière progressive telles que carbone – azote –oxygène, Pour ne pas décrire tous les cycles,

Il faut savoir qu'à chaque création d'un élément, le malaxage avec les autres aboutissent encore à la création d'un autre élément. Nous pouvons voir l'ordre de cette création dans le tableau de Mendeleïev en commençant par l'hydrogène. Ces processus continuent jusqu'à la formation du fer. De l'hydrogène au fer, cela peut prendre des millions, voire de milliards d'années au sein de l'étoile.

Le Fer étant endothermique, c'est-à-dire consommant de la chaleur, l'étoile commence à absorbe de l'énergie du milieu au lieu d'en émettre. Ceci aura pour conséquence l'explosion de l'étoile, dégageant une forte chaleur et lumière appelé supernova, tout en éjectant violemment dans l'espace, sous l'effet de l'onde de choc, les éléments lourds qu'elle a synthétisés. Cela crée encore des éléments plus lourds en dehors de l'étoile. C'est à partir d'une pareille explosion, qu'une partie de la poussière en provenance de cette étoile appelé nébuleuse stellaire que se formera le système solaire dont la terre où les êtres vivants vont apparaitre.

C'est à partir de cette analyse en amont que les astrophysiciens disent que l'homme est l'écume du Big-bang, *des débris de matière stellaire, de la poussière des étoiles. Mais, en analysant la situation en aval, La Bible et le Coran ont aussi raison de dire que l'homme est la poussière de la Terre, car c'est sur la Terre qu'il fut formé. Le Coran parle de la boue car sans l'eau, la vie ne peut apparaitre. Boue veut dire poussière plus l'eau, et l'homme est composé de 70% d'eau et 30% des poussières de la Terre (voire la composition d'un médicament multivitaminé). Mais, le Dr Sun Myung Moon est allé encore plus loin en prenant en considération l'esprit car sans ce dernier, le corps n'est que poussière.*

En effet, nous avons dit que l'univers et le monde spirituel forme le cosmos ou le macrocosme. L'homme étant le malaxage de ces deux entités, c'est-à-dire l'esprit représentant le monde spirituel et le corps représentant l'univers est qualifié ainsi par le Dr Sun Myung Moon dans le Principe de la création de « microcosme du cosmos »..

Donc, les scientifiques analysant la situation en amont, ont confirmé avec des termes techniques ce que ces deux livres sacrés ont dit en aval. Mais, ce qui est différent entre les concepts religieux qui font partie du Modèle Cosmologique Universel et la science, est que l'animation peut être créée dans un objet à partir des deux pôles opposés cherchant à s'unir, mais la conscience on ne la crée pas. Tous les savants l'ont constatée ; la matière seule, même animée, ne suffit pas pour créer la conscience.

C'est pour dire, qu'en plus de l'écume du Big-bang ou des débris stellaire approuvé par les scientifiques, Dieu a dû faire quelque chose de plus ; il souffla dans l'homme et celle-ci devint un être vivant (Ge 2 :7). J'avais déjà dit que ce souffle n'avait rien à voir avec l'air que nous respirons qui fait aussi partie de la matière ou d'un ensemble des matières. C'est la divinité même qui nous a été transmise, la conscience incluse.

Dans le documentaire scientifique « **Du Big-bang au vivant** » ; écrit par IOLANDE CADRIN ROSSIGNOL, la dernière conclusion du savant fut : « C'est l'apparition de la conscience qui est le plus grand miracle dans l'Univers ». Y a-t-il un savant qui peut dire quelque chose concernant l'apparition de la conscience qui est immatériel ? Seul le principe de la création, branche du livre du Principe divin du Rév. Dr. Sun Myung Moon qui en explique.

Nous pouvons lire sa réponse à travers cette citation :

« Si vous entrez dans un état mystique, vous comprendrez qu'un seul grain de sable contient tous les principes de l'Univers. Vous verrez même dans un seul atome l'harmonie infinie et inépuisable de l'Univers. Malgré notre compréhension limitée, nous ne pouvons nier qu'un réseau complexe de force est à l'origine de toute existence. Les molécules contiennent des atomes et les atomes des particules élémentaires. Pourtant, mêmes ces

entités ne sont pas dépourvues de conscience. Chacune est dotée d'une conscience et d'un but spécifique »
(Cfr : Cheon Seong Gyeong, FFPMU,p.85)

Auparavant, les savants infirmaient que tous les briques de la vie étaient fabriqués dans les étoiles. Mais actuellement, d'autres scientifiques commencent à rejoindre le Modèle Cosmologique Universel comme nous pouvons le lire dans la citation suivante :

« *Certains biochimistes estiment que même l'apparition de la vie doit beaucoup aux marées, qui auraient favorisé la formation des acides aminés, briques indispensables à la constitution des premiers organismes vivants, il y a environ 4 milliards d'années.* »

Donc, non seulement la synthèse d'acides aminés peut aussi se produire à partir de poussières stellaires selon la science, mais, elle peut aussi être favorisée par des conditions atmosphériques orageuses sur la terre.
(Car : Hugo Leroux, Science&Vie Hors-Série n°288, 09/2019, p.58).

1.3. Le moteur de la vie

« Ce qui me merveille, ce que nous sommes faits de la même matière que les étoiles. Si notre cœur bat, c'est grâce à l'énergie libéré lors de la transmutation de ces matériaux ». **(Stephen HAWKING)**

Les croyants réagiront en parlant de la grâce de Dieu, mais les savants n'aiment pas de telles explications mêmes si c'est appuyé par des versets bibliques auxquels ils n'en croient même pas. D'ailleurs, la plupart des versets que je mets ici, je le fais pour les croyants qui eux-mêmes aussi ont des doutes pour croire à mes arguments. Les seules explications scientifiques détaillées sur l'énergie dont la source provient de Dieu, nous donnant et nous maintenant en vie, se trouvent dans le livre du Principe divin du Rév. Sun Myung Moon. Un livre qui résolve et qui nous donne la sagesse de résoudre toutes les préoccupations des hommes contemporains tels que ceux soulever par Karl MARX, Jean-Paul SARTRE, Stephen HAWKING et pourquoi pas nous-mêmes. J'en ai déjà parlé au début de ce livre mais, faisons quand même une synthèse.

Comme je l'ai dit, on ne peut jamais parler de l'origine d'une chose dans la création en excluant Dieu. Si un athée ne veut pas qu'on parle de Dieu, mais que la vérité veut qu'on associe Dieu, alors on ne peut faire autrement que parler de Dieu.

Toutes choses à qui on attribue une existence, qu'il soit spirituel ou physique doivent posséder en soi une énergie. Selon Le principe de la Création, chapitre du principe divin du Rév. Dr. Sun Myung Moon, l'énergie qui est en Dieu est appelé « l'Énergie Première Universelle ». N'oublions pas que le nom est donné par l'homme. Donc, en Dieu, il y a l'énergie originelle. Celui qui a découvert le premier ce concept, le Rév. Dr. Sun Myung Moon le baptisa « L'Énergie Première Universelle » ; nom que la science devrait aussi adopter. C'est cette énergie, à la base même de l'éternité de Dieu, est doté par ce dernier à chaque entité créée et constitue la force fondamentale de la création.

La dotation qui fut faite dès le premier être vivant, le plus infime soit elle fut illustrée par Moïse lors de la création de l'homme par le verset suivant :

Ge 2 :7 l'É*ternel Dieu forma l'homme de la poussière de la terre, il souffla dans ses narines un souffle de vie et l'homme devint une âme vivante.*

Ici, on a affaire à une entité inerte, qui est selon les astrophysiciens faite de la poussière des étoiles. Et, puis la citation de Stephen Hawking continue : « si notre cœur bat, c'est grâce à l'énergie ». Encore une fois Stephen Hawking a découvert un grand secret, mais, il attribua la provenance de cette énergie à la transmutation des matières. Moïse utilisa aussi le synonyme de transmutation par le mot souffla, mais, ce souffle ou cette énergie venait de Dieu et c'est bien expliqué comme je l'ai dit dans le Principe Divin du Rév. Dr. Sun Myung Moon.

Ainsi, les réponses sur les préoccupations de Stephen HAWKING permettront à beaucoup des savants et ils ne sont mêmes pas beaucoup, à croire à l'existence de Dieu. Croire à l'existence de Dieu n'a rien à voir avec la croyance en Dieu qui veut dire lui rendre un culte. Même Satan croit à l'existence de Dieu. C'est comme si je pouvais dire : Monsieur Macron est le président de la République, mais, il n'est pas directement mon Président en tant que Congolais. Toutefois, cela n'exclut pas que je lui rende les honneurs liés à son rang.

Section 2 Dieu et le hasard

2.1. Sommes-nous des singes intelligents ?

« Sans un nouveau hasard cosmique, il n'y aurait pas d'homme sur terre. Sans l'imperfection, ni vous, ni moi, personne n'aurait existé. Nous ne sommes que des singes à l'intelligence avancés » **(Stephen HAWKING)**

Toutes les religions du monde confondues, attribue à Dieu l'image d'un être parfait et le créateur de l'Univers. Pour les chrétiens, l'homme est même le fils de Dieu et il n'est pas à comparer avec un animal au sens propre du terme, quoique la biologie n'en fasse pas la distinction.

Pour Stephen HAWKING, l'Univers n'avait pas besoin de Dieu pour être créé. Il n'est que le résultat des processus physique. Et pour écarter d'avantage Dieu, il conclut que l'Univers actuel et tout ce qui est contenu à l'intérieur jusqu'aux hommes qui ne sont que des singes à l'intelligence avancée, sont les résultats de l'imperfection et du hasard.

En écoutant cette déclaration, je me suis demandé si le hasard pouvait produire deux êtres complémentaires comme un mâle et une femelle pour une perpétuation de l'espèce à tous le niveau. Les savants et autres athées n'aiment pas de tels exemples. Il y a déjà une abondante littérature sur cela, mais cela n'a changé aucun d'eux. Et, ils ne lisent même pas des littératures tendant à prouver que c'est Dieu qui a créé l'Univers. La seule preuve pour eux, c'est leur prouvé scientifiquement que l'Univers a été créé par Dieu et qui est aussi scientifiquement ce Dieu. C'est ce que j'ai fait dans le Modèle Cosmologique Universel en restituant avec la littérature scientifique, l'histoire de la création selon la Bible. Pour la seconde question, je leur recommande les analyses du Rév. Dr. Sun Myung Moon contenus dans les Principes de la Création, qui est l'un des chapitres de l'enseignement du livre de Principe divin.

Pour les croyants qui se laissent berner par des phrases telles que l'homme est un animal intelligent ou un singe à l'intelligence avancée, je leur dis que tous les animaux ont une intelligence avancée. C'est plutôt leur culture qui est différente de nôtre. En plus, l'homme, c'est la divinité, même si nous sommes encore loin de notre identité.

Lors de la création, Dieu a fait une distinction nette entre les animaux et l'homme. De Genèse 1 : 20-25, Dieu parla de la création des animaux, mais, dès qu'il fut le cas de l'homme, le langage a pris une nouvelle tournure. Dieu s'est recréé :

Ge 1 :26-28 « *Puis Dieu dit : Faisons l'homme à notre image, selon notre ressemblance, et qu'il domine sur les poissons de la mer, sur les oiseaux du ciel, sur le bétail, sur toute la terre, et sur tous les reptiles qui rampent sur la terre. Dieu créa l'homme à son image, il le créa à l'image de Dieu, il créa l'homme et la femme. Dieu les bénit, et Dieu leur dit : Soyez féconds, multipliez, remplissez la terre, et assujettissez-la; et dominez sur les poissons de la mer, sur les oiseaux du ciel, et sur tout animal qui se meut sur la terre* ».

Ge 1 :31 *Dieu vit tout ce qu'il avait fait et voici, cela était très bon. Ainsi, il y eut un soir, et il y eut un matin : ce fut le sixième jour.*

Ici, nous voyons toute l'attention que Dieu a mise pour la création de l'homme. Elle fut suivie de l'expression « très bon ». Dieu n'a pas dit : créons un animal intelligent qui nous ressemble mais « l'homme à notre image, à l'image de Dieu ». C'est cette expression que Dieu veut que chacun de nous regarde son prochain et le considère ainsi, quelle que soit sa race ou son rang social. C'est ce qui mettra fin aux querelles, qui, à l'échelle nationale aboutisse aux guerres.

Lui-même Stephen Hawking a compris à la fin que l'homme est un être à part par rapport aux animaux à travers cette déclaration :

« Nous ne sommes qu'une race avancée de singes sur une planète mineure tournant autour d'une étoile très moyenne (le Soleil). Mais nous sommes capables de comprendre l'Univers, ce qui fait de nous quelque chose de tout à fait à part. » (Car : J.Baker : 50 clés pour comprendre l'astronomie, éd. Dunod. Paris, 2016, p. 14).

2.2. L'Univers vient-il du néant?

***« Tout est né du néant »* (Stephen HAWKING)**

Ge 1 :2 « *La terre était informe et vide, il y avait des ténèbres à la surface de l'abîme, et l'Esprit de Dieu se mouvait au-dessus des eaux » **(Version Louis Segond)***
*Gn 1 :2 « La terre était invisible et vide, il y avait des ténèbres à la surface de l'abîme, et l'Esprit de Dieu se mouvait au-dessus des eaux » **(Version Septante)***

Ici, le savant **Stephen HAWKING** à raison car la Bible le confirme aussi à travers la phrase « La terre était informe et vide ». J'avais déjà expliqué que, quelque chose qui est informe et vide veut dire tout simplement quelque chose qui existe, mais qui n'a pas de forme et qu'on ne voit pas. C'est tout simplement l'Univers à son début où tout n'était que néant, c'est-à-dire un vide sans fin avec des particules.
Toutefois quand les premières particules originelles d'avant Big-bang ont commencé à s'agglomérer sous l'action de « l'esprit de Dieu » ou « d'un vent de Dieu », restituait scientifiquement par nous sous l'appellation de la force Première Universelle, il y eut la première déformation du tissu de l'espace-temps, qualifié par la Bible de « l'abîme » et aucun savant ne peut le contredire car, il

n'y a pas non plus de base pour nier cette restitution du Modèle Cosmologique Universel d'avant Big-bang.

En utilisant la phrase « l'Univers est né du néant », par rapport à d'autres savants partisans du modèle stationnaire, Stephen HAWKING reconnaît néanmoins que l'Univers a eu un commencement comme mentionné dans la Bible, quoique son néant exclu Dieu.

2.3. Dieu a-t-il créé l'Univers ?

***« L'Univers a jailli de lui-même dans le Big-bang »* (Stephen Hawking)**

« *En raison de la loi de la gravité, l'Univers peut se créer de lui-même, à partir de rien* », écrit Hawking dans son livre *Le grand dessein.* (2014)

J'ai déjà soulevé le fait que les savants ont fait du Big-bang une singularité c'est-à-dire là où tout à commencer. Mais, certains comme Hubert REEVES dans le documentaire scientifique du « **Big-bang au vivant** », en ont fait un horizon, c'est-à-dire même s'ils ne savent pas ce qui s'est passé avant, mais du moins il soupçonne quand même certains phénomènes. Beaucoup des savants croyants se classent de ce point de vue.

À dater de la parution de la collection des livres « LES VERSETS DE SAVANTS », les savants doivent savoir que l'Univers n'est pas né du Big-bang et que les évènements d'avant Big-bang sont scientifiquement bien expliqués et explicités, ça fait de cela plus 1 500 ans av. J.-C. par le savant des savants Moïse, dans la Bible.

En effet, en prenant la Bible version Jérusalem nous lisons ce qui suit concernant l'avant Big-bang ou l'avant « la séparation des eaux d'avec les eaux » selon la Bible :

Ge 1 : **2-4** « *La terre était informe et vide : il y avait des ténèbres à la surface de l'**abîme**, et **un vent** de Dieu se mouvait **au-dessus des eaux*** et Dieu dit : Que la lumière soit ! Et la **lumière fut**. Et, Dieu sépara la lumière d'avec les ténèbres. Ce fut le premier jour ».

Au Tome I, je m'étais efforcé d'expliquer les grands ensembles notamment :

– **Les ténèbres** : siège de l'énergie noire, qui reste encore une énigme pour la science quoiqu'elle ait déjà confirmé son existence ;

– **L'abîme :** une distorsion du tissu de l'espace-temps, causé par les « eaux » bibliques ou les particules primordiales d'avant Big-bang ;

– **Un vent de Dieu** : le mouvement qui se manifeste au contour de l'abîme (trou noir) créant des ondes gravitationnelles dont certains savants en ont même obtenu le Prix Nobel pour l'avoir découvert en 2017. Mais, Moïse en avait parlé, il y a de cela 1 500 ans avant Jésus-Christ. Par contre, ce fut Albert Einstein qui a émis seulement le principe qui a conduit à sa découverte. Après la découverte des ondes gravitationnelles, M. Grichka Bogdanov, auteur Du livre la fin du hasard (Grasset, 2013) a livré son analyse à L'Express que nous pouvons lire :

« *Ces ondes gravitationnelles pourraient être, selon nous, la trace de phénomènes dont la source se situe peut-être "avant" le Big-bang. Autrement dit, lorsque les physiciens indiquent, à juste titre, que les ondes en question expriment des "fluctuations" de l'espace-temps, en réalité l'origine de ces fluctuations pourrait bien être à rechercher avant même le Big-bang, c'est-à-dire avant la naissance explosive de la matière, de l'espace et du temps.* (Cfr : Express.fr, les premières secousses du Big-bang expliquées par Grichka Bogdanov, par Jérémie Pham-Lê, publié le 18/03/2014).

— **Les eaux** : les premières particules primordiales quantiques qui ont abouti plus tard à la formation de l'hydrogène qui signifie selon Lavoisier « ce qui génère de l'eau ». Cela cadre effectivement avec le nom « hydro » en hébreu que Moïse a utilisée. (Cfr : eau, wikipedia).

— **La lumière fut** : ce fut physiquement le résultat de la première conséquence du tourbillon qualifiée d'un « vent de Dieu sur les eaux » dans la Bible. Nous avons dit qu'il peut s'agir du rayonnement fossile dont deux savants américains : Arno Penzias et Robert Wilson ont reçu le prix Nobel en 1978 après l'avoir aussi découvert. Ce ne fut pas une prédiction de Georges Gamow mais de Moïse, qui, en l'appelant « Jour », a décrit sa présence éternelle et dont le satellite WMAP l'a photographié 13,8 milliards d'années après le Big-bang.

Jusque-là nous avons qualifié l'apparition de cette lumière biblique de rayonnement fossile comme étant une prédiction. Cela, parce que la science situe l'apparition de cette dernière à 380 000 ans après le Big-bang. Mais la majorité des savants commencent déjà à confirmer que cette lumière n'était pas apparue, mais elle a plutôt réapparu. Mais quand est-ce qu'elle a apparu pour la première fois puisqu'à la condensation extrême de l'Univers avant le Big-bang, la science dit que celle-ci n'était plus en mesure d'émettre la lumière ?

Cette nouvelle énigme est encore suivie d'une autre énigme : avant le Big-bang, la lumière et les ténèbres étant des énergies, pourquoi Moïse dit que « les deux furent séparés » **(Ge 1 :4)** ?

Donc, Moïse garde encore son avance de connaissance par rapport aux savants actuels et ce n'est pas une raison pour nos savants d'ignorer cette période précédant le Big-bang qui fut très animé. Ce livre qui vient de planter une nouvelle manière de pensée en science, ce qui fera que dans les siècles à venir, ces phénomènes seront confirmés scientifiquement.

Une chose est sûre avons-nous dit; après la sortie de ce livre, aucun savant ne dira plus que l'Univers est né du Big-bang. Le Big-bang devient désormais un horizon. Avec la prise en compte du schéma du Modèle Cosmologique Universel, les savants vont maintenant se casser la tête pour la compréhension du schéma de la création biblique tout comme les théologiens pour la compréhension des paraboles bibliques et des pensées des auteurs de livres sacrées au lieu de se baser seulement sur les étymologies des mots.

Moïse ne pouvant seul à son époque émettre un tel schéma avec beaucoup des précisions, doit l'avoir pris sous l'inspiration d'un Être qui en était soit témoin, soit le créateur. Et là nous aboutissons à Dieu. Mais cela n'enlève en rien à l'intelligence des Moïse qui a su traduire ce qui vient de Dieu en langage courant et dont aujourd'hui la science est en train de confirmer. D'où son élévation au rang de Savant des savants.

Section 3 Big-bang : séparation, expansion ou explosion ?

3.1. Le Big-bang est issu des ténèbres

***« Le Big-bang s'est produit dans l'obscurité complète car la lumière n'existait pas »* (Stephen HAWKING).**

La question de savoir si le Big-bang s'est produit dans l'obscurité complète n'est pas une préoccupation dans le Modèle Cosmologique Universel. Au départ l'abbé Georges LEMAITRE parlait de l'explosion d'un atome primitif et cela ne peut générer que le boum et la lumière. C'est ce qui a d'ailleurs incité le savant Fred Hoyle à qualifier sous forme des moqueries ce phénomène de "Big-bang". Et, c'est toujours dans cette idée d'une explosion que Georges Gamow a émis l'idée qu'il devrait y avoir des traces résiduelles et on l'a découvert et la science l'a baptisé de rayonnement fossile.

En plus, la Bible qualifie des "eaux" la matière d'avant Big-bang. L'abbé Georges LEMAITRE a parlé d'un "atome primitif". Le débat sur sa dimension n'est pas encore clos, comme l'a affirmé le Dr Harold S. SLUSHER dans le documentaire scientifique « **les origines de l'Univers** » du prof. Dr. A.E. WILDER Smith.

Après la constatation par l'astronome américain Edwin Hubble en 1929 que les galaxies s'éloignaient les unes des autres, l'abbé Georges LEMAITRE parla de l'expansion de l'Univers et c'est ce que la science adopte maintenant, tout comme la science a adopté que durant 380 000 ans après le Big-bang, il y avait une profonde obscurité.

Moïse à travers la Bible dans l'histoire de la création contenue dans Ge1 : 1-6, ayant parlé de l'émergence de la lumière avant le Big-bang, n'a pas non plus utilisé le terme d'explosion suivie d'une lumière après le Big-bang ou « la séparation des eaux d'avec les eaux ».

Pour démontrer que le Big-bang faisait partie de la volonté de Dieu, Moïse, utilisa le mot « séparation des eaux d'avec les eaux ». Les eaux représentant ce que la science qualifie d'Univers condensé avant le Big-bang. Si une route se sépare en deux sous l'effet des torrents, on parle des cassures. Mais, si cela faisait partie de la volonté du gouvernement, on parle de « séparation ». Mais, après la séparation, Moïse parle de l'étendue qui démontre la formation d'un vide. Moïse a parlé du phénomène au présent, mais la dynamique des astres dans le vide ne peut créer que des expansions.

En plus, une séparation ou un gonflement d'un atome, suivie d'une expansion qui après une millième seconde atteint déjà une dimension d'un ballon, ne mérite-t-il pas le nom d'explosion ?

Section 4 L'Énergie Première Universelle est la force motrice de tout

4.1. L'énergie et la gravité

***« La force motrice de tout, c'est la gravité »* (Stephen HAWKING)**

Pour répondre à quelqu'un, il faut d'abord s'enquérir si on a compris son idée. La loi de la gravitation Universelle indique que deux objets ayant une masse exercent l'un sur l'autre une force qualifiée de l'attraction gravitationnelle.

Ainsi, notre réponse se base dans le cas où pour Stephen Hawking, la gravité peut être considérée comme étant la force fondamentale de tout. Si tel est le cas, alors ce n'est pas vrai pour le **Modèle Cosmologique Universel** dans la mesure où la gravité est la résultante des différents phénomènes qui n'est observable que dans le monde macroscopique. En plus, elle n'est que l'une des quatre forces d'interactions fondamentales de la matière et n'est même pas incluse dans le modèle standard. Les autres forces étant celles des interactions nucléaires fortes et faibles, et la force d'interaction électromagnétique.

Le Prof. Peter Ware Higgs, physicien britannique, a dit que les particules ne se lient entre eux qu'après avoir acquis une masse et cela à travers un boson appelé Boson de Higgs. Pour acquérir cette masse qui va leur conférer les propriétés gravitationnelles, selon la physique actuelle, nous pensons qu'ils doivent d'abord posséder une énergie.

En effet, le noyau atomique est composé d'un proton et d'un neutron. Le proton est un hadron composé de deux quarks up et d'un quark down. Quant au neutron, il est formé de deux quarks down et d'un quark up. Cette différenciation notée énergie (++-) et (- -+) dans le Modèle Cosmologique Universel, est à la base scientifiquement parlante, de toutes les valses dans l'Univers. Le noyau en s'associant à l'électron forme un atome. L'électron qui tourne autour d'un noyau atomique est équivalent à un courant électrique ; il crée ainsi, perpendiculairement à son orbite, un champ magnétique. De manière plus générale, le magnétisme, et en particulier l'aimantation de la matière, est la conséquence d'arrangements des éléments (spins) des électrons. (Cfr : Encarta ; Électron).

Nous devrons savoir que la gravité est une conséquence des caractéristiques duales de Dieu doté à la création comme nous pouvons le lire dans ces phrases :

« L'Univers est le déploiement et la manifestation de la nature intérieure et de la forme extérieure originelle de Dieu selon les principes mathématiques. Il est donc clair que la nature de Dieu comporte un aspect mathématique ». (Cfr : Présentation du Principe Divin, éd. Culture et paix, Paris, Pp 26-43).

Ainsi, quels sont ces principes mathématiques qui contribuent à la gravité et qui font partie des caractéristiques duales Dieu ? Les principes de la création, chapitre du principe divin du Rév. Dr. Sun Myung Moon en explique en détail mais, nous allons nous en tenir sur les effets que la science a déjà découverts. Nous citons par-là, la déduction du Prof Higgs, la loi de Newton, de Coulomb et la relativité d'Einstein.

— Selon le Prof. P. Higgs, comme nous l'avons dit, « les particules fondamentales n'arrivent à s'unir qu'après avoir acquis la masse... (Cfr : documentaire **« Les secrets du Cosmos : la théorie du champ de Higgs**). Donc ici nous avons dans la particule, la relation énergie — masse, soit caractère intérieur et forme extérieure.

— Le deuxième phénomène découle de la loi de Coulomb et de la loi de Newton. En effet, il s'avère scientifiquement que la loi de Coulomb est la loi de Newton appliquée à l'électromagnétisme. La loi de la gravitation Universelle d'Isaac Newton indique que deux objets ayant une masse exercent l'un sur l'autre « une force attractive » due par la force de la gravité dégagée par chacun d'eux. La loi de Coulomb par contre concerne la force magnétique de deux corps. Il dit que deux charges de signe contraire s'attirent, tandis que les charges de même polarité se repoussent. On parle ainsi des charges ou des pôles positifs et négatifs au sein des particules et dans la masse ou force magnétique. Plusieurs formules ont été émises mettant en interaction ces deux lois.

— Afin vient la fameuse découverte d'Albert Einstein, qui dit que la masse c'est de l'énergie concentrée.

Ainsi énergie-masse, positif - négatif font partie des caractéristiques duales de Dieu qui a en lui de l'énergie comme attribut. Les Particules étant constituées aussi des énergies, porte en chacune un pôle dominant de l'un des charges, l'autre étant latent. C'est par là que découlent des myriades des relations dans l'Univers. Mais ici, nous voulons voir comment la gravité se crée et les savants avisés ont déjà la réponse sur la base des principes mathématiques mis ensemble dans une formule. Les forces gravitationnelles actuelles sont influencées par l'amas auxquelles les corps appartiennent.

Pour revenir sur la façon dont la gravité se forme, nous nous recourons au Principe de la création, chapitre du principe divin du Rév. Dr. Sun Myung Moon afin que les savants et les théologiens sachent que la parole de Dieu évolue avec le temps et aucun verset ne peut bloquer Dieu de parler sur les préoccupations de l'heure, que ça soit sur la révélation de toutes les paraboles bibliques, l'histoire providentielle, la théologie, la politique, l'économie et la science. Dans ce livre je n'exploite qu'une infime partie du chapitre premier du principe divin du Rév. Dr. Sun Myung Moon qui parle de Dieu et de l'Univers dans la branche qu'on appelle le Principe de la création.

Je disais que l'électron et le proton contiennent les caractéristiques duales de Dieu telles que décrit ci-dessus :

« *Quand un électron forme une base commune avec un proton et s'engage avec lui dans une action de donner et recevoir, il tourne autour de lui dans un mouvement* (circulaire). *Ainsi, ils s'unissent et forment un atome (hydrogène). L'électron et le proton sont eux-mêmes constitués de caractéristiques duales qui sont à l'origine de leur rotation continue. C'est pourquoi le mouvement circulaire né de l'action de donner et recevoir entre le proton et l'électron ne se limite pas à une orbite dans un seul plan mais, en modifiant constamment son angle de révolution, crée un mouvement sphérique. De par ce mouvement sphérique, l'atome existe en trois dimensions. De même, la force magnétique entre pôles positif et négatif amène les particules chargées électriquement à décrire un mouvement sphérique* ». (Cfr : Présentation du Principe Divin ; éd. Culture et Paix, Paris, P. 36).

Ma plus grande surprise, moi qui n'ai jamais fait la physique théorique, fut le fait de mettre en relation théoriquement les lois de Higgs, Newton et Coulomb pour expliquer l'origine de la gravité. J'ai été surpris de constater que la science l'avait déjà faite et a même déjà émis des formules dénommées LOI de COULOMB-NEWTON en magnétisme (force faible) où des bosons-véhicules Higgs sont intégrés c'est-à-dire sont les pilotes du champ inducteur magnétique envers les particules chargées (leptons, baryons, mésons).

Mais, pour arriver à faire ressortir la force motrice de

tout, ce qui ne faisait pas partie de la préoccupation des astrophysiciens et de moi-même si Stephen Hawking n'en avait pas parlé, j'ai dit introduire encore la loi d'Albert Einstein de **E = mc²**, (basés sur la relativité restreinte et l'équivalence matière-énergie) sans me référer à sa préoccupation. La surprise La surprise s'en est suivit encore quand je remarquai que déjà en 1916, Einstein avait publié la théorie de la relativité générale, qui englobe les lois de la relativité restreinte et les lois de la gravitation d'Isaac Newton. D'où en intégrant théoriquement ces 4 paramètres je suis arrivé à la conclusion que je livrerai après les paragraphes qui suivent.

En conclusion, le mouvement rotatif, commencé dans l'infiniment petit (spin), se transmet dans l'infiniment grand qui est constitué des particules des infiniment petits. C'est comme la quasi-totalité de la masse d'un atome se trouve concentrer dans un tout petit volume chargé positivement : le noyau; et d'autre part, que les électrons (chargés négativement) gravitent autour du noyau comme les planètes autour du Soleil. En finalité, la masse d'un atome possède déjà une propriété gravitationnelle acquise lors de sa composition. Donc la gravitation n'est pas la propriété de la masse comme la magnétite l'est de l'aimant. C'est plutôt une force acquise par la masse lors de sa composition et cela sous l'effet de l'énergie à partir des particules originelles.

Ainsi, dans le corps infiniment grand, le mouvement circulaire ou rotation produit par la dynamique de donner et recevoir entre deux ou plusieurs entités, modifie sans cesse dans le vide, l'angle de révolution autour de l'entité mère (ex : soleil en tant qu'entité mère avec ses planètes) et devient sphérique. Maintenu par la force centripète et centrifuge, il tournoie autour de l'entité mère créant la translation. Ceci peut s'expliquer à partir de l'Énergie

Première Universelle qui est la force fondamentale de Dieu, le Créateur. C'est cette Énergie fondamentale que Dieu a dotée à la création en tant que force première Universelle et qui tendent à tout ramener à l'unisson comme l'est en harmonie les caractéristiques duelles en Dieu.

Donc, La force générée à l'intérieur de l'entité par ses composantes des caractéristiques duales venant de Dieu qui en est la source, dans leur action de donner et recevoir crée ce qu'on appelle la gravitation tendant à ramener tout au centre. Dire que la force motrice de tout c'est la gravité, c'est comme-si on est en train de dire que l'eau bouillie est à la base de la préparation de tous les aliments. L'eau bouillie c'est tout simplement un état ou un résultat d'une combinaison de plusieurs actions.

Concernant ce que nous venons de dire à savoir la gravitation dans un corps tend à tout ramener au centre, ceci est confirmé par cette phrase scientifique :

« *Dans un corps* solide *ou* liquide, *les forces d'attraction mutuelles entre toutes les particules se composent, et tout se passe comme si les particules étaient attirées vers un seul et même point, qui est le centre de* gravité *du corps. C'est ainsi qu'à la surface de la Terre, les corps sont attirés par toute la masse de la Terre comme si elle était rassemblée au centre. C'est la raison de la pesanteur, et c'est pourquoi les objets tombent à la verticale, en direction du centre de la planète* ». (Cfr : futurascience.com/10questions essentielles sur l'Univers/ le 19/08/2019).

En d'autres termes, dans un corps, le pôle magnétique du sommet tendant à s'unir avec celui de la base, selon la loi de Coulomb, il se crée une série de rotations comme un animal qui fait tout pour attraper sa queue. Ceci multiplie la force de la gravité et crée la différence des forces gravitationnelle entre les pôles et le centre dénommée équateur. Pour ce qui est de la terre, nous pouvons lire :

« *La force de gravitation s'exerçant sur un objet n'est pas identique sur toute la surface de la Terre. C'est principalement la rotation de la Terre qui explique ce phénomène... À l'équateur, la force centrifuge est importante, ce qui diminue relativement la force gravitationnelle mesurée. En revanche, la force centrifuge aux pôles est nulle, ce qui augmente relativement la force gravitationnelle* ». (Cfr :"gravitation." Microsoft® Encarta® 2009 [DVD]. Microsoft Corporation, 2008).

Par conséquent, la gravité, comme nous avons dit, n'est qu'une forme d'énergie qui tend à tout ramener au centre. C'est ainsi que se forment les sphères. C'est comme quand on répand de la limaille de fer autour d'un aimant. Les morceaux de fer vont se déplacer et se regrouper pour former des courbes.

Pour illustration, nous avons vu au chapitre premier du Tome I que l'astéroïde RYUGU, petit soit elle (large d'au moins un kilomètre dans sa plus grande dimension) n'échappe pas à la règle de ce que nous venons de dire comme on peut le lire :

« *La période de rotation de l'astéroïde RYUGU est d'environ 7 heures et 30 minutes, c'est le temps qu'il lui faut pour faire un tour sur son propre axe* ». (Cfr : futurascience.com, Hayabusa 2 : Mascot s'est posé sur Ryugu et débute ses activités scientifiques, par Remy Decourt,Publié le 04/10/2018).

Image : JAXA, University of Tokyo, AIST

Tout ceci peut faire l'objet d'un livre si on veut expliquer en détail la combinaison de toutes ses forces dans une seule masse.

En fait de compte, la masse c'est la projection extérieure de tout ce qui émane des particules. Et sa force gravitationnelle est une résultante. D'où cette déduction *« Ce qu'on appelle couramment la « force de gravité » est donc en fait une combinaison de forces »*. (Cfr :"gravitation." Microsoft® Encarta® 2009 [DVD]. Microsoft Corporation, 2008).

Malgré tout, on ne peut expliquer parfaitement les phénomènes de l'Univers parce qu'il y aura toujours un aspect invisible qui nous échappera. C'est l'action de l'Énergie Première Universelle dans tous les phénomènes. Après que le Rév. Dr. Sun Myung Moon aille poser le principe, les détails sont à découvrir par les biologistes et les physiciens.

Nous avions dit que l'explication du symbolisme (++-)(--+) au sein des éléments constituait la plus grande découverte qui a balayé l'énigme pour tout ce qui concerne la dynamique de corps dans l'Univers. Et, nous l'avons suivi par ce constat des scientifiques :

« Sans prétendre que notre Univers tourne bien rond, force est de constater que partout, des objets les plus proches aux plus lointains, des plus modestes aux plus gigantesques, on observe une grande valse effrénée : mouvements de rotation propre des planètes, des étoiles, des galaxies, mouvements de révolution de ces mêmes planètes, des étoiles doubles... » (H. GIÉ : Le moment cinétique à travers l'Univers* BULLETIN DE L'UNION DES PHYSICIENS P.427 N°712, Paris).

C'est cette dynamique de l'Univers, constaté par les savants qui rendent scientifiquement vrai tout ce que le Rév. Dr Sun Myung Moon a écrit dans le Principe de la création contenue dans le livre du Principe divin, concernant les points que nous avons sélectionnés comme faisant partie de la physique de la création. Dans le même livre du Principe Divin, le Rév. Dr Sun Myung Moon a commencé en deçà de la science, en passant par la science et il a conclu au-delà de la science pour terminer sur les principes de la restauration qui concerne les théologiens et pourquoi pas l'humanité entière.

Dans le documentaire scientifique « **Les mystères de l'Univers – au-delà du froid** », écrit par Colin CAMPBELL, il est dit « c'est le flot d'énergie qui permet la création de toutes les structures existant dans l'Univers ». Comme on voit, il a rejoint tout ce que nous venons de développer. Donc, La gravitation est l'expression de la présence dans la masse, de tout ce qui s'y trouve incorporer. La masse étant elle-même des énergies "condensées".

Ainsi, pour le Modèle Cosmologique Universel, la force motrice de tout, c'est l'énergie, à commencer à l'origine par l'Énergie Première Universelle qui se trouve en Dieu, base de son éternité. Cette énergie selon le Principe de la création, chapitre du Principe divin du Rév. Dr Sun Myung Moon, génère en Dieu la force Première Universelle ; qui est la force fondamentale de Dieu, le Créateur.

C'est aussi la force fondamentale de la création, la force dont Dieu dote chaque être où chaque corps individuel de vérité lorsqu'il est créé comme son objet substantiel selon le schéma ci-dessous :

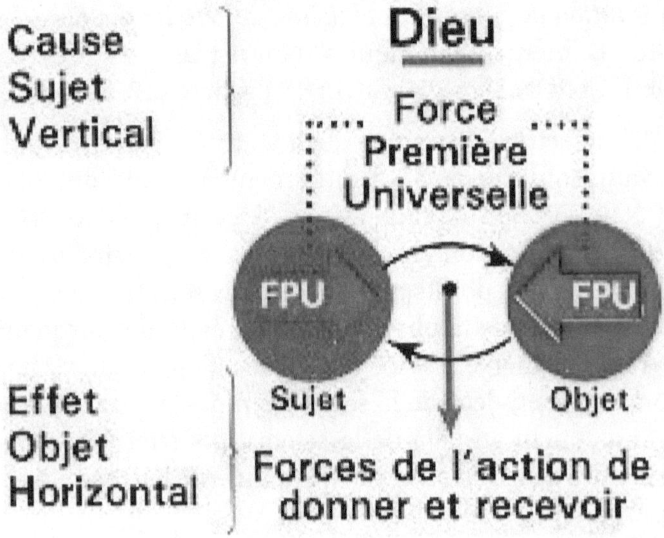

Source : Principe Divin, niveau 4, p. 21

En Dieu, il y a l'Énergie Première Universelle dont la combinaison de toutes les forces en son sein sur base de cette Énergie génère la force première Universelle. Cette force Première Universelle transmise au sein des entités, génère des relations pour leur cohésion. Par sujet et objet, qui sont des termes religieux, il faut prendre deux entités tel que positivité – négativité, énergie - masse, esprit – corps, homme – femme, planète – satellite, etc...

« *En d'autres termes, grâce à la Force Première Universelle, l'action de donner et recevoir est dirigée par un but d'unification et, grâce à ses relations réciproques* (entre sujet et objet), *engendre les forces nécessaires à l'existence, à la reproduction et à l'action de toutes les choses, de la plus petite à la plus grande* ». (Cfr : Principe Divin, niveau 4, Pp. 21-23).

4.2. L'origine de la gravité

« *La gravité est née lors du Big-bang* » (Stephen HAWKING)

Pour que le Big-bang lui-même puisse avoir lieu, il a fallu tout d'abord une condensation des éléments qualifiés par la Bible des eaux dans l'abîme. Dans la Bible version Jérusalem, on parle d'un vent de Dieu qui a pu les unir (Ge 1 :2). Mais dans le langage courant de la science, beaucoup des savants ont commencé à l'assimilé à une supergravité dont la gravité s'est détachée en occasionnant le Big-bang. Ainsi, la gravité n'est pas née lors du Big-bang. Étant donné qu'il y avait déjà de la matière condensée ou l'Univers condensé comme les disent les savants avant le Big-bang, ce que la force gravitationnelle était déjà présente et a précédé le Big-bang.

Et, comme je l'ai dit dans le point précédent, La gravitation est l'expression de la présence de masses, donc de matière, elle-même énergie "condensée". En d'autres termes la gravité n'est qu'une sommation de toutes les forces intérieures de la matière emmagasinée depuis la particule élémentaire. Cette notion peut être confirmée par la citation suivante :

« La matière est en effet produite aux interstices des bulles de vide. La gravitation pourrait bien n'être que le produit d'une somme de pressions des bulles de vide... » (Cfr :

http ://www.matierevolution.fr/spip.php ?article, **Les bulles de vide et la matière, le 16/05/2008**, Robert Paris).

Section 5 La prophétie de Stephen HAWKING

5.1. L'accomplissement de la prophétie de Stephen Hawking

J'ai toujours dit que les savants athées ou pas, sont des saints. Dieu travaille fortement avec eux sur le plan scientifique pour l'accomplissement de la troisième bénédiction, qui est la capacité pour l'homme de dominer tout dans la création (dominer la terre et l'assujettissait). (Cfr : Présentation du Principe divin; éd. Culture et Paix, Paris, P. 47).

Les savants étant toujours accaparé de leurs idées scientifiques, des choses immorales pénètrent rarement en eux. C'est grâce à eux, qu'aujourd'hui je peux suivre en direct en Afrique un sermon qui est donné à Séoul. À travers les raisonnements, il leur arrive de transcender le temps et l'espace sans le savoir et revenir sur la terre avec quelque chose qui au départ semble être de la folie. À ce moment-là, Dieu peut leur parler sans qu'ils en soient conscients. Cela est expliqué en détail au chapitre V du livre du Principe divin du Rév. Dr Sun Myung Moon, un chapitre qui a scellé désormais le problème de la réincarnation et de la résurrection que Jésus a laissé en suspens.

L'homme est un canal des inspirations divines et sataniques; tout dépend de son choix. Ainsi, vous ne pouvez imaginer ma joie quand j'ai découvert une inspiration divine captée par Stephen HAWKING et qui s'est accomplie avec la publication du Tome I qui a marqué le début d'une nouvelle ère en cosmologique. C'est l'avènement du modèle biblique restitué dans le Modèle Cosmologique Universel. Lisons cette déclaration de Stephen HAWKING :

« Si nous parvenons vraiment à découvrir une théorie unificatrice, elle devrait avec le temps être compréhensible par tout le monde dans ses grands principes, pas seulement par une poignée de savants. Philosophes, scientifiques et personnes ordinaires, tous seront capables de prendre part à la discussion sur le pourquoi de notre existence et de notre Univers. Et si nous trouvions un jour la réponse, ce sera le triomphe de la raison humaine, qui nous permettrait alors de connaître la pensée de Dieu. » (Cfr : Stephen Hawking, Une brève histoire du temps, trad. I. Naddeo-Souriau, Paris, Flammarion, 1989, p. 213).

L'avènement de cette découverte s'est déjà accompli quand le Rév. Dr Sun Myung a expliqué « le pourquoi de notre existence et de notre Univers » dans les Principes de la création, branche du livre du Principe divin. L'accomplissement de théorie unificatrice sur le cosmos que tout le monde peut comprendre comme le prédit Stephen HAWKING, est à rechercher dans le Modèle Cosmologique Universel.

Ainsi le Modèle Cosmologique Universel ouvre la voie à la théorie unificatrice étant donné que le schéma de la présentation de l'Univers de l'Avant Big-bang à l'homme est présenté d'une manière logique. Elle ne clôture pas le débat, mais l'ouvre plutôt. Ainsi, comme le Modèle standard, il peut être enrichi.

L'enrichissement en science consiste soit à écarter une erreur, soit à compléter une idée ou une théorie selon les calculs ou les observations. Mais, un vrai chercheur ne peut déclarer une chose fausse dans globalité. Il n'y a que les athées, qui d'ailleurs ne me lisent jamais, qui déclare fausse le Modèle Cosmologique Universel tout simplement pour eux la Bible n'est constituée que des contés des fées. Alors apprendre que quelqu'un vient de prouver que l'un de ce conte de fée est une réalité, constitue une bombe dans leur monde.

Dans la conférence scientifique « **Voyage vers le Big-bang** », le français Christophe GALFARD, Dr en Physique théorique a dit « *il existe des lois dans la nature qui ne peuvent pas changer. La recherche de ces lois, c'est la physique théorique* ». Donc, tant qu'il y aura la recherche, il y aura aussi toujours l'enrichissement.

5.2. Stephen Hawking fut un croyant

Un croyant, ce n'est pas seulement celui qui rend culte à Dieu. Un Athée qui combat Dieu est aussi un croyant, car comment peut-on combattre un être dont on ne croit pas à son existence ? peut-on lancer des pierres à un arbre dont on ne voit pas le fruit ? Moi, je dirais plutôt qu'un vrai athée est celui qui s'en fou de Dieu et de Satan. Mais, dès qu'on commence à faire des commentaires ou des anti-commentaires sur l'un, ce que l'on reconnaît son existence. Même Karl Marx fut un croyant, même si on dit que c'est la religion qui l'a rendu athée.

D'ailleurs, je n'ai trouvé aucun livre où le savant Stephen Hawking a affirmé que Dieu n'existe pas. Tout ce que j'ai pu lire dans sa déclaration est que « *l'Univers n'avait pas besoin de Dieu pour être créé. Ce ne fut qu'un ensemble des phénomènes physique qui a abouti à son émergence* ».

Dans la Bible, il est écrit : *« Au commencement, Dieu créa les cieux et la terre, La terre était informe et vide* » (Ge 1 :1-2).

Dieu étant invisible même en créant, c'est logique que celui qui ne le voit pas déclare que les choses se sont créés par eux-mêmes. C'est logique aussi quand Gabriele Veneziano a dit que l'univers est l'aboutissement d'un vide infini. Mais, les croyants savent que le vide infini c'était d'abord Dieu lui-même, mais, on ne peut le démontrer.

C'est ce qu'a confirmé le Pape François dans cette citation : « Le commencement du monde n'est pas un résultat d'un chaos qui doit ses origines à un autre chaos, mais dérive directement d'un Principe suprême qui crée par amour. »

(Cf : https ://fr.aleteia.org/2016/12/08/quand-la-religion -rencontre-la-science).

Nous avons dit dans nos nombreux commentaires que dès que le mot « terre » a été prononcé pour la première fois dans la Bible, tous les processus jusqu'à la création de l'homme furent physiques, Dieu travaillant dans l'ombre ou dans le spirituel. C'est sur cet aspect physique que tous les savants se basent.

Le nom de Dieu intervient à plusieurs reprises dans le débat sur la cosmologie. Pour répondre au physicien Danois Niels Bohr que le hasard n'a pas sa place dans la création, dans ce propos sur l'indéterminisme fondamental, qui fait que les résultats des mesures dépendent du hasard d'une manière qu'il est impossible de prévoir, Albert Einstein lui a répliqué que « *Dieu ne joue pas aux dés* ». Stephen Hawking a contredit cela en disant : *« Non seulement Dieu joue aux dés mais, parfois, il les lance là où nous ne pouvons pas le voir. »* **(Cfr : J.Baker : 50 clés pour comprendre l'astronomie, éd. Dunod, Paris 2016, p. 99)**.

Ici, Stephen Hawking faisait sûrement allusion à la dimension de l'Univers. Quel que soit le contexte auquel, il a dit cette phrase, pour nous c'est une glorification qu'il a portée à Dieu après mûre réflexion. Donc, pour nous Stephen Hawking était connu et aimé de Dieu à cause de ses idées et c'est pour cela qu'il a vécu plus longtemps par rapport à ce que la médecine prédisait pour lui.

À travers ce que les savants ont appelé le rayonnement de Hawking, il a partiellement expliqué d'une manière scientifique le verset biblique : « ...un vent de Dieu se mouvant sur l'eau, ... et la lumière fit ! » (Ge 1 :2-4). Nous pouvons conclure par-là que Stephen Hawking fut un croyant mais, dont le raisonnement rationnel le faisait passer pour un athée.

Chapitre XIII
Science et Religion

Section 1
La cause des erreurs des modèles cosmologiques classiques

1.1. L'origine de l'énergie

La cause principale de la fausseté de tout le modèle cosmologique classique traitant de l'origine de l'Univers remonte autour de l'origine de l'énergie. Même les modèles que je n'ai pas explicités ici ont découvert leurs insuffisances à partir de tout ce qui est développé dans ce Tome.

Pour qu'on parle des origines de l'Univers, il faut de l'énergie pour l'activation des particules du vide. Ces énergies doivent avoir une source. Ne croyant pas en Dieu comme cause première Universelle, ceux qui ont parlé de l'avant Big-bang, que ça soit dans la théorie des cordes, comme dans les autres théories en sont arrivés à la conclusion que l'Univers qui a précédé l'Univers d'avant Big-bang ne pourra être qu'un autre Univers. D'où on parle des Univers multidimensionnels comme dans la théorie des cordes ou des Univers successifs comme dans le CCC de Roger Penrose.

D'autres modèles aussi sont allés dans la même direction, car c'est l'explication du commencement qui cause problème. Le commencement lui-même devrait disposer aussi d'une énergie qui devrait aussi être issue de quelque part.

1.2. Le Principe de la création et l'origine de l'énergie

La plupart des théories appuient l'idée que l'Univers est fini. Cela crée comme paradoxe que l'énergie initiale doit provenir de quelque part. C'est ce qui fait supposer qu'il y a autre chose au-delà de l'Univers. D'où l'idée de Multivers ou des Univers successifs. Mais le Principe de la création du Rév. Dr. Sun Myung Moon est le seul qui répond à cette question sur l'origine de l'énergie et qui fait que les choses ont commencé par Dieu qui a en lui l'énergie première Universelle.

Vouloir tout expliquer, c'est une façon de m'imposer de faire le plagiat de son livre. Chaque chercheur est libre de se rendre dans un centre de FFPMU pour avoir plus d'éclaircissements sur cette matière et de comprendre aussi l'auteur.

Tout ce que nous pouvons résumer est que sur base de la projection de l'énergie première Universelle comme énergie originelle, que tout vint à l'existence à commencer par l'Univers lui-même.

Cela est confirmé même par la citation du Pape François que nous avons lu ci-haut à savoir : « « Le commencement du monde n'est pas un résultat d'un chaos qui doit ses origines à un autre chaos, mais dérive directement d'un Principe suprême qui crée par amour. »

Le verset biblique le confirmant est : *« Au commencement, Dieu créa les cieux et la terre. La terre était informe et vide. » (*Ge 1 :1-2).

J'ai déjà dit à maintes reprises qu'une terre informe et vide était la façon pour Moïse de dire qu'au commencement l'Univers était vide, car physiquement ou géographiquement, une Terre informe n'existe pas. Tout ce qui est visible, a une forme. Cet Univers vide selon la Bible a été créé par Dieu. Les astrophysiciens ne croyant pas à cela, se sont créés eux-mêmes des problèmes car ils ne savaient pas à quelle étape faut-il parler du commencement. Ainsi, ils parlent des Univers issus d'autres Univers. Or, pour la Bible, restituée dans le Modèle Cosmologique Universel, l'Univers a bel est bien un commencement.

Un seul scientifique ayant cru à la Bible, a poursuivi l'origine de l'énergie à son commencement, c'est-à-dire en voyant Dieu lui-même. Ce scientifique avons-nous dit, est le Rév. Sun Myung Moon. C'est qu'il a découvert m'a surpris quand j'ai étudié son enseignement. C'est pour cela que j'avais dit au Tome I que quiconque lira le Principe de la Création sans sentir un choc ne comprendra jamais le Principe divin. Seules les personnes qui ne se posent pas des questions, vont prendre le Principe divin comme une histoire et ces derniers ne sentiront jamais le choc.

D'ailleurs, plusieurs chocs créés par l'enseignement de Principes divins ont fait que certains conservateurs chrétiens traitent le Rév. Sun Myung Moon d'hérétique. Mais son enseignement est logique et spirituellement rationnel. Seule une explication verbale offerte par un professeur du Principe divin qui peut bien approfondir ce que le Rév. Moon dit autour de l'origine de l'énergie.

Je m'abstiens même de dire les conclusions du Rév. Sun Myung Moon sur les origines de l'énergie dans ce livre, car cela nécessite d'abord un enseignement qui commence par l'Introduction du Principe. Même dans la mathématique, il y a des étapes à traverser pour résoudre certaines équations.

Section 2
Du spirituel au physique

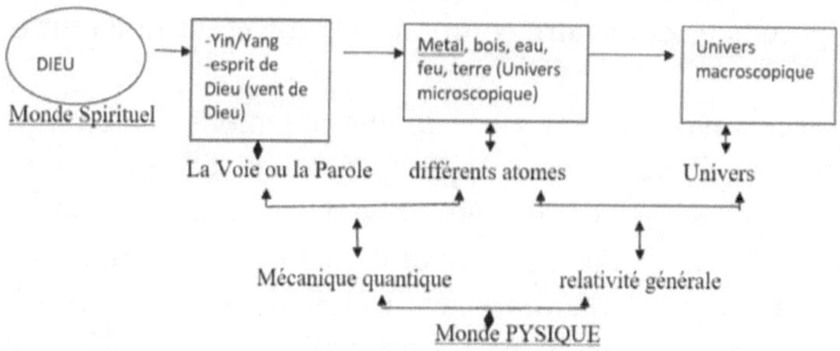

C'est dans le Modèle Cosmologique Universel qui prend en compte la contribution du rayonnement d'avant Big-bang jusqu'à la matière que la Théorie du Tout peut germer comme nous pouvons le lire dans cet écrit scientifique « L'Univers contient trois sources d'énergie : matière, rayonnement et vide quantique ». (Cf : Aux Frontières de L'Univers – Du Big-bang au Quark » Marceau Felden – 2005).

Dans le Modèle Cosmologique Universel ce schéma post-Big-bang faite aussi parti du schéma pré Big-bang. Dans le verset biblique *« la terre était informe et vide »* (Ge 1 : 2); on a affaire à un vide qualifié de vide quantique. « Il y avait des ténèbres à la surface de l'abîme »; ici on a affaire aux rayonnements et « l'Esprit de Dieu se mouvait au-dessus des eaux » qui symbolisent l'énergie (esprit) sur la matière (eaux).

– Rayonnement, à la base duquel les forces divines ont commencé par agir;

– Vide quantique ou chaos comme dans le verset « la terre était informe et vide ».

– Matière, en tant qu'énergie concentrée, décrite dans la

relativité générale

Vouloir développer ce cheminement du rayonnement, en perçant le vide quantique, jusqu'à atteindre la matière fait partie des branches très compliquées des astrophysiciens. Nous avons offert quelques-uns des extraits basés sur leurs expériences pour faire comprendre au lecteur que tout est lié.

Si le rayonnement a été le cheminement des énergies divines à l'énergie quantique, par contre on n'arrive pas à expliquer les comportements des particules dans ce dernier champ. Ainsi, le rayonnement entre la divinité et les particules élémentaires étant difficile à réaliser, celle-ci peut être comprise dans les expériences réalisées par les physiciens entre lumière, vide et matière. Nous allons développer ce point au Tome IV « Les énigmes résolus dans le Modèle Cosmologique Universel ».

Ainsi, la collection « Les Versets des Savants » étend son étude d'explication des versets compliqués de la Genèse jusqu'au livre d'Apocalypse, en dévoilant leur accomplissement providentiel jusqu'au retour du Christ.

Tout comme tout ce que les astrophysiciens constatent fait partie des effets, qui font d'ailleurs l'objet de leur science, ils doivent inclure dans leur discipline comme connaissance complémentaire, la cause. Et la cause, c'est effectivement l'enseignement du Principe de la création du Rév. Dr. Sun Myung Moon, comme base philosophique de leur enseignement ou connaissance. Ce n'est qu'à travers cet enseignement qu'ils sauront résoudre beaucoup d'énigmes. Cette préoccupation répond à la parole de Jésus qui a dit à ces disciples :

« *Je vous parle des choses terrestres et vous ne croyez pas, comment croirez-vous quand je vous parlerais des choses célestes ?* » (Jn 3 : 12).

Cette promesse de Jésus est accomplie à ce jour par le couple Moon. Il ne reste plus qu'aux sommités intellectuelles de s'en approprier et de le faire intervenir dans leur discipline.

Conclusion générale

Le Tome I a été une restitution scientifique du schéma biblique de la création. Cette restitution a donné naissance à un nouveau modèle cosmologique dénommé « le Modèle Cosmologique Universel ». Quel est la place de ce nouveau modèle bâtit sur le fondement biblique, par rapport à d'autres modèles cosmologiques ? Est-ce une copie, un prolongement ou c'est un modèle original face à plus de vingt modèles que compte la cosmologie ? C'est ce que nous avons tenté de répondre tout au long de ce Tome II.

Nous avons dit que c'est pour épargner au mot Bible de tout jugement que j'ai baptisé ma restitution scientifique du schéma de la création biblique sous le nom de « Modèle Cosmologique Universel ». Ce modèle servira désormais des fondements à tous les modèles qui viendront appuyer le schéma de la création biblique.

Ainsi, dans ce Tome II, nous avons offert notre analyse sur les notions cosmologiques selon la vision du Modèle Cosmologique Universel. Nous nous sommes servis pour cela des observations des astrophysiciens, sans toutefois nous lier sur leurs analyses. Nous avons approuvé ce que nous avons trouvé juste et nous avons rejeté, non les phénomènes, mais certaines interprétations liées à ces phénomènes qui ouvraient la porte à l'athéisme. Nous avons aussi apporté notre contribution en essayant de résoudre certaines énigmes, ou en offrant le schéma pour leur résolution.

En plus, comme je l'ai dit, le Modèle Cosmologique Universel qui est la restitution scientifique du schéma biblique de la création, engloutit et corrige tous les modèles cosmologiques, même ce que j'ignore et que je n'ai pas mentionné dans ce livre. C'est ce qui le rend Universel.

Mes propos ne sont pas des messages sacrés. Des erreurs peuvent être décelées et une fois porté à ma connaissance, celle-ci peut être corrigée dans certaines versions.

Ainsi merci de la compréhension et de la contribution dont vous voulez nous faire part.

Flavien PHANZU MWAKA

Bibliographie

I. LITTERATURES SCIENTIFIQUES

– Aurélien Barrau, *Big-bang et au-delà, balade en cosmologie*, éd.Dunod, Paris

– Aux Frontières de L'Univers – Du Big-bang au Quark » Marceau Felden – 2005

– Basset, Bruce & Edney Ralph, *Relativité*, Icon books ltd, Londres, 2009.

– Bender, Lionel : *les plantes*, éd. Artis-Historia, Bruxelles, 1989.

– Bojowald, Martin, *l'Univers en rebond*, folio 575

– Douce Roland & Postaire Eric, *Les origines de la vie*, Gallimard, 2016.

– Galfard, Christophe, *E=mc*, Flammarion, 2017

- Heidmann, jean : Sommes-nous seuls dans l'univers, Fayard, Paris, 2000.

– Herrmann, Joachim, *Atlas d'Astronomie*, ed. Stock, Paris, 1976

– Igor & Bogdanov Grichka, *Avant le Big-bang*, Grasset, 2004.

– *J.Baker, 50 clés pour comprendre l'astronomie, éd. Dunod, Paris 2016*

– Jean Bricmon, La mécanique quantique pour non physiciens, B-1348 Louvain-la-Neuve,
Belgium

– Klein, Etienne : *Les secrets de la matière*, éd. J'ai lu, Paris, 2018.

– Klein, Etienne : Discours sur l'origine de l'univers, éd. Flammarion 2016.

– Le Principe divin, niveau 4, Paris

– Pluchet, Blandine, *La physique quantique pour les nuls*, éd. First, 2018.

– Reeves, Hubert : *L'heure de l'ivresse ; L'univers a-t-il un sens ?* Le Seuil, 1986

– Sagan, Carl : *Cosmic Connection*, ed. du Seuil, Paris, 1975

– Sarrailh, Claude, *Le secret de la vie*, éd. Librinova, 2018

– *Stephen Hawking, Une brève histoire du temps, trad.I. Naddeo-Souriau, Paris,*

Flammarion, 1989

– Whyntie & Pugh, Oliver, *La physique des particules en image*, EDP Sciences, 2014.

II. LIVRES RELIGIEUX

- *Bible Louis Segond*
- *Bible de Jérusalem*
- *BABYLONE LA GRANDE EST TOMBÉE - le royaume de Dieu a commencé son règne,*
Tour de Garde, JW.org,
- *Présentation du Principe divin : éd. Culture et Paix, Paris, 2013*
- *Le Principe divin, niveau 4, introduction*
- *FFPMU : La pensée de l'unification*
- *VIE UNIVERSELLE : Les champs de rayonnement, Würzburg 1, 1986.*

III. COLLECTIONS

– Les défis de la science : *l'origine de la vie*, édité par RBA coleccionables, S.A.U. 2018,
Barcelone.

– Les défis de la science : *La théorie du Tout*, édité par RBA coleccionables, S.A.U. 2019,
Barcelone.

– Les défis de la science : *Au-delà du Boson de Higgs*, édité par RBA coleccionables, S.A.U.
2018, Barcelone.

– Voyage dans le cosmos : *Les trous noirs*, édité par RBA coleccionables, S.A.U. 2020,
Barcelone.

– Voyage dans le cosmos : *Les exoplanètes*, édité par RBA coleccionables, S.A.U. 2020,
Barcelone.

– Voyage dans le cosmos : *Le boson de Higgs*, édité par RBA coleccionables, S.A.U. 2020,
Barcelone.

– Voyage dans le cosmos : *L'espace-temps quantique*, édité par RBA coleccionables, S.A.U.
2020, Barcelone.

– Voyage dans le cosmos : *Les univers parallèles*, édité par RBA coleccionables, S.A.U. 2020,
Barcelone.

– Voyage dans le cosmos : *Les trous noirs*, édité par RBA coleccionables, S.A.U. 2020,
Barcelone.

– Voyage dans le cosmos : *La matière noire*, édité par RBA coleccionables, S.A.U. 2020,
Barcelone.

– Voyage dans le cosmos : *Le vide et le néant*, édité par RBA coleccionables, S.A.U. 2020,
Barcelone.

IV. COURS & TRAVAUX PRATIQUES

– Lachieze-Rey, Marc : *Initiation à la comologie*, 5è éd, Dunot, Paris, 2013.

– Matthews, P.T., *Introduction à la mécanique quantique*, Dunod, Paris, 1970.

– Ir. MPANZU KIADI BABAKA et l'Ir. NIMI M., Travaux pratiques de mécanique quantique : explication de la mécanique quantique, UPN –RDC- 2017, inédit

V. REVUES ET JOURNAUX

- *Les secrets de l'espace 07 : # HORS SERIE#, Les mystères de l'Univers*

– C. Bonneau, Science&Vie Hors-séries n° 288, 09/2019, p.55

– Hugo Leroux, Science&Vie Hors-Série n°288, 09/2019, p.58

– La Libre Belgique 2005. Guy Duplat

– Des signaux extraterrestres détectés par les équipes deStephen Hawking ; Paris Match

| Publié le 04/09/2017 par Camille Hazard

VI. Sites Web

– astropolis.fr/Le Big-bang : Instant zéro ou « singularité initiale »

– astrofiles.net/astronomie-nicolas-copernic

–astrophysique/hubble-bubble-notre-galaxie-est-elleenfermee-dans-une-bulle-les-explications -de-david-elbaz Par Olivier Lascar, le 03.01.2017

– *boowiki.info/art/cosmologie/cosmologie-conforme-cyclique*

– Express.fr, les premières secousses du Big-bang expliquées par Grichka Bogdanov, par Jérémie Pham-Lê, publié le 18/03/2014

–fredzone.org/stephen-hawking-pense-toujours-que-nousdevons-nous-mefier-des-extraterrestres-554

–*futurasciences.com/buildsv6/images/mediumoriginal/d/e/7/de7da23f61_65821_Univers-jean-pierreluminet.jp*

– futurascience.com/10 questions essentielles sur l'Univers/ le 19/08/2019

– futura-sciences.com/sciences/definitions /physiquephysique-quantique-13197

– futura-sciences.com/sciences/definitions/Univers-voielactee-3729 par Floriane Boyer

– *Futura-sciences.fr*, La bizarre asymétrie du rayonnement fossile : une énigme résolue? le 02/01/2009 par Laurent Sacco).

– futurasciences.com; Laurent Sacco; le 02/03/2018

– futura-sciences.com/sciences/définitions/chimie-zircon-4668

– Futurasciences, JP Luminet, Singularités et temps zéro

– *futura-sciences.com /Luigi Bianchi, Nous serions perdus dans un Univers isotrope*

– *futura-sciences.com/sciences/actualites/cosmologie-preuveavant-big-bang-roger-penrose*

– futurascience.com/10questions essentielles sur l'Univers/ le
19/08/2019

– futurascience.com, Hayabusa 2 : Mascot s'est posé sur Ryugu et commence ses activités scientifiques, par Remy Decourt,Publié le 04/10/2018).

– futura science.com, Origine de la vie : nouvelle piste avec des poussières interstellaires, *par Laurent Sacco, le 23/11/2017*

– gurumed.org/2019/03/21/la-sonde-japonaise-hayabusa-2-montre-que-lastrode-ryugu-est-tonnamment-sec

– Les grands Entretiens d'Actu-Philosophia, Entretien avec Aurélien Barrau, 5 juin 2012, par Florian Forestier sur web

– matierevolution.fr/spip.php ?auteurs2Matière noire, énergie noire : le chaînon manquant ? le 13/11/2007, par FaberSperber, Robert Paris

– matierevolution.fr/spip.php ?article38 Le vide,... pas si vide, le23/06/2010, par Robert Paris

– *matierevolution.*fr/spip.php ?article, Les bulles de vide et la matière, le 16/05/2008, Robert Paris

– *matierevolution.fr/spip.php ?article, Big bang ou pas Big-Bang, le 15/05/2009 par FaberSperber, Robert Paris*

– *motherboard.vice.com/a-la-rencontre-des-partisans -de-latheorie-de-l-Univers-electrique par Sarah Scolesfévr. 22 2016*

–sciencesetavenir.fr/espace/asttrustmyscience.com/ expansion-Univers-acceleration-trop-rapide-pouretre-expliquee-par-la-physique-actuelle, par Thomas Boisson, le 26/02/2018

– sciencesetavenir.fr/la-preuve-de-l-inflation-de-l-Univers -n'a-toujours-pas-ete-observee ; par AzarKhalatbari, le 02.02.2015

– *sciencetonante.wordpress.com/2013/09/30/les-7-merveillesde-la mécanique-quantique*

– tdg.ch/preuve-inflation-cosmique-big-bang-faite

– Techno-Science.net. Par Bongo, le 23/03/2014

– trustmyscience.com/nouvelle-etude-matiere-noireplus-ancienne-que-big-bang/ par Stéphanie Schmidt, 9 août 2019

– trustmyscience.com/voici-a-quoi-ressemblerait-laterre -si-toute-la-glace-venait-a-fondre par Julien Claudet, le 17 juillet 2017

– trustmyscience.com/technologie-produit-oxygene -depuisco2-pourrait-aider-colonisation-mars ; par Thomas Boisson, le 28/05/2019

– trustmyscience.com/hadron/ par Thomas Boisson, le 3 août 2018

– *trustmyscience.com/*l'inflation cosmique recréée en laboratoire grâce à un condensat de Bose-Einstein, Thomas Boisson, 2/05/2018

– *vinsvignesvignerons.com/Geologie/ Une-breve-histoire-dela-planete-terre*

– Bételgeuse : Wikipédia

– Blogs zevenzeur ; Introduction à la physique fondamentale, publié le 18/02/2013

– *Théorie des cordes : Wikipédia*

– Wikiedia ; Modèle Standard

– Wikipédia : BIG-BANG

– Wikipédia : Brane

– Wikipédia : Empédocle

– Wikipédia : GN-z11

– Wikipédia : Histoire de l'Univers

– Wikipédia : L'énergie d'activation

– Wikipédia : Les particules subatomiques

– Wikipédia : supersymétrie

– Wikipédia ; BRANE

– Wikipédia, Cellules

– Wikipédia, Multivers
– Wikipédia.fr, galaxies
– wikipedia.org/wiki/Univers
– zevengeur.wordpress.com/2014/01/16/histoire-de-lUniverspartie-4-le-modele-standard-de-la-physique
– zevengeur.wordpress.com/la-chromo-dynamique-quantique
– *Zevengeur, www.blogs, zevengeur, Modèle Janus, le futur de la cosmologie, le12/01/ 2018*

VII. ENCYCLOPEDIES

– De l' Astronomie de l'Espace : Les forces fondamentales, Hachette, 2019.

– De l' Astronomie de l'Espace : Les trous noirs, Hachette, 2018

– De l' Astronomie de l'Espace : Matière noire et énergie sombre, Hachette, 2019.

– Edey, Maitland A., Les origins de l'Homme ; Le Chaînon manquant, éd. France Loisirs, Paris, 1984

– Geographic exploration. "Microsoft® Encarta® 2009 [DVD]. Microsoft Corporation, 2008

– Grint, Damian, *Les mystères de l'univers*, éd. Christophe Colomb, Paris, 1985

– Joe Bergeron, Encarta ® 2009 Modeling a black hole

– Gamlin, Linda, *Les origines de la vie*, éd. Artis-Historia, Bruxelles. 1989

– Melvin & G. Berger : *Qu'est-ce qui fait onduler l'océan* ? ed. Nouveaux Horizons - ARS, Paris 2012

– Moïse. " Microsoft® Encarta® 2009 [DVD]. Microsoft Corporation, 2008

– P. Batchelor : *L'énergie, le son et la lumière*, éd. Nouveaux Horizons, ARS, Paris, 2016

– Wikipédia ; *Particules élémentaires*

– Wikipedia ; Metaphysical

– Zoppi, Moninga, Les Merveilles de l'univers, Médiaspaul, Kinshasa, 2009.

– "conservation, lois de." Microsoft® Encarta® 2009 [DVD]. Corporation, 2008

– "dinosaures." Microsoft® Encarta® 2009 [DVD]. Microsoft Corporation, 2008

– Électron : Encarta

– ”gravitation.” Microsoft® Encarta® 2009 [DVD]. Microsoft Corporation, 2008

– ”Olbers, paradoxe d’.” Microsoft® Encarta® 2009 [DVD]. Microsoft Corporation, 2008

– ”Pangée.” Microsoft® Encarta® 2009 [DVD]. Microsoft Corporation, 2008

– Gravitationnelles, ondes.” Microsoft® Encarta® 2009 [DVD]. Microsoft Corporation,
2008

– THÉORIE DU BIG-BANG : encarta

VIII. Documentaires scientifiques

– « Au-delà du Big-bang »
– « L'Univers de STEPHEN Hawking »
– « Le mystère de l'Univers : La lumière et les ténèbres ».
– « Les secrets du Cosmos : la théorie du champ de Higgs
– « Nouvelle Théorie du Champ Unifié (Explication de la Gravitation)
– « *Nouvelle théorie du champ unifié : explication de l'Univers Dynamique* »
– « Physique quantique pour les nuls
– « Quelle est l'origine de l'eau sur la terre »
– « Toutes les planètes du système solaire »
– Conférence : Qu'y avait-il avant le Big-bang
– A.E. Wilder Smith : « les origines de l'Univers »
– Alice Harper et Nigel Henbest : « les origines de la terre »
– Colin Campbell : « Les mystères de l'Univers – au-delà du froid »
– D. Louapre, « les 7 merveilles de la mécanique quantique »
– David Louapre, « la mécanique quantique en 7 idées »
– Garry Parker : « Big-bang »
– Hubert Reeves Conférence-Documentaire « que pensez-vous de la déclaration de Stephen
Hawking ? »
– Hubert Reeves; « D'où provient l'énergie du Big-bang »
– Iolande Cadrin-Rossignol : « Du Big-bang au Vivant »
– J.P. Luminet, conférence-documentaire « la forme de l'espace »
– Jean Pierre Martin, conférence-documentaire « Et la lumière fut : ou l'histoire du Big-

bang ».

– Laura Verkland Armstrong; « L'Univers – Les Mystères du Big-bang »

– Gary Wright : Le Soleil, Source De Vie Et De Danger

– Matt Hickey : « Cosmos – Au-delà du Big-bang »

– Pascal Picq : conférence-documentaire "Premier Homme"

Sommaire

Dépôt légal novembre 2021

Librinova

www.librinova.com

www.ingramcontent.com/pod-product-compliance
Lightning Source LLC
LaVergne TN
LVHW090302210926
848480LV00001B/105
* 9 7 9 1 0 2 6 2 5 9 2 3 7 *